Über die Alm

Alpine Lebensräume zeitgemäß bewirtschaften

stv

Franz Bergler • Alois Kiegerl (Hg.)

# ÜBER DIE ALM

## Alpine Lebensräume zeitgemäß bewirtschaften

Leopold Stocker Verlag
Graz – Stuttgart

Umschlaggestaltung, Layout und Repro: Werbeagentur Rypka GmbH, 8143 Dobl/Graz, www.rypka.at

Fotonachweis: Umschlag-Vorderseite: © peterkirillov/istock.com
Bildnachweis: Die Urheber sind bei der jeweiligen Abbildung angegeben.



Bibliografische Information der Deutschen Nationalbibliothek:
Die Deutsche Nationalbibliothek verzeichnet diese Publikation in der Deutschen Nationalbibliografie; detaillierte bibliografische Daten sind im Internet unter http://dnb.d-nb.de abrufbar.

Hinweis: Dieses Buch wurde auf chlorfrei gebleichtem Papier gedruckt. Die zum Schutz vor Verschmutzung verwendete Einschweißfolie ist aus Polyethylen chlor- und schwefelfrei hergestellt. Diese umweltfreundliche Folie verhält sich grundwasserneutral, ist voll recyclingfähig und verbrennt in Müllverbrennungsanlagen völlig ungiftig.

Auf Wunsch senden wir Ihnen gerne
kostenlos unser Verlagsverzeichnis zu:
Leopold Stocker Verlag GmbH
Hofgasse 5/Postfach 438
A-8011 Graz
Tel.: +43 (0)316/82 16 36
Fax: +43 (0)316/83 56 12
E-Mail: stocker-verlag@stocker-verlag.com
www.stocker-verlag.com

ISBN 978-3-7020-2334-8

# INHALT

Foto: Franz Bergler

# WARUM ALMWIRTSCHAFT?

*Von Alois Kiegerl*

> **Wussten Sie, dass ...**
> ... eine beweidete Alm eine wesentlich höhere Biodiversität aufweist als eine unbeweidete?
> ... Grünlandböden global gesehen mehr Kohlenstoff speichern als Äcker und Wälder zusammen?
> ... Fleisch aus der Alm- und Weidewirtschaft ernährungsphysiologisch andere Eigenschaften hat als Fleisch aus anderen Futterrationen?

Ein sehr kluger Mensch hat einmal zu mir gesagt: „Nie ist zu wenig, was genügt!" Obwohl ich diese Aussage erst viel später in meinem Leben das erste Mal hörte, erfuhr ich bereits in sehr jungen Jahren, was damit gemeint ist.

1995, im Alter von siebzehn Jahren, am Ende meiner land- und forstwirtschaftlichen Ausbildung und unmittelbar bevor ich zu Hause unseren Betrieb übernahm, verbrachte ich einen Sommer auf der Felderer Alm im Rauriser Tal. Meine Aufgabe war es gemeinsam mit meiner damaligen Freundin 17 Kühe zu melken, aus der Milch Käse und Butter zu machen, zwei Schweine zu versorgen und zirka 150 Kalbinnen sowie vier Noriker-Stuten zu hüten. 200 Schafe und 20 Ziegen verbrachten auch den Sommer auf dieser wunderschönen Alm. Für einen 17-jährigen Schulabgänger und seine Begleiterin war das ziemlich viel Verantwortung auf einmal, aber wir haben alles gut gemeistert und kein Tier verloren. Im Gegenteil haben wir sogar einer Kalbin dabei geholfen, ihr erstes Kalb zu gebären und versorgten dieses fachgerecht. Dass es uns zugetraut wurde, das alles zu meistern, stärkte unser Selbstvertrauen und unsere Fähigkeit, gewissenhaft zu handeln auch für unser weiteres Leben.

Obwohl wir weder Strom noch fließendes Wasser hatten und auch ansonsten sehr bescheiden lebten, gehörte dieser Sommer zu den schönsten Erlebnissen in meinem Leben.

Neben meiner Liebe zur Almwirtschaft entdeckte ich auch meine Vorliebe für Lebensmittel aus extensiver Produktion. Die unvergleichlichen Geschmäcker dieser Milch, der Butter und des Käses sind bis heute in meinen Rezeptoren gespeichert. Sehr viele meinen, dass man die Offenhaltung der Alm nur für den Tourismus braucht. Ich bin der festen Überzeugung, dass es da um viel mehr geht. Für mich als

Nichtwissenschaftler ist es schwer, solche Dinge nachzuweisen und es ist mir eigentlich auch untersagt, zu behaupten, dass diese extensiv erzeugten Lebensmittel einen nicht unerheblichen Beitrag für unsere Gesundheit haben können – von der Almluft ganz zu schweigen. Allerdings kann ich mit Sicherheit sagen, dass sie zumindest mir wesentlich besser schmecken. Der Vergleich macht sicher. Positive Auswirkungen hat die Alm auch auf die Psyche und die Resilienz wird gestärkt. Erwiesen ist, dass extensiv bewirtschaftete Almen eine höhere Artenvielfalt haben als brach liegende.

Alles in allem wäre es ein riesiger Fehler, dieses über die Jahrhunderte gewachsene Kulturgut Almwirtschaft leichtfertig aufzugeben, nur weil es gerade wirtschaftlich nicht so profitabel erscheint.

Ausblick von der Felderer Alm – ein Schnappschuss von meinem ersten Almsommer.
Foto: Alois Kiegerl

# DIE SECHS FUNKTIONEN DER ALMWIRTSCHAFT

*Von Franz Bergler*

Die Almwirtschaft erfüllt verschiedene Funktionen: Nutzfunktion, Schutzfunktion, Erholungsfunktion, Ökologische Funktion (Biodiversität), soziokulturelle Funktion und Ressourcenfunktion. Alle Funktionen sind natürlich miteinander oft eng verknüpft bzw. es finden Synergien statt.

## NUTZFUNKTION

Unter die Nutzfunktion fallen alle auf der Alm erzeugten Produkt und deren Weiterverarbeitung (Veredelung) zu gesunden Lebensmitteln. Dadurch erwirtschaftet der Betreiber der Alm einen Ertrag, der die Existenzgrundlage des Landwirtes verbessert. Durch die Bewirtschaftung einer Alm wird die Futtergrundlage eines Betriebes um etwa ein Drittel erhöht, was gleichzeitig die Haltung von ca. 33 % mehr Vieh am Heimhof ermöglicht. Gealpte Tiere weisen eine bessere Gesundheit auf, was sich in niedrigeren Tierarztkosten auswirkt. Zur Nutzfunktion zählen auch die Arbeitskräfte, die in der Alm- und Bergregion beschäftigt werden. Hier ist die ökonomische Ebene für die Verpachtung von Flächen in der Alm- und Bergregion bedeutend. Viele Nutzer gibt es auf der Alm, die Flächen für ihre Aktivitäten benötigen. Sowohl im Sommer als auch im Winter werden eine Vielzahl an Flächen genutzt und dafür ist logischerweise ein dementsprechender Betrag zu entrichten. Hier sind Verträge über den Umfang, die Vertragsdauer und mit konkreten Ausstiegsklauseln empfehlenswert.

## SCHUTZFUNKTION

Die Schutzfunktion umfasst die Stabilisierung der Hangflächen und die Wasserspei-

Unwetter auf einer Almfläche

Foto: Alexander Krüger/pixabay.com

cherung. Durch eine zeitgemäße Bewirtschaftung der Almweideflächen mit einem ausgewogenen Tierbesatz wird die Almweide abgefressen. Die geschlossene Vegetationsfläche wird dabei stabilisiert und es werden dadurch Erosionen, Muren und Rutschungen vermieden. Auch das Wasserhaltevermögen ist auf intakten Almweideflächen wesentlich höher als auf verbuschten Flächen und Waldflächen. Eine nicht zu unterschätzende Leistung ist die Produktion von 7.000 kg Nettosauerstoff pro Hektar Alm!

Auf Schafweiden finden wir die vielfältigste Vegetation. Foto: Karin Ch. Taferner

## ERHOLUNGSFUNKTION

Die Erholungsfunktion fußt auf mehreren Faktoren, wie attraktive Landschaft, gesunde Luft, die Nutzung als Freizeitraum im Sommer und im Winter. Generell wird die Alm als äußert positiv wahrgenommen. Auf der Alm gibt es viel weniger Lärm, weniger Immissionen und auch die Lichtverschmutzung ist in der Alm- und Bergregion am geringsten. Zu dieser Funktion gehört auch die Gesundheit der Tiere auf der Alm. Der Begriff „Tierwohl“ umfasst die höhere Fruchtbarkeit, die erhöhte Widerstandsfähigkeit der Almtiere, was in Summe die Tiergesundheit fördert.

## ÖKOLOGISCHE FUNKTION

Die ökologische Funktion in Form der Biodiversität ist auf den Almflächen am höchsten (HOLZNER, 2007). Auf einer intakten Almfläche finden wir über 600 verschiedene Pflanzen-Arten, was eine viel höhere Pflanzenvielfalt auf den Almflächen gegenüber Grünlandflächen im Tal bedeutet. Dabei gibt es noch Unterschiede bei der Bewirtschaftung mit den Tieren im Lebensraum „Alm“. Die Schafweiden weisen die höchste Vielfalt im Pflanzenbestand auf.

## RESSOURCENFUNKTION

Durch die dem Standort angepasste und ökologische Bewirtschaftung unserer Almen werden sowohl der Boden als auch das Wasser geschützt. Die Alm- und Bergregion stellt auch Grund und Boden für andere Nutzer zur Verfügung. Das gesamte Weg- und Straßennetz in der Alm- und Bergregion ist eine sehr große Ressource. Vor allem der Sommer- und auch Wintertourismus nützen diese Landschaft. Alle Anlagen für den Schibetrieb befinden sich in der Alm- und Bergregion. Dazu gehören Liftanlagen, Schipisten, Loipen und Aufstiegspuren. Neben Speicherteichen für die Erzeugung von technischem Schnee werden Schneedepots am Ende der Schisaison angelegt, die mit Isolierfolien abgedeckt werden, nur ca. 15 % Verlust haben und für die erste Piste im Frühwinter verwendet werden. Auch die klimaschonende Stromerzeugung durch Windräder auf den Almen ist als Ressource der Alm- und Bergregion zu erwähnen. Die Stromversorgung mit Windrädern

Windpark Handalm Foto: Karin Ch. Taferner

in Form von Windparks ist eine ganz wichtige Ressource. Das wesentliche ist dabei die Autarkie der Stromversorgung solcher Windanlagen. Ein Vorzeige-Projekt ist die Windparkanlage Handalm auf der Weinebene im Bezirk Deutschlandsberg mit 13 Windrädern. Sie haben eine Gesamtleistung von 39 Megawatt, was eine jährliche Öko-Strom-Menge von 76 Gigawattstunden ergibt. Seit 2017 werden daher durch diese Anlage 21.000 Haushalte jährlich autark mit Strom versorgt. Vom Windpark führt eine 17 km lange Leitung in das Umspannwerk in Deutschlandsberg. Da in diesem Windpark auch das 100. Windrad in der Steiermark steht, wurde dieses Windrad zu Ehren der Schirennläuferin Renate Götschl (als Patin) aus Judenburg, dreifache Weltmeisterin und Gesamtweltcup-Gewinnerin, „Renate“ genannt.

## SOZIOKULTURELLE FUNKTION

Unter die soziokulturellen Funktionen fällt neben der Bewahrung der jahrhundertealten Almkultur (mit der Alm-Tradition als kulturelles Erbe) auch der Erhalt des Lebensraumes „Alm- und Bergregion“. Die darin lebenden und arbeitenden Bewohner dieses Raumes empfinden eine sogenannte „regionale Identität“. Sie erhalten die „Kulturlandschaft“ Alm für alle Nutzer als Lebens- und Erholungsraum.

## ÖKOSYSTEMLEISTUNGEN VON ALMEN

*Von Andreas Bohner*

Unter dem Begriff „Ökosystemleistung“ versteht man Leistungen, die von der Natur erbracht und vom Menschen genutzt werden. Almen haben in den österreichischen Bergregionen flächenmäßig eine große Bedeutung. Im Jahr 2021 betrug die Almfutterfläche 307.041 ha (Grüner Bericht 2022). Dies entspricht 12 % der landwirtschaftlich genutzten Fläche. Die Zahl der Almbetriebe, die Zahl der gealpten Tiere und die Almfutterfläche nehmen jedoch in Österreich seit Jahrzehnten stetig ab. Diese negative Entwicklung ist besorgniserregend, denn Almen erbringen zahlreiche Ökosystemleistungen, von denen wir alle profitieren.

### Versorgungsleistungen

Die primäre Ökosystemleistung von Almen ist die Futterproduktion für Nutztiere. Eine weitere wichtige Versorgungsleistung ist die Bereitstellung von tierischen Produkten (Milch, Käse, Topfen, Butter, letztendlich auch Fleisch). Außerdem sind Almen ein bedeutender Lebensraum für Wildkräuter, Wildobst, Arznei-, Volksarznei-, Likör-, Gewürz-, Duft-, Kosmetik- und Färberpflanzen. Auf Almen ist die Grundwasserneubildungsrate höher als im Wald, weil die Verdunstungsverluste von Pflanzenoberflächen (Interzeptionsverluste) deutlich geringer sind. Almen liefern somit bei standortangepasster Bewirtschaftung reichlich sauberes Trinkwasser.

> Darunter fallen: Bereitstellung von Futterpflanzen für Nutz- und Wildtiere; Lebensraum für Wildkräuter, Wildobst, Arznei-, Volksarznei-, Likör-, Gewürz-, Duft-, Kosmetik- und Färberpflanzen; Bereitstellung von tierischen Produkten (Milch, Käse, Topfen, Butter), genetischen Ressourcen (Saatgut) und Trinkwasser

### Regulationsleistungen

Almen erbringen wichtige Regulationsleistungen. Almen werden in der Regel naturnah bewirtschaftet. Charakteristisch ist ein relativ hoher Natürlichkeitsgrad von Vegetation und Boden. Ausnahmen (Überdüngung, Übernutzung) sind kleine Flächen in der Umgebung von Almgebäuden und Viehtränken sowie vereinzelt Berggipfeln, insbesondere in Gebieten mit Schafbeweidung. Typisch für Almen ist ein standort- und bewirtschaftungsbedingtes, kleinflächiges Mosaik unterschiedlicher Lebensräume. Durch Almbeweidung entstehen Mikrostandorte (z. B. trittbedingte offene Bodenstellen, Kotgeilstellen) für Pflanzen und Tiere. Daraus resultiert eine hohe Biodiversität. Um sie dauerhaft zu erhalten, ist eine nachhaltige Almbewirtschaftung notwendig.

Tiefgründige, steinarme Almböden sind infolge temperaturbedingter geringer biologischer Aktivität ein großer natürlicher Kohlenstoffspeicher. Die regelmäßige Almbewirtschaftung verhindert eine starke Versauerung und somit Nährelementverarmung der Böden, weil krautige Almpflanzen im Gegensatz zu Bäumen, Klein- und Zwergsträuchern leicht abbaubare Bestandesabfälle liefern. Wenn sich infolge Extensivierung oder Auflassung der Almbewirtschaftung Rohhumus- und Tangelhumusbildner (z. B. Rostblättrige Alpenrose, Latsche) im Pflanzenbestand stark ausbreiten, kommt es unweigerlich zu einem Verlust an Bodenqualität und Bodenfruchtbarkeit. Bei Aufgabe der Almbewirtschaftung wird in steilen Hanglagen die Plaikenbildung gefördert.

> Darunter fallen: Biodiversität, Kohlenstoffspeicherung, Erhalt der Bodenqualität und Bodenfruchtbarkeit, Erosionsschutz (Schutz vor Plaikenerosion)

### Soziokulturelle Leistungen

Almen erbringen zahlreiche soziokulturelle Leistungen. Sie erhöhen die Landschaftsvielfalt und bereichern somit das Landschaftsbild. Almen sind Offenlandlebensräume und ermöglichen deshalb den vollen Blick ins Tal, auf die umgebenden Berge und in die Ferne (Ausblick, Fernsicht). Ein dichter, geschlossener Wald hingegen blockiert Sichtbeziehungen dauerhaft. Durch Aufforstung oder Wiederbewaldung von Almflächen wird das Landschaftsbild beeinträchtigt. Aufgrund der daraus resultierenden Homogenisierung verliert die Landschaft an ästhetischem Wert und die Unverwechselbarkeit geht verloren. Almen sind aufgrund ihres Struktur- und Blütenreichtums eine attraktive, ästhetisch wertvolle Kulturlandschaft mit hohem Wohlfühlfaktor. Sie können zum psychischen, physischen und sozialen Wohlbefinden der Menschen beitragen. Als zentrale Faktoren für menschliches Wohlbefinden gelten unter anderem Ruhe, Erholung, angenehmes Klima (kein Hitzestress), Sonnenschein, staub- und pollenfreie Luft, harmonisches Landschaftsbild, ästhetischer und kulinarischer Genuss. Alle diese Faktoren werden von Almen erfüllt. Almen dienen nicht nur der lokalen Bevölkerung zur Naherholung. Sie sind auch ein wesentliches Fundament für den Öko- und Bergtourismus. Von der Infrastruktur (Wege, Almstraßen, Sitzbänke, Almbrunnen) profitieren Einheimische und Touristen. Auf Almen sind oft charakteristische Landschaftselemente (z. B. Lesesteinmauer, Lesesteinhaufen), Natur- und Kulturdenkmäler (z. B. Einzelbaum, Almgebäude, Hirtenunterstand) sowie religiöse Wahrzeichen (Almkreuz, Almkapelle) vorhanden. Almgebäude sind wichtige Orientierungspunkte bei Nebel und schlechter Sicht und sie dienen als Aufenthaltsraum oder Unterstand bei Schlechtwetter. Außerdem sind bewirtschaftete Almen Orte für medizinische Hilfeleistungen. Almen sind auch ein Bewahrer von Brauchtum und Tradition, von altem Wissen und Handwerk. Werden Almen nicht mehr bewirtschaftet, geht wertvolles Kulturgut und somit auch Heimatverbundenheit verloren.

Darunter fallen: Ästhetische Werte (Landschaftsbild, Ausblick, Fernsicht); Gesundheit, Erholung und Wohlbefinden (Sport-, Freizeit- und Erholungsaktivitäten); Almkulinarik; Rückzugsraum bei Inversionswetterlagen im Herbst und Winter sowie bei hoher Pollenbelastung in den Tal- und Beckenlagen; Infrastruktur (Wege, Almstraßen, Sitzbänke, Almbrunnen); Sicherheitsaspekte (Aufenthaltsraum oder Unterstand bei Schlechtwetter); Orientierungspunkte bei Nebel und schlechter Sicht; Orte für medizinische Hilfeleistungen; natur- und kulturhistorische Aspekte (Natur- und Kulturdenkmäler, Landschaftselemente); Heimatverbundenheit; geistige und künstlerische Inspiration (Literatur, Malerei, Fotografie, Musik), Brauchtum und Tradition (Singen und Musizieren, Tanzen, Almabtrieb, Almwandertag), altes Wissen (z. B. Kochrezepte, Volksheilkunde) und Handwerk (z. B. Errichtung, Erhaltung und Pflege von Kulturlandschaftselementen); Wissensvermittlung und Umweltbildung (Lehrpfade, Kräuterkurse, Exkursionen); wissenschaftliche Erkenntnisse (Forschungsobjekte für verschiedene Wissenschaftsdisziplinen); religiöse Aspekte (Almkreuz, Almkapelle).

## Wer profitiert?

In den Ostalpen wird seit der Bronzezeit (ca. 1700 v. Chr.) Almwirtschaft betrieben. Folglich sind Almen eine Jahrtausende alte Kulturlandschaft. Für die dauerhafte Bereitstellung von Almökosystemleistungen ist daher eine nachhaltige Almbewirtschaftung notwendig. Diese Umweltdienstleistung der Almbewirtschafter erfordert menschliche Arbeit und muss entsprechend finanziell abgegolten werden.

Die Profiteure von Almökosystemleistungen sind Einzelpersonen (z. B. Almbauern, Wanderer), Personengruppen (z. B. Almagrargemeinschaft) und die Gesellschaft.
Es besteht ein

- privater Nutzen (z.B. gesundes Vieh, schmackhaftes Wildobst),

- » lokaler öffentlicher Nutzen (z.B. Naherholung, Nahversorgung der heimischen Bevölkerung mit lokalen Almprodukten),
- » regionaler öffentlicher Nutzen (z. B. Bauernmarkt mit regionalen Almprodukten),
- » nationaler und internationaler privater Nutzen (z.B. Almkäse in Lebensmittelgeschäften und Supermärkten) sowie ein
- » nationaler und internationaler öffentlicher Nutzen (z.B. Biodiversität).

Die Wertigkeit der einzelnen Ökosystemleistungen kann sich im Laufe der Zeit verändern. Veränderungen werden durch unterschiedliche Triebkräfte (z. B. Klimawandel, Wirtschaftskrise, Krieg, Lohn- und Transportkosten, Arbeitskräftemangel) ausgelöst. Durch den Klimawandel (langanhaltende Hitze- und Trockenperioden in den Tal- und Beckenlagen) werden Almen als Futterlieferant und Futterfläche für Nutztiere sowie als Erholungsraum für Menschen in Zukunft immer mehr an Bedeutung gewinnen. Sie müssen daher in entsprechender Anzahl und Flächengröße erhalten werden.

Für zahlreiche Almökosystemleistungen gibt es keine Substitutionsmöglichkeiten. Insbesondere soziokulturelle Leistungen (z. B. Ausblick, medizinische Hilfeleistung) sind an einen spezifischen Ort gebunden und nicht ersetzbar. Wenn sie nicht vor Ort erhalten werden, geht die Ökosystemleistung verloren. Generell sind nicht ersetzbare Güter und Leistungen sowohl aus ökonomischer als auch aus naturschutzfachlicher und raumplanerischer Sicht besonders wertvoll und daher erhaltens- oder schützenswert. Neben der Ersetzbarkeit ist auch die Repräsentanz ein wichtiges Bewertungskriterium für den Naturschutz. Almen sind in Bergregionen ein repräsentativer Lebensraum und daher naturschutzfachlich wertvoll.

### Fazit für Gesellschaft und Agrarpolitik

Almen sind ein artenreicher Naturraum, attraktiver Erholungsraum und spezifischer Wirtschaftsraum. Almen erbringen zahlreiche Ökosystemleistungen (Gratisleistungen der Natur) und müssen daher aus ökologischen, ökonomischen und soziokulturellen Gründen langfristig erhalten werden. Dazu sind dauerhafte Umweltdienstleistungen von Almbewirtschaftern notwendig. Diese Leistungen müssen eine entsprechende gesellschaftliche, politische und wirtschaftliche Wertschätzung erfahren. Nur dadurch werden die Almbewirtschafter motiviert, ihre wertvolle Arbeit auch in Zukunft fortzusetzen. Die Gesellschaft kann mit ihrem Konsum-, Freizeit- und Urlaubsverhalten eine nachhaltige Almwirtschaft fördern. Die Agrarpolitik wiederum muss Rahmenbedingungen schaffen, damit Almen dauerhaft und optimal ihre vielfältigen Ökosystemleistungen erbringen können. Hierfür ist eine intakte Alm- und Berglandwirtschaft notwendig. Davon profitieren auch andere Wirtschaftszweige (Tourismus, Gesundheits- und Sozialwesen) und die Gesellschaft.

Almen dienen in erster Linie als Futterlieferant und Futterfläche für Nutztiere.

In einem dichten, geschlossenen Wald wachsen keine Preiselbeeren.

Die Palette an köstlichen Almprodukten ist vielfältig.

Almen sind attraktive Kulturlandschaften mit besonders hoher Pflanzenvielfalt.

Fotos: Andreas Bohner

Durch Almbeweidung entstehen Kleinlebensräume (z. B. Kuhflade mit Ring-Düngerling).

Almen schützen vor Plaikenerosion.

Almen sind ein wichtiger Erholungsraum und tragen somit zum psychischen, physischen und sozialen Wohlbefinden von Menschen bei.

Almen sind warme, sonnige Rückzugsräume bei Inversionswetterlagen im Herbst und Winter.

Aus einem dichten, geschlossenen Wald wäre dieser Ausblick nicht möglich.

Alle Personen, die auf Almen arbeiten, erbringen für die Gesellschaft wichtige Umweltdienstleistungen.

Lesesteinmauern (Steinhag) sind naturschutzfachlich wertvolle Landschaftselemente.

Fotos: Andreas Bohner

# BODEN UND PFLANZEN AUF ALMEN

*Von Franz Bergler*

Der Almboden und die darauf wachsende Vegetation sind als eine Einheit zu betrachten. Diese Einheit ist mit einer Uhr vergleichbar. Das Gehäuse ist der Boden, die Zahnräder sind die einzelnen Elemente des Bodens und das Ziffernblatt ist die sichtbare Zeitangabe, was der Bewuchs bzw. der Ertrag ist.

## ALMBÖDEN

Böden werden grundsätzlich in Horizonte eingeteilt. Die Schichten werden als A, B und C-Horizont bezeichnet. Der obere Teil, der Oberboden ist der A-Horizont, der aus Mineralien und organischem Material besteht. Der A-Horizont wird üblicherweise als Mutterboden bezeichnet. Dieser mit Humus angereicherte Oberboden besitzt eine hohe biologische Aktivität. Der mittlere Teil, der Unterboden oder auch Anreicherungsboden genannt, ist eine Mischung aus Mineralien und organischer Substanz, die durch Auswaschung aus dem A-Horizont angereichert wird, daher auch als Anreicherungshorizont genannt. Als C-Horizont wird das Ausgangs- oder Muttergestein bezeichnet.

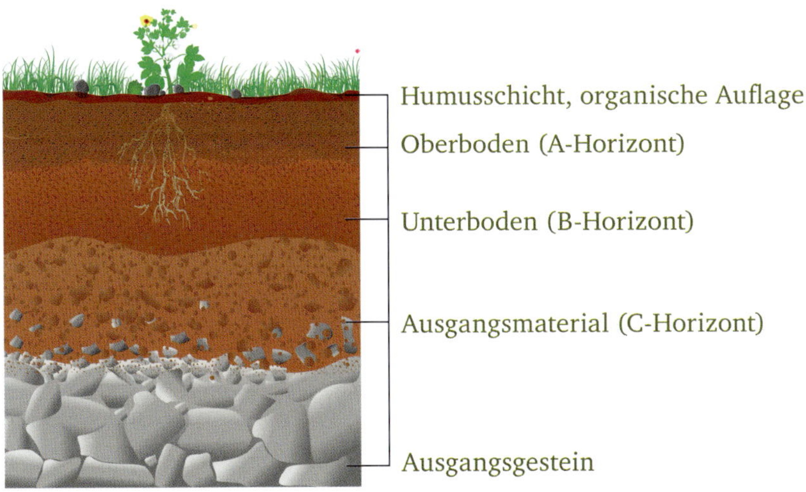


Aufbau des Bodens

Quelle: snapgalleria/istock.com

Die Bodenhorizonte weisen ganz unterschiedliche Mächtigkeiten auf und es gibt natürlich auch Vermischungen. Im alpinen Bereich fehlt sehr oft der B-Horizont und der Humusboden hat nur eine Ausprägung von zehn Zentimetern. Je nach dem Muttergestein unterscheiden wir den Ranker (Granit, Schiefer, Gneis) und den Rendzina (Kalk und Dolomit).

Im Boden leben viele Mikroorganismen, die mit Hilfe des Wassers, der Temperatur und der Bodenluft aus organischen Substanzen (Wurzeln, Kot, toten Lebewesen) die Nährstoffe für die Pflanzen verfügbar machen. Dieser Vorgang wird in der Fachsprache als Mineralisation bezeichnet. Nur durch diese Umwandlung werden die Nährstoffe für die Pflanzen erst nutzbar. Bildlich mit unserer Uhr verglichen, sind das die Zahnräder im Gehäuse. Wärme, Luft und eine optimale Feuchte wirken sich positiv auf diesen Nährstoffkreislauf durch die Mikroorganismen aus.

Hier spielt auch der pH-Wert eine Rolle. Ist der Boden zu sauer oder zu basisch, so sinkt die Freisetzung der Minerale. Eine gute Mineralisation geschieht bei einem pH-Wert zwischen 5,5 und 7,5.

## ALMPFLANZEN

*Von Franz Bergler*

Es gibt viele Bezeichnungen und Definitionen bei den Wiesen und Weiden, grundsätzlich genügt aber eine einfache Gliederung in Fettweiden, Magerweiden und Strauchweiden.

### Fettweiden

Die Fettweide besitzt wie der Name schon sagt, gute, gern gefressene und wertvolle Gräser und Kräuter. Die Weiden werden bei richtiger Weideführung gut abgeweidet und die Weidetiere hinterlassen wenig Weidereste. Das ist jener Teil des Aufwuchses, der nicht genützt wird und mechanisch von der Weide entfernt werden muss. Die Fettweiden setzen sich aus Gräsern wie Rispengras, Kammgras, Lieschgras und Rotschwingel zusammen. Verschiedene Kleearten sind natürlich auch in diesen ertragreichen Wiesen dabei, wie Rot- und Weißklee, Alpen- und Bergklee, Wund- und Braunklee. Wertvolle und geschmackvolle Kräuter wie Mutterkraut, Frauenmantel, Wegerich, Pippau, Schafgarbe, Berg-Thymian, Herbst- und Berglöwenzahn, verschiedene Lattich-Arten sind nicht nur sehr bekömmliche Kräuter für unsere Almtiere, sondern diese Kräuter beinhalten auch viel Energie, die in einer guten Milchleistung und einer guten Zuwachsrate sichtbar werden.

Der gelb blühende Hahnenfuß kommt vor allem in Bergfettweiden vor und gilt als Nährstoffzeigerpflanze. Foto: Karin Ch. Taferner

### Magerweiden

Magerweiden weisen entweder einen trockenen oder einen nassen Boden auf. Die Gräser auf nassen Weiden sind überwiegend Binsen und Seggen, im trockenen Bereich herrschen der Bürstling, Ruchgras, Augentrost, Blutwurz, Besenheide und Heidelbeere vor. Die Magerweiden müssen sehr früh beweidet werden, da der Bürstling nur im ganz jungen Zustand vom Weidevieh gefressen wird, da er sehr schnell „trocken" wird und dann sticht. Auf nassen Standorten werden diese Magerweiden eher selten vom Weidevieh aufgesucht, in der Regel nur bei Futternot.

### Strauchweiden

Strauchweide ist eine Bezeichnung für nicht nutzbare Weiden mit krautigen Pflanzen. Die Bezeichnung ist doppelt unrichtig. Als Sträucher werden im Volksmund verholzte Stauden bezeichnet. Weiden sind in der Regel Grünflächen, die den Weidetieren als Futtergrundlage dienen. Die Strauchweiden besitzen keine verholzten Gewächse und werden auch nicht beweidet, da sie keine für Weidetiere nutzbaren Pflanzen und Kräuter enthalten. Die richtige Bezeichnung wäre Krautweide, da diese Almflächen überwiegend krautige Pflanzen wie Bärenklau, Alpen-Dost, Mädesüß, Baldrian, Weidenröschen, Hauhechel, Ginster und Wolfsmilch beinhalten. Sie haben einen ökologisch großen Wert, da sie für viele Tiere und Schmetterlinge die Wirtspflanzen sind.

### Konkurrenzpflanzen auf der Alm

Auf den Weiden wachsen natürlich auch Pflanzen, Kräuter und Sträucher, die eine Konkurrenz zu den guten Futtergräsern und -kräutern darstellen. Das sind Platzräuber wie Alpenampfer, Farne, Disteln, Alpenrose, Zwergwacholder, Erlen und Latschen, aber auch Giftpflanzen wie Weißer Germer, Alpenkreuzkraut, Herbstzeitlose und Eisenhut. Wesentlich bei diesem Thema ist die Intensität des Auftretens dieser Pflanzen, Kräuter und Sträucher. Sie gehören zur Almvegetation. Wird jedoch der Prozentsatz dieser Pflanzen zu hoch, ist es angebracht, zur Erhaltung der fressbaren Pflanzenvegetation diese Konkurrenzvegetation zu entfernen. Grundsätzlich gilt als erste Maßnahme, die Entfernung der Blüte im frühen Stadium. Je nach Stärke der Verunkrautung kann es auch notwendig sein, die gesamte Pflanze zu entfernen. Dabei ist es wichtig, die Pflanze aus dem Weidegebiet zu bringen. Erlen, Latschen und (Zwerg-)Wacholder soll noch im grünen Zustand verheizt werden. Das ist gesetzlich erlaubt, wenn diese Maßnahme bei der zuständigen Bezirkshauptmannschaft angezeigt wird und dafür ein Bescheid ausgestellt wird. Das Abbrennen im grünen Zustand ist eine positive Maßnahme für den Naturschutz. Ein trockener Haufen von Schwend-Material beherbergt sehr viele Lebewesen, die beim Abbrennen im trockenen Zustand vernichtet werden. Wird der Schwendhaufen von oben angezündet, so erwärmt die Flamme die darunter liegenden Äste und Zweige, es entsteht wenig bis gar kein Rauch, da Rauch immer eine Frage der Temperatur ist.

## PFLANZENGESELLSCHAFTEN

*Von Andreas Bohner*

In der Almregion ist die Lebensraumvielfalt sehr hoch. Daher gibt es zahlreiche Pflanzengesellschaften.

**Die flächenmäßig bedeutendsten Vegetationstypen auf Almen sind:**
» Bergfettwiesen
» Bergfettweiden
» Kalkmagerweiden
» Lägerfluren
» Hochstaudenfluren
» Zwergstrauchheiden
» Silikat-Magerrasen
» Kalk-Magerrasen
» Urwiesen

### Bergfettwiesen

In der montanen und subalpinen Stufe sind Goldhaferwiesen und Rot-Schwingel-Straußgraswiesen weit verbreitet. Bergfettwiesen sind in der Regel arten- und kräuterreicher und somit auch bunter als Talfettwiesen. Sie ergrünen im Frühling früher als Magerwiesen und -weiden.

Goldhaferwiesen werden mit almeigenem Mist gedüngt, je nach Höhenlage ein- bis zweimal pro Jahr gemäht und gegen Ende der Almsaison oft nachbeweidet. Die bunte Pflanzengesellschaft kommt bevorzugt auf carbonatfreien oder carbonathaltigen, schwach bis mäßig sauren, nährstoffreichen, frischen Braunerden, Kalkbraunlehmen und tiefgründigen Pararendzinen auf ebenen Flächen oder schwach geneigten Hanglagen meist in der unmittelbaren Umgebung von Almhütten oder Viehställen vor. Goldhaferwiesen liefern ein ertragreiches und qualitativ hochwertiges Futter. Der Wiesen-Goldhafer ist Hauptbestandsbildner. Weitere typische Arten sind Rote Lichtnelke, Gewöhnliche Perücken-Flockenblume, Wimper-Kälberkropf, Kümmel, Wald-Storchschnabel, Alpen-Krokus, Hohe Schlüsselblume, Berg-Sauerampfer, Berg-Hahnenfuß und Frauenmantel-Arten.

Rot-Schwingel-Straußgraswiesen werden nicht oder nur gelegentlich mit almeigenem Mist gedüngt, einmal pro Jahr gemäht und gegen Ende der Almsaison oft nachbeweidet. Die Pflanzengesellschaft besiedelt vor allem carbonatfreie, mäßig bis stark saure, mäßig nährstoffreiche, frische Braunerden. Rot-Schwingel und Rot-Straußgras sind Hauptbestandsbildner.

Goldhaferwiesen liefern ein ertragreiches und qualitativ hochwertiges Futter.

Fotos: Andreas Bohner

Die Rot-Schwingel-Straußgraswiese liefert mangan- und zinkreiches Futter mittlerer Qualität.

Zum charakteristischen Arteninventar gehören Wiesen-Ruchgras, Wiesen-Hainsimse, Weiches Honiggras, Gras-Sternmiere, Flecken-Johanniskraut, Busch-Windröschen, Wiesen-Margerite, Rauer Löwenzahn und Kriech-Schaumkresse. Die Rot-Schwingel-Straußgraswiese zählt in Österreich zu den gefährdeten Pflanzengesellschaften. Sie liefert mangan- und zinkreiches Futter mittlerer Qualität.

## Bergfettweiden

Bergfettweiden werden meist gedüngt und intensiv beweidet. Sie kommen aber auch ohne Düngung auf natürlichen Nährstoffanreicherungsstandorten (z. B. Unterhang, Hangverebnung) vor. Sie befinden sich häufig in der Nähe von Almhütten oder Viehställen insbesondere auf ebenen Flächen oder schwach geneigten Hanglagen. Die leguminosen- und kräuterreichen, bunten Pflanzengesellschaften kommen auf carbonatfreien oder carbonathaltigen, mäßig sauren bis schwach alkalischen, nährstoffreichen, frischen oder krumenwechselfeuchten, meist verdichteten Böden vor. Bergfettweiden repräsentieren die almwirtschaftlich wertvollsten Weidegesellschaften. Sie liefern ein qualitativ hochwertiges Futter. Im Frühling fallen die Pflanzenbestände durch ihre saftigfrischgrüne Farbe auf.

Die Gold-Pippau-Kammgrasweide ist in der montanen Stufe die wichtigste Fettweidegesellschaft. Sie wird in der subalpinen und unteralpinen Stufe von der Milchkrautweide abgelöst.

In der Gold-Pippau-Kammgrasweide kommen Gold-Pippau, Wiesen-Kammgras, Rot-Schwingel, Kümmel, Rauer Löwenzahn, Herbst-Löwenzahn, Gänseblümchen, Kleine Brunelle, Quendel-Ehrenpreis, Mittlerer Wegerich und Weiß-Klee häufig vor.

Gold-Pippau und Wiesen-Kammgras sind bestimmende Pflanzenarten der wertvollen Gold-Pippau-Kammgraswiesen.

Milchkrautweide: Die Bezeichnung leitet sich von den Milchkräutern Gold-Pippau und Rauer Löwenzahn ab.

Fotos: Andreas Bohner

Alpen-Rispengras, Alpen-Lieschgras, Braun-Klee, Schnee-Klee, Gold-Pippau, Berg-Hahnenfuß, Quell-Hornkraut, Rauer Löwenzahn und Alpen-Mutterwurz sind charakteristische Arten der Milchkrautweide.

Zahlreiche wärmebedürftige und trockenheitstolerante Pflanzen kommen gemeinsam mit Gebirgspflanzen in Kalkmagerweiden vor. Fotos: Andreas Bohner

Hochwertige Futterpflanzen fehlen meist in der Alpen-Ampferflur.

## Kalkmagerweiden

Kalkmagerweiden besiedeln frische bis mäßig halbtrockene, carbonathaltige, schwach saure bis schwach alkalische, nährstoffarme Rendzinen und Pararendzinen in der montanen Stufe. Die arten-, kräuter- und leguminosenreiche, bunte Pflanzengesellschaft wird nicht gedüngt und extensiv bis mäßig intensiv beweidet.

Charakteristische Arten sind Silberdistel, Große Brunelle, Mittlerer Wegerich, Zypressen-Wolfsmilch, Schneerose, Rauer Kranzenzian, Gewöhnlicher Fransenenzian, Frühlings-Enzian, Zittergras, Blau-Segge, Berg-Segge, Gewöhnlicher Hufeisenklee, Wiesen-Hornklee, Echter Wundklee und Dorn-Hauhechel. Leguminosenreiche Kalkmagerweiden liefern ein qualitativ hochwertiges Futter.

## Lägerfluren

In der Nähe von Almhütten oder Viehställen, auf Viehlagerplätzen und in Geländevertiefungen sind häufig artenarme Alpen-Ampferfluren anzutreffen. Die Böden sind oft verdichtet, sehr stark humos, carbonatfrei oder carbonathaltig, meist mäßig sauer, sehr nährstoffreich und vor allem mit Stickstoff und Kalium überdüngt.

Die Alpen-Ampferflur bildet eine langlebige Pflanzengesellschaft, die auch nach Aufgabe der Almbewirtschaftung noch lange bestehen bleibt. Sie hat einen geringen landwirtschaftlichen Wert, weil hochwertige Futterpflanzen weitgehend fehlen. Die hochstaudenreiche Pflanzengesellschaft kommt in der montanen und subalpinen Stufe insbesondere auf frischen oder krumenwechselfeuchten Standorten vor und wird vom Alpen-Ampfer dominiert. Weitere typische Arten sind Berg-Sauerampfer, Wald-Sternmiere, Blauer Eisenhut, Berg-Greiskraut, Große Brennnessel, Quirl-Weidenröschen und Frauenmantel-Arten.

## Hochstaudenfluren

Hochstaudenfluren besiedeln tiefgründige, carbonatfreie oder carbonathaltige, mäßig saure bis schwach alkalische, nährstoffarme bis mäßig nährstoffreiche, frische Böden (z. B. Braunerde, Kalkbraunlehm, Pararendzina) in der montanen und subalpinen Stufe. Die Standorte sind windarm und oft lange mit Schnee bedeckt.

Hochstaudenfluren bilden eine bunte und gehölzfreie Pflanzengesellschaft.

Fotos: Andreas Bohner

Zwergstrauchheiden sind davon gekennzeichnet, dass sie nur wenige Pflanzenarten beinhalten.

Hochstaudenfluren kommen auf waldfähigen Standorten vor. Die starke Beschattung der Hochstauden verhindert allerdings das Keimen und Aufkommen von Gehölzpflanzen. Die bunte und gehölzfreie Pflanzengesellschaft wird von Hochstauden dominiert. Typische Arten sind Milchlattich, Grauer Alpendost, Österreichische Gamswurz, Kletten-Ringdistel, Meisterwurz, Wald-Storchschnabel, Rote Groß-Bibernelle, Breitblatt-Laserkraut, Weißer Germer und Eisenhut-Arten.

Hochstaudenfluren haben einen geringen landwirtschaftlichen Wert, weil einige Hochstauden vom Almvieh gemieden werden und hochwertige Futterpflanzen weitgehend fehlen.

## Zwergstrauchheiden

Zwergstrauchheiden haben einen geringen landwirtschaftlichen Wert, weil hochwertige Futterpflanzen weitgehend fehlen. In den Zwergstrauchheiden dominieren Zwergsträucher (z. B. Heidelbeere, Alpen-Nebelbeere, Besenheide, Preiselbeere, Zwitter-Krähenbeere, Arznei-Bärentraube, Schnee-Heide) und Kleinsträucher (z. B. Rostblättrige Alpenrose, Zwerg-Wacholder, Wimper-Alpenrose). Bäume und Großsträucher sind nur vereinzelt anzutreffen.

Die artenarmen Zwergstrauchheiden kommen in der subalpinen und unteralpinen Stufe einerseits auf nährstoffarmen, carbonatfreien, stark bis sehr stark sauren Silikatböden (Ranker, Braunerde, Semipodsol, Podsol) und andererseits auf nährstoffarmen, carbonathaltigen, schwach sauren bis schwach alkalischen Rendzinen (insbesondere Tangelrendzina) und Pararendzinen vor. Die Standorte sind südexponierte, wärmebegünstigte, früh schneeapere, frische bis mäßig halbtrockene, steile Hanglagen oder schattige, frische, windgeschützte, schneereiche Lagen.

## Silikat-Magerrasen

Auf carbonatfreien, mäßig bis sehr stark sauren, nährstoffarmen, frischen oder krumenwechselfeuchten Silikatböden (insbesondere Ranker, Braunerde) herrscht der Bürstlingsrasen vor. Die Pflanzengesellschaft wächst in der montanen bis unteralpinen Stufe und wird meist vom Bürstling dominiert. Weitere typische Arten sind Ar-

Leguminosen sind in Bürstlingsrasen kaum zu finden.

nika, Berg-Nelkenwurz, Gold-Fingerkraut, Bart-Glockenblume, Silikat-Glocken-Enzian, Pyramiden-Günsel, Arznei-Ehrenpreis, Gewöhnliches Katzenpfötchen und Einkorb-Ferkelkraut. Bürstlingsrasen bedecken in den Zentralalpen große Flächen über Silikatgesteinen. Sie werden nicht gedüngt, vorwiegend extensiv beweidet und nur selten gemäht. Der leguminosenarme Silikat-Magerrasen liefert ein mangan- und zinkreiches Futter. Je stärker der Boden versauert ist, desto dominanter tritt der Bürstling im Pflanzenbestand auf und desto geringer sind Pflanzenvielfalt und Futterqualität.

## Kalk-Magerrasen

Der Blaugras-Horstseggenrasen kommt in der subalpinen und unteralpinen Stufe auf südexponierten, wärmebegünstigten, früh schneefreien, steilen Hanglagen in den Kalkalpen oft großflächig über Carbonatgesteinen und in Kalkglimmerschiefergebieten vor. Die Böden sind frische bis mäßig halbtrockene, nährstoffarme, carbonathaltige, schwach saure bis schwach alkalische Rendzinen und Pararendzinen. Hauptrasenbildner ist das Kalk-Blaugras. Weitere typische Arten sind Horst-Segge, Steinraute, Alpen-Aster, Kalk-Glocken-Enzian, Berg-Ringdistel, Zotten-Habichtskraut, Brillenschötchen und Alpen-Tragant.

Der artenreiche und bunte Kalk-Magerrasen wird nicht gedüngt und extensiv beweidet. Die leguminosen- und kräuterreiche Pflanzengesellschaft liefert weniger, dafür aber qualitativ besseres Futter als der Bürstlingsrasen.

Auf frischen, nährstoffarmen bis mäßig nährstoffreichen, carbonathaltigen, schwach sauren bis schwach alkalischen

Der Blaugras-Horstseggenrasen trägt durch seinen Blumenreichtum wesentlich zur Schönheit der Almlandschaft bei.

Rostseggenrasen sind vorwiegend in den Kalkalpen anzutreffen. Fotos: Andreas Bohner

Rendzinen und Pararendzinen wächst der Rostseggenrasen. Die Pflanzengesellschaft kommt bevorzugt in den Kalkalpen über Carbonatgesteinen auf nordexponierten, länger schneebedeckten, steilen Hanglagen in der subalpinen und unteralpinen Stufe vor. Hauptrasenbildner ist die Rost-Segge. Weitere typische Arten sind Zier-Schwingel, Matten-Lieschgras, Trollblume, Blätter-Läusekraut, Ähren-Läusekraut, Narzissen-Windröschen, Kugelständel, Alpen-Süßklee und Kälte-Tragant. Der Rostseggenrasen wird nicht gedüngt, gelegentlich gemäht, meistens jedoch nicht oder nur sehr extensiv beweidet. Gemähte Rostseggenrasen liefern wertvolles Wildheu. Insbesondere Leguminosen tragen zur guten Futterqualität bei.

## Urwiesen

Urwiesen sind natürliche Rasengesellschaften in der oberalpinen Stufe. Sie werden von Sauergräsern (niedrigwüchsigen Seggen-Arten) dominiert. Frische oder krumenwechselfeuchte, nährstoffarme, carbonatfreie, mäßig bis sehr stark saure Silikatböden (Ranker, Braunerde) werden von Krummseggenrasen und frische, nährstoffarme, carbonathaltige, schwach saure bis schwach alkalische Rendzinen (insbesondere Pechrendzina) und seichtgründige Pararendzinen von Polsterseggenrasen eingenommen.

Die grasreichen, arten- und meist blütenarmen Krummseggen- und Polsterseggenrasen werden nicht gedüngt und nur sehr extensiv vor allem mit Schafen beweidet. Sie liefern wenig und minderwertiges Futter.

In den Krummseggenrasen dominiert die Krummsegge. Weitere typische Arten sind Kopfgras, Bunthafer, Zwerg-Primel, Zwerg-Seifenkraut, Gänseblümchen-Ehrenpreis, Alpen-Habichtskraut, Zwerg-Augentrost, Schweizer Leuenzahn und Grasblatt-Teufelskralle.

Die Polster-Segge ist in den Polsterseggenrasen Hauptrasenbildner. Zum charakteristischen Arteninventar gehören Zwerg-Schwingel, Zwerg-Ständel, Aurikel, Blaugrüner Steinbrech, Alpen-Sonnenröschen, Silberwurz, Zwerg-Simsenlilie und Rosa-Läusekraut. Die Polsterseggenrasen sind auf windexponierten, früh schneefreien Gipfeln, Kuppen, Rücken, Berggraten und steilen Hanglagen in den Kalkalpen über Carbonatgesteinen häufig anzutreffen.

Der Krummseggenrasen kommt in den Zentralalpen über Silikatgesteinen oft großflächig vor. Fotos: Andreas Bohner

Polsterseggenrasen sind eine typische Pflanzengesellschaft der Kalkalpen.

Hochwertige Futterpflanzen auf Almen:
Vorkommen und bevorzugte Wuchsbedingungen

| Pflanze | Seehöhe | Carbonat-gehalt | Boden-pH-Wert | Nährstoff-gehalt | Bodenwas-serhaushalt |
|---|---|---|---|---|---|
| Alpen-Lieschgras | subalpin, alpin | carbonatfrei | 6,2–4,2 | nährstoff-reich | frisch-feucht |
| Alpen-Rispengras | subalpin, alpin | carbonathal-tig, -frei | > 5,0 | nährstoff-reich | frisch-halbtrocken |
| Goldhafer | montan-unteralpin | carbonathal-tig, -frei | > 5,0 | nährstoff-reich | frisch-halbtrocken |
| Rot-Schwingel | montan-unteralpin | carbonatfrei, -haltig | 6,2–4,2 | nährstoff-reich | frisch |
| Rot-Straußgras | montan-unteralpin | carbonatfrei | 6,2–4,2 | nährstoff-reich | frisch |
| Wiesen-Kammgras | montan-subalpin | carbonatfrei, -haltig | 6,2–5,0 | mäßig nähr-stoffreich | frisch |
| Alpen-Spitzkiel | montan-alpin | carbonat-haltig | > 6,2 | nährstoffarm | frisch |
| Alpen-Süßklee | subalpin, alpin | carbonat-haltig | > 6,2 | nährstoffarm | frisch |
| Alpen-Tragant | subalpin-unteralpin | carbonat-haltig | > 6,2 | nährstoffarm | frisch |
| Alpen-Wundklee | montan-alpin | carbonat-haltig | > 6,2 | nährstoffarm | frisch-halbtrocken |
| Braun-Klee | montan-unteralpin | carbonat-haltig | > 6,2 | nährstoff-reich | frisch-feucht |
| Hornklee | montan-unteralpin | carbonathal-tig, -frei | > 5,0 | nährstoffarm, mäßig nähr-stoffreich | frisch, feucht, halbtrocken |
| Hufeisenklee | montan-unteralpin | carbonat-haltig | > 6,2 | nährstoffarm | frisch, halbtrocken |
| Rot-Klee | montan-unteralpin | carbonatfrei, -haltig | > 5,0 | nährstoff-reich | frisch, halbtrocken |
| Schnee-Klee | subalpin, alpin | carbonatfrei, -haltig | > 5,0 | nährstoff-reich | frisch |
| Alpen-Löwenzahn | subalpin, alpin | carbonatfrei, -haltig | > 5,0 | nährstoff-reich | frisch |
| Alpen-Mutterwurz | subalpin, alpin | carbonatfrei, -haltig | 6,2–5,0 | mäßig nähr-stoffreich | frisch |

| Pflanze | Seehöhe | Carbonat-gehalt | Boden-pH-Wert | Nährstoff-gehalt | Bodenwas-serhaushalt |
|---|---|---|---|---|---|
| Aufgeblasenes Leimkraut | montan-unteralpin | carbonatfrei, -haltig | > 5,0 | nährstoffarm, mäßig nähr-stoffreich | frisch, halbtrocken |
| Bart-Glockenblume | montan-unteralpin | carbonatfrei | 6,2–4,2 | nährstoffarm | frisch |
| Berg-Sauerampfer | montan-unteralpin | carbonatfrei | 6,2–5,0 | nährstoff-reich | frisch |
| Berg-Wegerich | montan-alpin | carbonat-haltig | > 6,2 | mäßig nähr-stoffreich | frisch |
| Bergwiesen-Bärenklau | montan, subalpin | carbonatfrei, -haltig | 6,2–5,0 | nährstoff-reich | frisch |
| Gebirgs-Schafgarbe | montan, subalpin | carbonatfrei, -haltig | 6,2–5,0 | mäßig nähr-stoffreich | frisch |
| Gold-Fingerkraut | subalpin, alpin | carbonatfrei | 6,2–4,2 | nährstoffarm | frisch |
| Gold-Pippau | montan-alpin | carbonathal-tig, -frei | > 5,0 | mäßig nähr-stoffreich | frisch |
| Herbst-Löwenzahn | montan, subalpin | carbonatfrei | 6,2–4,2 | mäßig nähr-stoffreich | frisch, krumenwech-selfeucht |
| Kümmel | montan, subalpin | carbonatfrei, -haltig | 6,2–5,0 | nährstoff-reich | frisch |
| Rauer Löwenzahn | montan-alpin | carbonatfrei, -haltig | > 5,0 | mäßig nähr-stoffreich | frisch |
| Rote Groß-Bibernelle | montan, subalpin | carbonatfrei, -haltig | 6,2–5,0 | mäßig nähr-stoffreich | frisch |
| Scheuchzer Glockenblume | subalpin, alpin | carbonatfrei, -haltig | > 5,0 | nährstoffarm | frisch |
| Schweizer Löwenzahn | subalpin, alpin | carbonatfrei | < 5,0 | nährstoffarm | frisch |

## Hochwertige Futterpflanzen auf Almen: Mahd-, Weide- und Trittverträglichkeit sowie Maßnahmen zur Förderung im Bestand

| Pflanzenname | Mahdver-träglichkeit | Weidever-träglichkeit | Trittverträg-lichkeit | Förderung durch |
|---|---|---|---|---|
| Alpen-Lieschgras | gut | gut | gut | Düngung |
| Alpen-Rispengras | gut | gut | gut | Düngung |

| Pflanzenname | Mahdverträglichkeit | Weideverträglichkeit | Trittverträglichkeit | Förderung durch |
|---|---|---|---|---|
| Goldhafer | gut | gering | gering | Düngung |
| Rot-Schwingel | sehr gut | gut | gut | Düngung |
| Rot-Straußgras | gut | mäßig | mäßig | Düngung |
| Wiesen-Kammgras | gut | gut | mäßig | Düngung |
| Alpen-Spitzkiel | mäßig | mäßig | mäßig | extensive Bewirtschaftung |
| Alpen-Süßklee | gering | gering | gering | extensive Bewirtschaftung |
| Alpen-Tragant | mäßig | mäßig | mäßig | extensive Bewirtschaftung |
| Alpen-Wundklee | mäßig | mäßig | mäßig | Kalkung |
| Braun-Klee | gering | gering | gering | Düngung, Kalkung |
| Hornklee | mäßig | mäßig | mäßig | Düngung, Kalkung |
| Hufeisenklee | mäßig | mäßig | mäßig | Kalkung |
| Rot-Klee | gut | mäßig | gering | Düngung, Kalkung |
| Schnee-Klee | gut | mäßig | gering | Düngung, Kalkung |
| Alpen-Löwenzahn | gut | gut | gut | Düngung |
| Alpen-Mutterwurz | gut | gut | gut | Düngung |
| Aufgeblasenes Leimkraut | mäßig | gering | gering | extensive Bewirtschaftung |
| Bart-Glockenblume | gering | gering | gering | extensive Bewirtschaftung |
| Berg-Sauerampfer | gut | gering | gering | Düngung |
| Berg-Wegerich | gut | gut | gut | Düngung |
| Bergwiesen-Bärenklau | gut | gering | gering | Düngung |
| Gebirgs-Schafgarbe | gut | mäßig | gering | Düngung |

| Pflanzenname | Mahdverträglichkeit | Weideverträglichkeit | Trittverträglichkeit | Förderung durch |
|---|---|---|---|---|
| Gold-Fingerkraut | mäßig | mäßig | mäßig | extensive Bewirtschaftung |
| Gold-Pippau | gut | gut | gut | Düngung |
| Herbst-Löwenzahn | gut | sehr gut | sehr gut | intensive Beweidung |
| Kümmel | gut | gut | gut | Düngung |
| Rauer Löwenzahn | gut | gut | gut | Düngung |
| Rote Groß-Bibernelle | gut | gering | gering | Düngung |
| Scheuchzer Glockenblume | mäßig | mäßig | gering | extensive Bewirtschaftung |
| Schweizer Löwenzahn | gut | gut | gut | extensive Bewirtschaftung |

**Anmerkung zu den Tabellen**

Die Standortangaben und Pflanzeneigenschaften von den gelisteten Futterpflanzen gelten nur für Almstandorte im Gebirge und nicht für Tal- und Beckenlagen! Seehöhe (Orientierungswerte!) montan: bis 1.700 m, subalpin: 1.700 bis 2.100 m, unteralpin: 2.100 bis 2.300 m, oberalpin: 2.300 bis 2.600 m; Carbonatgehalt = Carbonatgehalt im Boden am Wuchsort der Pflanze; Boden-pH-Wert = pH-Wert im Oberboden (A-Horizont); Nährstoffgehalt = Nährstoffgehalt im Boden am Wuchsort der Pflanze; Förderung: Maßnahmen zur Erhaltung oder Ausbreitung der Pflanze

## Kommentar

*Von Alois Kiegerl*

Als Almbewirtschafter ist es essenziell seine Grundlagen – sprich den Boden und die Pflanzen zu kennen. Wobei ich aus meiner Erfahrung sagen kann, dass immer das, was die anderen haben, besser ist. Während wir Weststeirer mit unseren meistens doch sehr sauren Silikatböden neidisch in die Schweiz oder nach Vorarlberg schielen, wo die Kühe auf den Almen rein aus der Weide bis zu 5.000 Liter Milch geben, fahren diese mit Bussen zu uns, um sich unsere langgezogenen, nahezu unkrautfreien Weidegebiete anzusehen. Das Zauberwort heißt wie so oft: standortangepasste (Alm-) Bewirtschaftung.

Während es keinen Sinn macht, auf unsere Alm Milchkühe bzw. Mastochsen aufzutreiben, wäre es umgekehrt sehr gefährlich, auf steile (Kalk)Almen Mutterkühe zu treiben und diese dort womöglich auch abkalben zu lassen. Ich bemerke aber leider immer öfter, dass die geeigneten Tiere für die Alpung auf den Heimbetrieben nicht mehr vorhanden sind. Hochleistungstiere kommen mit den teilweise kargen Verhältnissen auf der Alm nur schwer zurecht. Auch besteht manchmal nicht mehr die Bereitschaft, die Nutzung an die Almgegebenheiten, zum Beispiel durch eine spätere Belegung oder spätere Schlachtung der Tiere, anzupassen. Umgekehrt ist es noch viel schwieriger bis meistens unmöglich – geschweige denn fast immer unwirtschaftlich – die Alm an die Nutzung anzupassen. Wie kann man einen Ausweg aus dieser Diskrepanz finden?

Weiters tat ich mir immer sehr schwer damit, mir die Namen der vielen, vielen Pflanzen zu merken. Ich begann dann, mir folgende Unterscheidung einzuprägen: erstens Pflanzen, welche die Tiere gerne fressen, zweitens Pflanzen, welche die Tiere fressen, wenn es sein muss, drittens Pflanzen, welche die Tiere nicht fressen. Dabei stellte ich immer wieder fest, dass oft das (frühe) Aufwuchsstadium bestimmt, ob eine Pflanze gefressen oder verschmäht wird, was mich abermals darin bestärkte, mit den anderen Mitgliedern unserer Weidegemeinschaft, um möglichst frühe Auftriebstermine zu ringen.

## ERTRAGSSCHÄTZUNG AUF ALMEN

*Von Franz Bergler*

Als Alminspektor kann ich auf eine über 30-jährige berufliche Erfahrung zurückgreifen. Eine der Hauptaufgaben in der Tätigkeit bei der Agrarbezirksbehörde für Steiermark war die Erstellung von Weideplänen. Darin sind der Ertrag einer Alm und die damit verbundene Anzahl der Weidetiere, die auf die Alm in einer bestimmten Weidezeit aufgetrieben werden können, ein wichtiger Bestandteil.

### Schätzung über den Bruttoertrag

Ich habe das Steirische Almprojekt, ein Projekt mit der Versuchsanstalt Gumpenstein initiiert und auch mitgearbeitet. In diesem Projekt wurde auf 16 Standorten, auf Süd- und Nordseite, auf Kalk und Kristallin und auf vier Höhenstufen (900, 1.200, 1.500 und 1.800 m) die Weideerträge über fünf Jahre gemessen und ausgewertet. Sinn dieser Arbeit war es, dem Fachmann eine Methode zur Verfügung zu stellen, um eine halbwegs praktikable und effiziente Schätzung des Weideertrages einer Alm durchführen zu können.

In dieser Arbeit wurden Weidekörbe aufgestellt und zu einem genau definierten Zeitpunkt (Blühbeginn) der Bruttoertrag gemessen. Daraus wurden die nichtfressbaren Gräser und Kräuter abgezogen und das dem Vieh auf der Weide zur Verfügung stehende Futter errechnet. Das ist also das Futter, welches das Vieh auf einer Weide fressen kann. Diese Erträge wurden gemessen und dokumentiert. Darin enthalten sind alle Faktoren, die für das Wachstum entscheidend sind wie Bodenart, Nährstoffversorgung im Boden, Wasserhaushalt, Witterung, Temperatur. Das ist deshalb zu betonen, weil es natürlich ganz unterschiedliche Wachstumsjahre gibt. Sind die Faktoren im Optimum, sind die Erträge höher. Der Praktiker kennt diese Situation ja von den Weideflächen am Heimbetrieb, wo er ja auch jedes Jahr ganz unterschiedliche Erträge auf seinen Wiesen und Weiden hat. Diese können auch bis zu 100 % am Ertrag variieren.

Der Gutachter muss bei seiner Berechnung also immer eine Reserve einrechnen, damit auch in einem nicht für das Wachstum optimalen Jahr dem aufgetriebenen

Weidevieh ausreichend Futter zur Verfügung steht. Die tatsächlich aufgenommene Futtermenge auf einer Weide hängt stark vom Vertritt ab. Die Methode gibt Auskunft über die Nettofuttermenge, die auf einem Boden wächst. Der Vertritt und der Weiderest reduzieren den Weideertrag bis zu 100 %, was im Klartext bedeutet, dass im schlimmsten Fall nur die Hälfte des Ertragspotenziales einer Weidefläche dem Weidevieh zur Verfügung steht. Das war auch der Grund, warum ich dieses Alm-Projekt, das als meine Dissertation (Doktorarbeit) geplant war, nie publiziert habe. Ich wollte eine praktikable Methode für meine Kollegen erarbeiten. Natürlich wurde dieses Forschungsprojekt von der Versuchsanstalt Raumberg-Gumpenstein publiziert. Es ist ein sehr wertvoller Beitrag für die Almwirtschaft und es wird nach wie vor nach dieser Methode gearbeitet und bewertet. In diesem Projekt wurde auch die Qualität des Futters miteinbezogen. Dazu muss ich aber feststellen, dass es in Österreich nur wenige Experten gibt, die die Qualität nach dem Energiegehalt in Mega-Joule genau schätzen können. Darin liegt auch der Grund, warum sich diese Methode nicht etabliert hat. In Kärnten wurde diese Bewertungsmethode sogar ins Gesetz aufgenommen.

## Ertrag schätzen nach Mittelheu

Ich bevorzuge nach wie vor die Ertragsschätzung nach Kilogramm Mittelheu. Das ist eine Methode, die der Praktiker kennt und auch selbst durchführen kann. Jeder Landwirt kennt den Ertrag seiner Wiesen und Weiden – sowohl am Heimbetrieb als auch auf der Alm. Er weiß ganz genau, wie lange er wie viele Tiere in eine Koppel grasen lassen kann. Der Landwirt hat genaue Aufzeichnungen über Jahre hinweg, wie viel Futter er in den letzten zehn Jahren von seinen Flächen geerntet hat. Waren es früher die Anzahl der Ladewagen, ist es heute oft die Zahl der Siloballen pro Feld. Er braucht ja diese Information, um seine Tiere gut über den Winter zu bringen. In schlechten Erntejahren muss der Betriebsleiter reagieren und entweder Futter zukaufen oder die Anzahl der Tiere reduzieren. Für die Alm bedeutet ein „schlechter" Sommer (weniger Futterertrag als im Durchschnitt) einen früheren Almabtrieb aller Tiere (wie beispielsweise 2025) oder ein früherer Abtrieb von einem Teil der Tiere.

So sieht es aus, wenn die Weide wegen zu geringen Tierbesatzes davonwächst – das Kalb ist kaum zu entdecken.

Foto: Alois Kiegerl

### Die Schätz-Maßzahl-Methode

Eine noch immer gute Methode für die Futterertragsschätzung ist die von Dr. Buchgraber und seinen Mitarbeitern Jahrzehnte lang erprobte Schätz-Maßzahl: Jeder Zentimeter Aufwuchs ergibt 100 kg Mittelheu. Hier ist natürlich auch viel Erfahrung notwendig, da die Höhe des geschlossenen Bestandes der Vegetation und auch das Verhältnis Ober- zu Untergräsern wichtig ist. Ist der Bestand bei der ersten Nutzung 22 cm hoch und bei der zweiten Nutzung 10 cm hoch, so ergibt dies einen Ertrag von 3.200 kg Mittelheu pro Hektar Weidefläche, welches ein zufrieden stellender Ertrag für eine Hoch-Alm ist. Die Höhenlage ist natürlich beim Ertrag entscheidend. Gute Niederalmen können einen Ertrag bis zu 4.000 kg Mittelheu erbringen.

### Vergleichbarkeit über Normalkuhgras

Wissenschaftler haben eine Maßzahl erfunden, damit der Ertrag auf den Almen vergleichbar wird. Ein Normalkuhgras ist die Futtermenge auf einer Alm, die eine 500 kg Kuh für 100 Tage ernährt. So können die Almen ertragsmäßig verglichen werden, was aber nur den Statistiker interessiert und weniger den Praktiker.

## DÜNGUNG AUF DER ALM

*Von Franz Bergler*

Die Düngung auf der Alm hat sich seit dem Beitritt zur Europäischen Union im Jahr 1995 wesentlich geändert. Was die Düngung auf den Almen anbelangt, gelten die gleichen Richtlinien wie im Biobereich – was fachlich vollkommen zu begrüßen ist. Das heißt, dass mineralische Dünger (mit Ausnahme von kohlensauren Kalken mit und ohne Magnesium und säurelöslichen Phosphaten) ab diesem Zeitpunkt nicht mehr eingesetzt werden durften, wenn die Alm die ÖPUL-Maßnahme „Alpung- und Behirtung“ in Anspruch nahm.

Nach der derzeit geltenden Richtlinie der EU-Bio-Verordnung dürfen auf den Almen nur Stallmist und Kalk bzw. Phosphor als Dünger ausgebracht werden. Gülle und Jauche, welche auf der Alm anfällt, darf ebenfalls auf der Alm gedüngt werden. Bio-Mist darf auch für die Alm zugekauft und zur Düngung eingesetzt werden. Der beste Dünger ist natürlich ein kompostierter Mist. Bei diesem werden die Nährstoffe zwar langsamer freigesetzt, sind aber für die Pflanzen besser verfügbar. Durch die Kompostierung werden die aggressiven Säuren in Huminsäuren umgewandelt, was sich sehr positiv auf die Bodenlebewesen auswirkt, die wertvolle organische Substanzen produzieren, was wiederum das Pflanzenwachstum fördert. Der Aufwand für die Kompostierung wird durch den Vorteil der verbesserten Stickstoffversorgung des Bodens kompensiert. Stickstoff ist das Element, das für das satte Grün (Biomasse) auf unseren Weiden und Wiesen verantwortlich ist. Was den Zukauf von Bio-Mist anbelangt, sind in erster Linie Pferdehaltebetriebe (Reitbetriebe) geeignete Ansprechpartner. Dabei ist zu erwähnen, dass die dort verwendete Einstreu natürlich Bio-Qualität haben muss. Dieser Bio-Pferde-Mist wird kompostiert und ist das Beste, was wir an Dünger auf unsere Almen bringen können. Vor allem bei der Sanierung und Wiederherstellung von Almböden, die meistens zu sauer sind, ist dieser kompostierte Pferde-Mist (mit Ausnahme einer guten Kalkung) die einzig wirksame Düngung, die langfristig den pH-Wert stabilisiert, das Bodenleben ankurbelt und so einen guten Ertrag auf unseren Almen ermöglicht.

### Kreislaufwirtschaft

Die Beweidung unserer Almflächen mit unseren Weidetieren ist aus Nährstoffsicht ein fast optimaler Kreislauf – bei einer ausgewogenen Besatzdichte. Damit ist gemeint, dass die sich auf der Alm befindlichen Tiere das auf der Alm wachsende Futter überwiegend abfressen. Ist der Tierbesatz so ausgerichtet, dass die Tiere mit Ausnahme der nicht genießbaren Pflanzen die Almvegetation abfressen, kommen über die Ausscheidungen der weidenden Almtiere 90 % des Stickstoffes wieder zurück auf die Weidefläche. Ein geringer Teil an Stickstoff kommt über den Regen – die sogenannte nasse Deposition – auf unsere Almflächen. Dieser Stickstoff kann in Form von Ammoniak und Nitrat von den Pflanzen als Dünger aufgenommen werden.

### Ausbringung des Düngers auf der Alm

Die Gülle oder Jauche können auf der Alm überwiegend nur auf jenen Flächen ausgebracht werden, die über einen Almweg erreichbar sind. Bei Gülle und Jauche sind das je nach Güllefass ca. 50 Meter oberhalb und unterhalb des Almweges. Festmist oder Kompost können auch nur auf jenen Flächen der Almen verteilt werden, die mit einem Spezialfahrzeug (Muli) mit Miststreuer befahrbar sind. In den seltensten Fällen wird heute noch per Seilbahn der Mist auf entlegenere Flächen gebracht bzw. mit Gülle-Schläuchen die Almweiden gedüngt. Durch die Geländeformen und die überwiegende Steilheit der Flächen auf unseren Almen sind daher dem Düngeeinsatz Grenzen gesetzt und es wird dieser in manchen Fällen übertrieben.

### Kalkausbringung

Die Böden unserer Almen weisen in der Regel einen pH-Wert um die 5,5 und leicht darüber auf. Das heißt, unsere Böden sind leicht sauer. Dieser Schwellenwert ist deshalb so wichtig, weil bei einem niedrigeren Wert (saurer Boden) die Nährstoffverfügbarkeit sinkt und die Pflanzen einen Nährstoffmangel (an Stickstoff, Phosphor und Kalium) erleiden, was wiederum weniger Wachstum und daher weniger Ertrag bedeutet. Dem kann eine Kalkung entgegenwirken. Laut EU-Bio-Verordnung dürfen nur kohlensaure Kalke und säurelösliche Phosphate auf den Almflächen ausgebracht werden. Die Anbieter dieser Dünger beraten die Almbewirtschafter diesbezüglich bestens. Die Ausbringung erfolgt mit Spezialfahrzeugen, die in der Regel die Düngefirma zur Verfügung stellt – auch der Maschinenring kann hier behilflich sein.

### Kommentar

*Von Alois Kiegerl*

Ob und wie ich auf der Alm düngen will, muss ich mir genau überlegen. Zum bereits Gesagten kommen weitere Aspekte hinzu: Bei den meisten Almen ist wegen des unwegsamen Geländes die Düngung – wenn überhaupt – nur auf Teilflächen möglich. Ist meine Alm ohnehin schon zu wenig bestoßen, „kleben" die Tiere meist auf den gedüngten Flächen und die restliche Alm wird noch schlechter abgefressen. Damit ist der Futterüberschuss im Frühjahr noch größer und es wird noch mehr Futter „überständig" und deshalb nicht abgefressen. Aus diesen Gründen empfehle ich eine Düngung auf der Alm nur in Kombination mit der Nutzung des ersten Schnittes als Bergheu, was zwar einen großen Aufwand darstellt, wovon ich aber aus den erwähnten Gründen ein großer Fan bin.

Die Kalkung ist auf Almen nur mit kohlensaurem Kalk erlaubt. Foto: Franz Gahr

In Naturschutz- und Natura-2000-Gebieten empfiehlt es sich, das Einvernehmen mit den zuständigen Naturschutzbeauftragten herzustellen.

Besonders wichtig ist es, die Tiere aktiv zu lenken, damit sie nicht auf ohnehin schon überdüngten Flächen liegen und dann beim Aufstehen für eine weitere Überdüngung sorgen. Das erreicht man einmal mehr durch aktive Behirtung, aktives Bestoßen und aktives Auszäunen. Klingt nach viel Arbeit – ist es auch!

## FUTTER- UND WASSERBEDARF DER WEIDETIERE

*Von Franz Bergler*

Der Energiebedarf der Weidetiere ist innerhalb der Tierkategorien und der Anforderung verschieden. Er kann in Erhaltungs-, Bewegungs- und Leistungsbedarf gegliedert werden (STEINWIDDER 2002).

**Erhaltungsbedarf:** Der Erhaltungsbedarf ist der Bedarf an jener Energiemenge, die für eine ausgeglichene Energiebilanz des Weidetieres erforderlich ist. Er setzt sich aus dem Energiebedarf für Stoffwechselvorgänge, Futteraufnahme, Verdauungsarbeit, leichte Muskeltätigkeit und Wärmeregulation zusammen.

**Bewegungsbedarf:** Der Bewegungsbedarf ist die Energiemenge, die für die täglichen Aktivitäten des Weideviehs aufgebracht werden muss (Futtersuche, Anmarsch zur Tränke). Der Bewegungsbedarf hängt sehr stark von der Steilheit des Geländes und dem Futterangebot einer Fläche ab. Besonders hoch ist der Bewegungsbedarf in unwegsamem Gelände und auf Waldweiden.

**Leistungsbedarf:** Nur wenn der erforderliche Energiebedarf gedeckt ist, können die eigentlichen Leistungen des Weideviehs (Zuwachs, Milch, Trächtigkeit) erbracht werden.

Mit steigenden Tageszunahmen und steigender Milchleistung, aber auch bei zunehmender Trächtigkeitsdauer erhöht sich der Leistungsbedarf der Tiere.

Die Erträge der Pflanzenbestände stehen nicht nur mit der Nährstoff- und Wasserversorgung, sondern auch mit der Höhenlage in einem engen Zusammenhang. Mit zunehmender Seehöhe werden die Vegetationszeit kürzer und die Temperaturen geringer. Damit einhergehend sinken auch die Erträge der Almweiden.

Der Flächenbedarf der einzelnen Tierkategorien hängt von ihrem Energiebedarf ab. Je nach Qualitätsertrag und Weideverlust ändert sich der Flächenbedarf. So benötigt eine Milchkuh bei 10 kg Milchleistung pro Tag rund 1,3 ha Magerweide einer Mittelalm pro Weideperiode. Ein Jungrind kommt bei gleicher Futterqualität mit einer Fläche von rund 0,7 ha aus, und ein Schaf benötigt gar nur 0,1 ha derselben Weidefläche.

Bei gleichmäßigem Futterangebot über die Weideperiode und optimalem Weidemanagement trifft dieser Flächenbedarf an Reinweide je Tierkategorie zu. Ist allerdings die Almfläche von Trockenheit, extremer Kälte (Schnee) und schlechtem Weidemanagement betroffen, steigt der Flächenbedarf an und die Tierzahlen je Hektar nehmen ab. Weiters steigt der Flächenbedarf mit zunehmendem Stein-, Wald- und Zwergstrauchanteil und mangelhaftem Weidemanagement.

Der Tierbesatz auf einer Alm sollte immer auf die schwächste Weidezeit (Spätsommer) ausgelegt werden.

Neben dem Futterbedarf ist auch der Wasserbedarf zu berücksichtigen, der ebenfalls von der Leistung, aber auch von den Witterungseinflüssen abhängt. Laktierende Tiere haben einen deutlich erhöhten Wasserbedarf (siehe Tabelle)!

### Wasserbedarf von Weidetieren

| | **Durschnittlicher Wasserbedarf pro Tier in Liter pro Tag** |
|---|---|
| Milchkuh | 80 bis 100 |
| Mutterkuh | 80 |
| Rinder > 12 Monate alt | 50 |
| Jungrind | 30 |
| Kalb | 15 |
| Pferd | 60 |
| Fohlen | 20 |
| Mutterschaf laktierend | 15 |
| Schaf | 10 |
| Mutterziege laktierend | 15 |
| Ziege | 10 |

Je höher der Stein- und Zwergstrauchanteil ist, umso höher ist der Flächenbedarf pro Kuh zu kalkulieren. Foto: Franz Bergler

Schafe sind äußerst gut für die Alm geeignet – statt einer Milchkuh finden 13 Schafe auf derselben Almfläche ausreichend Futter. Foto: Franz Bergler

## Kommentar
*Von Alois Kiegerl*

Das ist oft die Gretchenfrage in der Almwirtschaft: Wie viele Tiere verträgt diese Alm? Die Antwort darauf ist ziemlich komplex und hängt von einer Menge Faktoren ab: Boden und Pflanzen haben wir bereits besprochen und das Thema Klima und Niederschlag ist natürlich nicht zu vernachlässigen. Und trotzdem variieren die Zahlen von vergleichbaren Almen sehr stark und auch die Kondition der Tiere beim Abtrieb ist sehr unterschiedlich.

Für mich ist immer die Art und Weise der Bewirtschaftung sehr maßgeblich für den Erfolg: Können die Tiere lückenlos behirtet und damit Verluste vermieden werden? Kann zeitgerecht aufgetrieben werden und stehen „almtaugliche" Tiere zur Verfügung? Besteht die Möglichkeit, die Weide passend zu koppeln, damit alles gut abgefressen wird und dann wieder frisches Gras nachwachsen kann? Gibt es vielleicht sogar die Möglichkeit einzelne Flächen zu mähen und dann erst im zweiten Aufwuchs zu beweiden? Kann dieses geerntete Futter im Herbst dann zugefüttert werden, wenn die Weide knapper wird? Kann vielleicht auch gezielt an manchen Stellen gedüngt werden?

Das alles sind Fragen mit oft großen Auswirkungen. Für mich aber macht gerade das den Reiz der Almwirtschaft aus. Wie kann ich mir geschickt die Natur zu nutzte machen, damit ich aus Low-Input oft sehr viel Output erreichen kann.

# TIERGESUNDHEIT

*Von Silvana Klammer*

Die Alm – unendliche Weite, grüne Weiden mit feinem Almgras so weit das Auge reicht, kurz gesagt: das Paradies auf Erden. Das ist es auch: ein Erholungsgebiet für Tier und Mensch – für gesunde Tiere und Menschen! Für lahme Tiere oder jene, die keine gute allgemeine Konstitution haben, ist der Almaufenthalt nicht empfehlenswert.

Wenn man sich die Gegebenheiten auf einer Alm vor Augen hält, wird einem auch schnell klar warum: zartes Gras auf einer riesigen Fläche verteilt, Wasserquellen oft weit vom Weideort der Tiere entfernt. Es sind also täglich weite Strecken zurückzulegen. Jeder, der schon einmal Fußschmerzen hatte und damit eine große Distanz zurücklegen musste, weiß wovon ich spreche. Man bedenke: Wenn man mit schmerzendem Bein am Sofa liegt, überlegt man sich schon sehr genau ob man aufsteht, um in der Küche ein Glas Wasser zu trinken. Froh ist der, dem das Wasser serviert wird. Diese Möglichkeit hat eine lahme Kuh natürlich nicht. Sie wird dementsprechend weniger fressen und an Masse verlieren. Auch das Immunsystem, das zur optimalen Aufrechterhaltung viel Energie benötigt, leidet unter dieser Minderversorgung. Das heißt, zu allem Übel wird sie nun auch noch anfälliger für andere Erkrankungen. Hinzu kommen eventuell abrupte Wetterkapriolen, die das Leben zusätzlich erschweren. Im unwegsamen Gelände sind lahme Tiere durch ihre Entlastungshaltung vermehrt gefährdet, abzustürzen, da sie einen sehr unsicheren Gang haben.

Abgesehen davon, sollte natürlich abgeklärt werden, warum das Tier lahmt. Immerhin gibt es verschiedenste Klauenerkrankungen, die unbehandelt massiv fortschreiten, hochgradige Schmerzen und Tierleid verursachen und letzten Endes dem Tier das Leben kosten könnten.

Zusammenfassend kann man sagen: Fußkranke Tiere gehören in den Stall. Dort können sie adäquat versorgt und behandelt werden.

## GEBURTEN AUF DER ALM

Wir wissen, dass hochträchtige Tiere in den letzten Wochen vor der Geburt nicht mehr so viel fressen. Dies kommt zustande, weil einerseits das Ungeborene schnell an Größe zunimmt und daher den Organen den vorhandenen Raum streitig macht. Es hat also nicht mehr so viel Futter im Tier

Platz. Andererseits werden das zu tragende Gewicht und die Körperfülle immer mehr, dadurch wird jede Bewegung etwas mühsamer und die Tiere werden träger. Für ein gesundes fittes, leistungsbereites Jungtier ist es notwendig, dass es noch während des Aufenthalts in Mutters Bauch gut versorgt wird. Nicht alle Almgebiete bieten Weideflächen, die für Hochträchtige geeignet sind.

**Die wichtigsten Bedingungen für ein hochträchtiges Muttertier sind:**

- » Ruhe,
- » ausreichend hochwertiges Futter und Wasser,
- » Stressfreiheit,
- » sauberer, bequemer Untergrund (Liegeplätze, Boden)
- » angemessene Temperaturen.

Almen sind in der Lage, diese Bedingungen teilweise oder ganz zu erfüllen. Ein großes Manko ist aber die Betreuung. Natürlich versucht die Betreuungsperson, so oft wie nötig und möglich, nach den Tieren zu sehen. Wenn es das Wetter nicht anders zulässt, sind sie jedoch ein bis mehrere Tage auf sich gestellt. In den allermeisten Fällen gehen Geburten ohne menschliches Zutun alleine und spontan von statten. Kommt es aber dennoch zu Problemen die schnelles Eingreifen erforderlich machen, kann das zum Problem werden. Denn oft ist schnelle Hilfe notwendig, um Schlimmeres zu verhindern.

Kälber und andere Jungtiere kommen ohne Immunsystem zur Welt. Sie erlangen es erst durch die Aufnahme von ausreichend, qualitativ hochwertigem Kolostrum (Biestmilch). Gutes Kolostrum kann nur gebildet werden, wenn es der Kuh in der Trockenstehphase an nichts fehlt, was sie braucht. Kälber benötigen nach der Geburt einige Zeit bis sie richtig stabil stehen können. In unwegsamem Gelände könnten sie abstürzen oder von der Mutter getrennt werden. Kälber, die nicht so fit sind, wie beispielsweise auf Grund von Sehnenstelzbeinen, einer verlängerten Geburt oder eines Selenmangels, sind nicht in der Lage, eigenständig Kolostrum aufzunehmen. Solche Tiere werden ohne Hilfe zu Grunde gehen.

Wenn man den Faden so weiterspinnt, könnte man noch viele Probleme beschreiben, die es eigentlich nicht erlauben, Kühe auf der Alm abkalben zu lassen. Fakt ist, wenn man sich als Tierhalter dazu entschließt, sollte man auf Probleme vorbereitet sein und Vorkehrungen treffen, die es einem im Notfall ermöglichen, dem Tier ehestmöglich zu helfen.

**Geburtsprobleme auf der Alm**

Folgende Fragen stellen sich:

- » Wo ist das Muttertier?
- » Wie komme ich zum Tier und wie kann ich es fixieren?
- » Kommt der Tierarzt zum Muttertier oder muss es zunächst verbracht werden, damit ihm geholfen werden kann?
- » Ist es überhaupt in der Lage, irgendwohin zu gehen oder gebracht zu werden?
- » Wie lange dauert es vom Beginn des Problems bis zum Bemerken desselben und der tatsächlichen Hilfeleistung?

Wer trächtige Tiere auf die Alm treibt, muss sich der Risiken bewusst sein und Vorkehrungen treffen, denn nicht jede Geburt läuft ohne Komplikationen ab. Foto: Alois Kiegerl

## Kommentar
*Von Alois Kiegerl*

Der Auftrieb von nicht gesunden Tieren auf die Alm ist tunlichst zu vermeiden. Das ist aber oft leichter gesagt als getan und es gibt da auch zumindest eine Ausnahme: Bei Kühen mit fütterungsbedingten Verdauungsproblemen hat es schon oft Wunder gewirkt, sie in der Trockenstehzeit auf die Alm zu treiben. Vor allem wenn das Verdauungsproblem von Kaliumüberschuss im Grundfutter auf den Heimflächen kommt. Man muss das betreffende Tier aber trotzdem genau beobachten, denn sollte sich das Problem nicht relativ bald auf der Alm verbessern, muss man das Projekt „Pansensanierung" vorzeitig abbrechen, damit es nicht endgültig eskaliert.

Ähnlich verhält es sich mit dem Thema Abkalbungen auf der Alm: In den besten Jahren hatten wir auf der Hochalm und im Bärntal insgesamt über 150 Abkalbungen und dabei nahezu keine Verluste. Diese Traumwerte erreichten wir aber in den letzten Jahren nie mehr. Noch dazu hing immer wieder das Damoklesschwert einer möglichen Rückkehr des Wolfes über unseren beiden Almen. Nach den Rissen 2017 und 2018 entschieden sich einige Bauern dafür, ihre Tiere nicht mehr auf der Alm abkalben zu lassen und es wurde nach Lösungen gesucht, wie man das vermeiden kann.

Eine mögliche Lösung besteht darin, dass wir schon einige Jahre zwei Stiere mit auf die Alm treiben. Diese beiden Burschen haben dort oben ordentlich Arbeit und eine Kuh, die auf der Alm trächtig wird, kalbt nicht auf der Alm! Die Nachteile sind, dass man sich nicht den gewünschten Stier aussuchen kann (obwohl zwei sehr schöne Stiere auf der Alm sind), sondern der Stier, der gerade da ist, macht „das Geschäft". Weiters muss man junge Kalbinnen großräumig wegsperren, damit man ungewollte Trächtigkeiten vermeidet. Dasselbe gilt auch für Kühe, die nicht mehr trächtig werden sollen.

# DIE ALMWIRTSCHAFT IM JAHRESABLAUF

*Von Franz Bergler*

## WINTERZEIT IST PLANUNGSZEIT

Obwohl unsere Alm- und Bergregion mit der Tuchent „Schnee" bedeckt ist und in der „almwirtschaftlichen Winterruhe" dahindöst, wird jetzt im Winter geplant und es werden wichtige Wege der Bürokratie erledigt. In der Winterzeit, also nach den Raunächten, (da sollte wirklich wenig am Hof gearbeitet werden), werden alle notwendigen Pläne für die kommende Almsaison geschmiedet. Viehauftrieb (wer bringt wie viele Tiere auf die Alm), Wegebau oder -sanierung, Hüttenbau oder Hüttensanierung, Wasser, Personal, Stromversorgung (Neubau oder Wartung), Weideschaffung oder Weideverbesserung, Weidezaun (Kauf von Ergänzungszäunen und Reparatur), Zaunmaterial, Planung der notwendigen Arbeiten vor dem Almauftrieb, Änderungen bei den Flächen bezüglich Almantrag – all diese Tätigkeiten sollten zeitgerecht in der Winterzeit erledigt werden.

Erstens dauert es doch von der Planung bis zur Genehmigung und Umsetzung immer eine beachtliche Zeit, zweitens arbeiten die Behörden auch im Winter und haben auch Zeit zum Informieren. Im Frühjahr gibt es am Hof und dann auf der Alm genug Tätigkeiten zu erledigen, da müssen alle Planungsabläufe bereits angeschlossen sein. Außerdem müssen Förderanträge vor dem Beginn der Investition (Bau oder Umsetzung der Maßnahme) gestellt werden, jedoch erst wenn alle Genehmigungen vorliegen.

## FRÜHJAHR

Sobald als möglich erfolgt die erste Besichtigung auf der Alm. Dabei werden alle Almeinrichtungen auf Funktionstüchtigkeit geprüft. Weg, Weideeinrichtungen,

Salzstellen sind wichtige Sammelplätze für das Weidevieh und ergänzen das Mineralstoffangebot. Foto: Franz Bergler

Gebäude, Wasser und Almflächen werden besichtigt. Sollten Schäden wegen Wasser, Lawinen, Wind oder Vandalismus (auch das gibt es auf der Alm, in letzter Zeit leider immer öfter) sichtbar sein, ist eine baldige Sanierung zu planen und auch umzusetzen. Bei größeren Schäden an Wegen oder Gebäuden ist die Versicherung einzuschalten, damit die Begutachtung erfolgen kann (vorausgesetzt wird natürlich, dass für die Infrastruktur eine Versicherung abgeschlossen wurde)!

## Weidevorbereitung der Alm- und Weidetiere

Alm-Tiere müssen auf „guten Klauen" stehen, fressen können und den Strom vom Zaun kennen. Die Vorbereitung der Tiere auf die Almsaison ist wichtig. Selbstverständlich dürfen nur gesunde Tiere auf die Alm aufgetrieben werden. Beim ersten Austrieb der Tiere auf die Weide ist besondere Vorsicht geboten. Die Koppel muss groß genug sein, damit die Tiere ihren Übermut auslaufen bzw. ausleben können. Es ist eine Freude zuzusehen, welche Energien freiwerden beim ersten Auslauf. Wie bei allen Herden wird beim ersten gemeinsamen Auslauf die Rangordnung festgelegt. Am besten wird das beim Auftrieb der Hengste sichtbar. Beim ersten Zusammentreffen wird die Hierarchie unter klaren Ritualen überwiegend ohne Verletzungen hergestellt. Diese hergestellte Rangordnung hält die ganze Sommersaison an. Diese Information ist wichtig für den Halter, wenn mehrere Gruppen auf der Alm sind, hat jede Gruppe ihre Rangordnung. Beim Zusammentreffen von mehreren Gruppen auf der Alm kommt es wieder zu Rangkämpfen. Daher ist es vernünftig, Gruppen, die schon ihre Rangordnung gefunden haben, nicht mehr zu vermischen. Ich erwähne das deshalb, weil auf Gemeinschaftsalmen, auf denen Tiere von mehreren Landwirten aufgetrieben werden, sich die Gruppen selbst finden und ihre Rangordnung herstellen. So entstehen Tiergruppen aus unterschiedlichsten Herkünften (Besitzern), die jedoch in der ganzen Sommersaison friedlich zusammenleben. Als junger unerfahrener Hirte versucht man, die Gruppen nach den Besitzern zu trennen. Da kommt nur Unruhe in die Herde.

### Auf guten Klauen stehen

Die meisten Verletzungen auf der Weide entstehen bei den Klauen. Daher ist die Klauenpflege sehr wichtig. Jedes Weidetier muss auf guten Klauen stehen. Vor dem ersten Austrieb müssen alle Tiere rechtzeitig auf den Klauenstand.

Klauenpflege auf der Alm ist wesentlich mühsamer – sie sollte daher schon vor dem Auftrieb erfolgen. Foto: Franz Bergler

### Weidevieh muss Strom kennen

Eine zeitgemäße Behirtung erfolgt heute überwiegend durch eine Koppel mit Elektrozaun. Daher müssen alle Tiere vor dem Almauftrieb die Wirkung eines funktionierenden Weidezaunes kennen. Nur Tiere, die schon einmal „gestromt" wurden, dürfen auf die Alm. Weidetiere ohne diese Erfahrung sind für den Hirten ein Gräuel. Es gibt immer wieder Spezialisten, die auch bei gutem Strom durch den Zaun gehen. Oder manche Leitkühe treten gekonnt den Weide-Stab mit den Klauen um. Solche Tiere muss der Halten genau beobachten und dann für genug Strom im Weidezaun sorgen.

### Zaun für mindestens zwei Koppeln errichten

Noch vor dem Almauftrieb müssen die Koppeln für die Weidetiere fertig sein. Diese Arbeit darf nicht unterschätzt werden, brauchen wir doch mindestens zwei Koppeln pro Gruppe, damit sich das Gras in der Ruhezeit erholen kann. Dabei sind auch die Tore zu kontrollieren.

Wenn man neue Weidetore über den Winter ins Trockene stellt, halten sie fast ewig.
Foto: Alois Kiegerl

### Sicherung der Wasserversorgung

Brunnentröge, die im Herbst entleert wurden, sind wieder an ihren Platz zu bringen und müssen angeschlossen werden. Auch das Überwasser muss abgeleitet werden, damit der Tränkeplatz trocken bleibt. Wenn es das Gelände erfordert, ist in der Regel auch noch ein Zaun zu erreichten, sodass die Weidetiere nur von einer Seite den Trog besuchen können. Ansonsten ist die Gefahr einer Zerstörung der Tränkeanlage durch den Drang der Weidetiere zum Wassertrinken gegeben.

### Gebäude „auswintern"

Sämtliche Gebäude dürfen noch vor der Almsaison „alm-fit" gemacht werden. Neben dem Lüften und einem Generalputz werden die notwendigen Maschinen und Geräte installiert und auf ihre Funktionstüchtigkeit überprüft.

## ALMSOMMER

Die Hauptaufgabe in Sommer ist die Betreuung der Tiere. Dazu gehören der Viehtrieb, der tägliche Kontrollgang und auch das Melken. Jedes Tier der Alm muss vom Almpersonal einmal am Tag gesehen und kontrolliert werden. Dazu gehört auch der Kontakt, der durch das Vorlegen von Salz und Lockfutter (Kleie oder Kraftfutter) erfolgt. Hier ist Vorsicht geboten, denn durch den zum Teil fehlenden Kontakt der Tiere mit ihrem Besitzer sind manche Rinder unberechenbar. Daher sind die wichtigsten Werkzeuge des Hirten sein Hirtenstab und der Sichtkontakt zur Herde. Also nie dem Weidevieh den Rücken zuwenden!

Tiere brauchen in der Gruppe eine klare, laute Stimme. Jedes Tier bleibt stehen,

Die Tiere suchen den Kontakt zum Hirten, weil sie von ihm Salz oder einen anderen Leckerbissen erwarten. Foto: Franz Bergler

wenn es vom Hirten laut und deutlich angesprochen wird. Das ist vor allem wichtig, wenn Besucher auf die Alm kommen und der Meinung sind, die Alm wäre ein Streichelzoo. Weidetiere sind neugierig und nehmen an, dass sie von den Leuten (wie vom Hirten) Salz oder Kleie bekommen. Der größte Fehler ist daher, vor den Tieren wegzulaufen. Das empfinden die Tiere als Aufforderung zum Spiel und rennen der Gruppe nach.

## Vorbereitung zum Almabtrieb

Zur Sommerarbeit gehört auch noch die Vorbereitung zum Almabtrieb. Ältere Tiere kennen den Zeitpunkt besser als das Almpersonal.

Dazu ein persönliches Erlebnis: Ich war mit einer Gruppe Senner aus Vorarlberg zu Besuch bei Landwirt Köck in der Kleinsölk. In einer Woche sollte der Almabtrieb erfolgen. Wir waren gerade am Weg vom Heimhof zur Alm, als uns auf halber Strecke der gesamte Viehstand der Familie Köck begegnete. Ein Teil der Gäste begleitete die Herde zum Stall am Heimhof, der Bauer und ich fuhren zum Stall und bereiteten die Ankunft der Tiere vor. Am nächsten Tag schneite es auf der Alm. Soviel zum Instinkt der Tiere – hier hat der Mensch noch viel Nachholbedarf.

Gerade gegen Ende der Weideperiode ist das Können des Halters gefordert. Die „Weide“ lässt nach, das heißt, die Qualität der Weidegräser ist geringer als in der Hochsaison, die Nächte werden kälter und es liegt manchmal schon der Reif. Die Tiere werden unruhiger und gehen vor allem in der Nacht. Die Futtersuche erfolgt auch im steilen Gelände, was zum Abrutschen beim Heruntergehen kommen kann.

## Almabtrieb

Der Almabtrieb ist der Höhepunkt der Almsaison. Es ist ein Fest, das Almpersonal ist froh, dass der Almsommer unfallfrei über die Bühne ging, der Almbauer ist zufrieden, wenn sein Vieh gut ernährt und gesund von der Alm kommt, der Jagdherr freut sich über die junge Äsung auf der Alm, die die Weidetiere übriggelassen haben und er seine Jagd ausüben kann.

In letzter Zeit erinnert man sich wieder, welch ein großer Tag der Almabtrieb ist und schmückt die Weidtiere und zelebriert die Rückkehr von den Almen. Einer der größten Almabtriebe in Österreich ist jener im Lachtal in der Steiermark. Bis zu 3.000 Besucher können bei diesem Almabtrieb von ca. 450 Weidetieren aus fünf Almen (Steinbachalm, Großlachtalalm, Kleinlachtalalm, Hiazmannalm und Schlattereralm) dabei sein.

Vermehrt werden die Almtiere auch mit Viehanhängern von den Almen zum Heimhof transportiert. Die Verladerampe mit Unterteilung ist hier der Hauptdarsteller. Je nach Größe des Anhängers wird die Gruppe unfallfrei verladen. Das Be- und Entladen des Viehtransporters ist kein alltägliches Ritual der Weidetiere, braucht Geduld und Zeit damit keine Verletzungen entstehen.

Ist das Vieh am Heimatbetrieb, werden die Zäune abgenommen und die Alm wieder den Wildtieren überlassen. Foto: Franz Bergler

## HERBST

Nach der Weidesaison wird die Alm für den Winter vorbereitet. Die Weideflächen werden spätestens dann noch einem Pflegeschnitt, das ist das Abmähen der Weidereste (nicht gefressene Gräser und Kräuter), zugeführt. Noch idealer wäre es, wenn dieser einmal im Sommer (nach einem Umtrieb) gemacht werden könnte. Das ist aber oft aus zeittechnischen Gründen nicht möglich.

Zäune werden abgelegt und aufgespult. Die Weidepfähle, die Gefahr laufen, durch Schneeschub zerstört zu werden, müssen ebenfalls eingesammelt und verstaut werden. Das Entfernen des Zaunmaterials ist auch gelebter Tierschutz. Selten kommt es noch vor, dass sich Wildtiere in Weidezäunen verfangen. Sie gehen dann elendig zu Grunde. Wasserleitungen und Brunnentröge müssen entleert werden. Das Einwintern der Almgebäude ist die letzte Aktion der Almsaison. Es dürfen keine Lebensmittel in den Almgebäuden bleiben. Eine Generalsäuberung im Herbst ist genauso mittlerweile Standard wie dieselbe Arbeit im Frühjahr. Die Hütten werden im Herbst und im Frühjahr „gewaschen“.

# ZEITGEMÄSSE BEWIRTSCHAFTUNG

## ALM- UND WEIDEFLÄCHEN ZEITGEMÄSS BEWIRTSCHAFTEN

*Von Petra Fürstauer-Reiter*

Im Alpenraum ist mittlerweile der allgemeine Klimawandel gut zu beobachten. Seit Mitte des vergangenen Jahrhunderts, insbesondere seit den 1980-er Jahren, lässt sich ein rasanter Anstieg der mittleren Jahrestemperatur beobachten. Österreich gehört zu den Regionen, in denen die Temperaturzunahme stärker als im weltweiten Mittel ausgefallen ist – und zwar etwa doppelt so stark.

Eine weitere, nur wenig wahrgenommene Entwicklung auf Grund der Erderwärmung, ist die Verschiebung der phänologischen Jahreszeiten. Dabei werden Naturerscheinungen wie Blüte, Reife und Blattveränderung verschiedener Baum- bzw. Straucharten zur Beschreibung der Jahreszeiten dokumentiert. Bei einem Vergleich wurde eine deutliche Verschiebung der Jahreszeiten beobachtet. Eine der wesentlichsten Veränderungen in dieser Hinsicht ist der Umstand, dass der Winter in etwa um zwei bis drei Wochen früher endet und die Phase des Vorfrühlings früher beginnt.

Dazu kommt, dass im österreichischen Alpenraum noch ausreichend Niederschläge für das Pflanzenwachstum vorhanden sind. Höhere Temperaturen bei ausreichend Niederschlägen führen dazu, dass der Alpenraum aus pflanzenbaulicher Sicht aktuell zu den Gewinnern des Klimawandels gehört. Im Gegensatz dazu stellt in vielen bisherigen Gunstregionen die Wasserverfügbarkeit den begrenzenden Faktor dar.

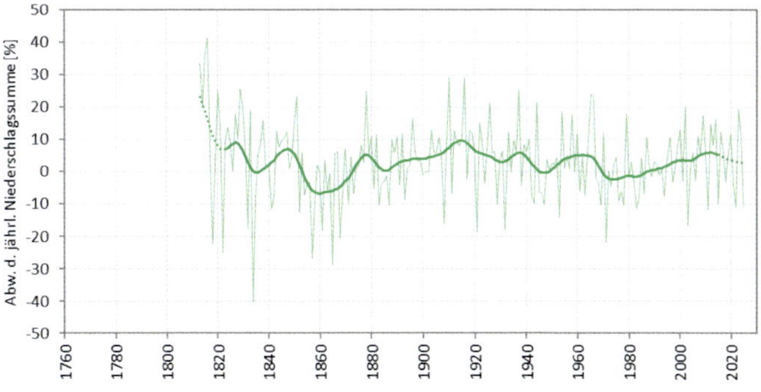


Entwicklung der jährlichen Niederschlagssumme in Österreich 1813–2025. Dargestellt sind jährliche Abweichungen vom Mittel der Jahre 1961–1990 (dünne Linien) und deren geglättete Trends (dicke Linien, 21-jähriger Gauß'scher Tiefpassfilter) (Auer u.a. 2007 aktualisiert).

Quelle: GeoSphere Austria – Bundesanstalt für Geologie, Geophysik, Klimatologie und Meteorologie, Wien

Für den Almbauern bedeuten diese klimatischen Entwicklungen, dass auf den Almen heutzutage das Graswachstum um etwa drei Wochen früher einsetzt als noch vor etwa fünfzig Jahren. Die Kombination der höheren Durchschnittstemperatur bei gleichzeitig verlängerter Vegetationsperiode und ausreichender Niederschläge führt dazu, dass der Biomassezuwachs in den Höhenlagen stark zunimmt. Für die Almbewirtschaftung bedeutet diese Entwicklung, dass auf den vorhandenen Weideflächen während der Vegetationsperiode deutlich mehr Futter zur Verfügung steht.

Sofern es also gewollt ist, dass die Almflächen offengehalten werden, muss diese zusätzliche Biomasse abgeweidet werden.

Weideflächen können nur durch eine Beweidung mit Wiederkäuern oder Pferden offengehalten werden. Wird nun auf Almweideflächen bzw. Teilbereichen der vorhandene Aufwuchs über Jahre hinweg nicht abgefressen, werden wertvolle Futterpflanzen von dominanten Pflanzenarten (Borstgras, Zwergsträucher, Farn bis hin zu Gehölzpflanzen) verdrängt und wertvolle Weidefläche geht verloren. Zudem geht durch die Ausbreitung dieser Problempflanzen die Artenvielfalt auf unseren Almen verloren.

### Das „magische Dreieck der Almbewirtschaftung"

Für einen nachhaltigen Erhalt der Almweideflächen ist eine Anpassung der Almbewirtschaftung an die sich ändernden klimatischen Gegebenheiten notwendig.

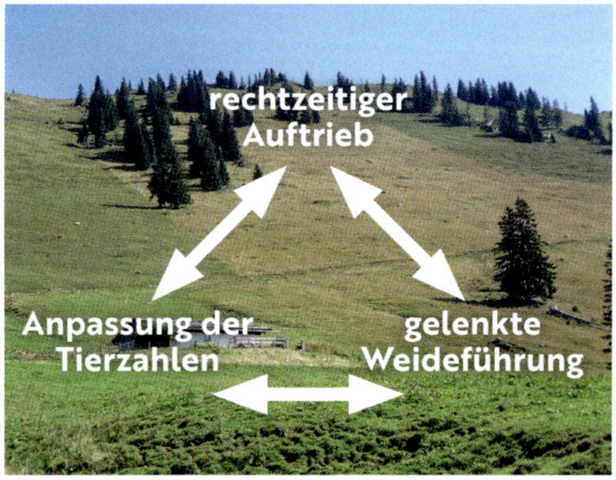


Das magische Dreieck der Almbewirtschaftung Foto: Siegfried Steinberger

#### Rechtzeitiger Auftrieb zu Vegetationsbeginn

Um Weideflächen zu erhalten ist ein rechtzeitiger Auftrieb zu Vegetationsbeginn zwingend erforderlich, um den nachfolgenden, rasch ansteigenden Futterzuwachs bei guter Futterqualität abzuweiden. Da die Vegetation früher beginnt, müssen auch die Tiere um diese Zeitspanne früher auf die Alm getrieben werden. Nur so erreicht man einen Weidestart hinsichtlich der vorhandenen Vegetation, wie er früher als normal angesehen wurde!

Auf vielen Almen ist der Auftriebstermin noch nach den Gegebenheiten früherer Jahrhunderte festgelegt bzw. erfolgt der Auftrieb traditionell an bestimmten Tagen. Dadurch findet das ankommende Vieh bereits einen entsprechend höheren Weidebestand als in früheren Jahrzehnten vor. Diese fixen Auftriebstermine sind nicht mehr zeitgemäß, sondern der Auftrieb soll nach guter Beobachtung unmittelbar zu Beginn der Vegetation erfolgen.

Früher Auftrieb auf die Deutingalm in Dienten am Hochkönig

### Anpassung der Tierzahl

Auch eine Anpassung (Erhöhung) des Viehbesatzes an das erhöhte Wachstum ist in der Regel zwingend erforderlich. Weideflächen können langfristig nur offengehalten werden, wenn der Aufwuchs vom Weidevieh abgefressen wird. Analog zum Futterzuwachs auf Almen muss daher die Anzahl der aufgetriebenen Tiere angepasst werden.

Während der letzten Jahrzehnte musste auf vielen Almen ein Verlust an wertvoller Weidefläche verzeichnet werden. Zunächst zeigt sich eine zunehmende Verungrasung, d. h. Teilbereiche der Alm werden über den Sommer hinweg nicht mehr ausreichend abgegrast und überständig. Kann langfristig eine Anpassung der Tierzahlen nicht erfolgen, werden Teilbereiche der Weideflächen verwildern.

### Gelenkte Weideführung

Ein Rind will keinen Stängel fressen! Aus diesem Grund wird das Tier, wenn es aufgrund von Futterüberschuss die Wahl hat, stets Flächen mit hochverdaulichem und somit schmackhaftem Futter bevorzugt aufsuchen. Zu Beginn der Weidezeit werden diese Weideflächen mit einem starken Wiederaustrieb reagieren, sodass diese für die nächsten Wochen als Futterbasis für die Rinder ausreichen. Nicht abgeweidete Bereiche hingegen schreiten im Reifeprozess rasch voran, werden in der Folge für das Weidevieh unattraktiv und werden für den Rest der Almweidezeit gemieden.

Damit die Tiere eine Weidefläche gleichmäßig abweiden ist daher eine gelenkte Weideführung umzusetzen. In früheren Jahrzehnten erfolgte diese Weidelenkung mittels Almpersonal, welches die Tiere zu entlegenen Weideplätzen trieb und dort hütete. Diese zeitraubende Aufgabe wird in einem Koppelsystem von modernen mobilen Weidezäunen übernommen. Bei einer sachgemäßen Anlage der Koppeln werden die Flächen von den Tieren gleichmäßig abgefressen. Koppelwirtschaft sichert eine konstant, hohe Futterqualität über die gesamte Almperiode.

Koppeln stets gut abweiden – hier ein Beispiel von der Piesendorfer Hochsonnbergalm Fotos: Petra Fürstauer-Reiter

Bei der Umsetzung eines guten Weidekonzeptes müssen alle drei vorhin genannten Eckpunkte des magischen Dreiecks der Almbewirtschaftung umgesetzt werden, um positive Effekte zu erzielen. Der zeitgerechte Auftrieb wird bei zu wenig aufgetriebenen Tieren und ohne Weidelenkung nicht die gewünschten Erfolge erzielen.

### Beispiele eines erfolgreichen Weidemanagements

Durch ein gutes Koppelsystem wird Weiderest vermieden, der ansonsten im nächsten Almsommer zu einer Verschlechterung der Weidefläche führt.

Pflanzenreste des Bürstlings aus dem Vorjahr dominieren die Weidefläche (2019 – Bräualm Mittersill)

Nach zwei Projektjahren ist eine wertvolle Weidefläche entstanden (2021 – Bräualm Mittersill) Fotos: Petra Fürstauer-Reiter

Bei guter Koppelführung verwachsen die Viehgangerl zusehends (2024 – Bräualm Mittersill)

Eine gute Koppelführung zeigt sich auch dadurch, dass keine „Viehgangerl" mehr ersichtlich sind. Das ist ein Indiz dafür, dass die Tiere gleichmäßig und ruhig weiden und nicht ständig in Bewegung sind, weil sie auf der Suche nach jungem Aufwuchs sind.

### Zurückdrängen von Problempflanzen – Beispiel Almampfer

Aufgrund von ungeregelter Weideführung entwickeln sich oftmals vor allem in Hüttennähe ausgedehnte, mit Ampferarten verunkrautete Lägerflächen. Diese Bereiche ergrünten im Frühjahr als erstes. Hier ist eine sofortige Beweidung der Fläche zu Beginn der Almsaison mit ausreichend Weidedruck erforderlich. Dieses Vorgehen bewirkt, dass der Aufwuchs samt Unkraut

Ampferfläche vor Beginn der Koppelhaltung

Ampferfläche nach zwei Jahren Koppelhaltung (Reicheralm in Dienten)

(Ampfer) im jungen Zustand komplett abgefressen wird und die Fläche in kurzer Zeit zu einer wertvollen Weidefläche wird. Nachdem die Fläche wieder mit ausreichend Licht versorgt wird, kann sich rasch eine neue Grasnarbe bilden. Unterstützend kann zur Verbesserung des Gräserbestandes eine gute Hochlagen-Saatgutmischung verwendet werden.

### Zurückdrängen von Problempflanzen – Beispiel Hahnenfuß

Auf der betroffenen Alm zeigte sich eine starke Verunkrautung der Weidefläche mit Scharfem Hahnenfuß und Bürstling. Vor Projektbeginn wurde versucht, die Weidefläche durch Mulchen zu verbessern, jedoch ohne nachhaltigen Erfolg.

Die Milchkuhweide vor der Umstellung der Weideführung (Weiglalm in Krimml)

Die Milchkuhweide nach Umstellung

Fotos: Petra Fürstauer-Reiter

Nach der Umstellung des Weidesystems gemäß den Grundsätzen des magischen Dreiecks war in der Fläche eine deutliche Reduzierung von Hahnenfuß und Borstgras erkennbar. Es entstand in eine hochwertige Weidefläche – ganz ohne zusätzlichen maschinellen Aufwand.

### Bewirtschaftung der Almen muss angepasst werden

Eine Anpassung der Bewirtschaftung an den fortschreitenden Klimawandel muss dringend angeraten werden und ist durch mehrjährige Projekte auf bayerischen und österreichischen Almen und Alpen, durchgeführt von der Bayerischen Landesanstalt für Landwirtschaft (LfL) und der Landwirtschaftskammer Salzburg, bestätigt.

Die Anwendung des magischen Dreiecks der Almbewirtschaftung – Anpassung des Auftriebs an den Vegetationsbeginn, Anpassung der Tierzahlen und eine gelenkte Weideführung – ist zum Erhalt der Almweideflächen zwingend erforderlich. Ohne Anpassung der Almbewirtschaftung besteht die große Gefahr, dass viele Almweideflächen verbuschen und somit verloren gehen.

Nur wenn die Weideflächen abgefressen werden, lassen sich die Almweiden in der Summe langfristig erhalten. Nicht abgeweidete Bereiche werden stetig wieder an die Wildnis zurückfallen und die Artenvielfalt wird sich verringern. Ein dem Futterangebot angepasster Auftrieb erhält eine wertvolle Kulturlandschaft und könnte die Talbetriebe hinsichtlich Intensität deutlich entlasten. Die Erfahrungen aus dem Salzburger Almprojekt unterstreichen eindrücklich, dass standortangepasstes Weidemanagement eine wesentliche Voraussetzung für den nachhaltigen Erhalt der Almwirtschaft darstellt.

### Kommentar

*Von Alois Kiegerl*

Ein Thema, mit dem ich mich schon sehr lange beschäftige, ist: Warum hören so viele Bauern mit der Nutztierhaltung auf? Die Gründe dafür mögen vielfältig sein. In den meisten Fällen kommt mir vor, dass letztendlich die Freude daran verloren ging. Ist das der Fall, sind die Gründe dafür schnell gefunden: mangelnde Wirtschaftlichkeit, mangelnde Wertschätzung in der Bevölkerung, hohe Arbeitsbelastung, wenig Freizeit, viel Bürokratie, der Wolf, Hundeattacken, die Schwiegermutter, der Partner ...

Ein weiterer Grund, die Freude zu verlieren, kann das mangelnde Wissen der bäuerlichen Betriebe sein. Während einige Betriebe wahre Profis in der Nutztierhaltung sind, wissen andere erschreckend wenig darüber. Und die Bereitschaft zur Aus- und Weiterbildung ist oft nicht gegeben. Hier müssen auch wir Bauern unsere Hausaufgaben machen! Eine Stufe darüber liegt auch noch zusätzlich das ganze Wissen um die Almwirtschaft. Da gilt es viel zu wissen und zu können, für relativ überschaubare Verdienstmöglichkeiten.

Wie kann es gelingen, hier eine Trendwende zu schaffen? Wie kann es gelingen, dass die bäuerliche Nutztierhaltung auch in Zukunft Bestand hat? Und wie so oft, hat wieder einmal der Volksmund die Lösung parat: Was nichts kostet, ist nichts wert. Hier müssen wir Bauern ganz massiv auf unsere Teilhabe an der Wertschöpfungskette drängen. Wie kann es sein, dass zum Beispiel Katzenmilch fünf Euro pro Liter kostet

Direktvermarktung spielt bei Almkäse eine bedeutende Rolle. Foto: Johann Jenewein

und beste Bio-Vollmilch nur zwei Euro (von denen der Bauer 60 Cent bekommt)?

Ein weiteres wichtiges Argument für die Nutztierhaltung ist der Wunsch nach sinnstiftenden Tätigkeiten (und wer wie ich auch über zwanzig Jahre in der Verwaltung gearbeitet hat, weiß wovon ich spreche), der viele Menschen zurück in die Landwirtschaft führt.

Und ja, es gibt sie die Konsumentinnen und Konsumenten die Wert auf beste Lebensmittel legen und auch bereit sind, ordentlich dafür zu bezahlen. Und diese sind bei uns genau richtig! Zum wiederholten Male behaupte ich hier, dass die Produkte aus der Almwirtschaft an Qualität und Geschmack nicht zu überbieten sind. Als Kernfragen bleiben hier übrig: Wie kommt diese oben erwähnte Konsumentenschicht mit den betreffenden Bauern zusammen? Wie kommen wir weg von dieser „Geiz ist geil"-Mentalität bei Lebensmitteln? Und wie gelingt es damit den Fortbestand möglichst vieler bäuerlicher (Nutztierhaltungs-) Betriebe abzusichern? Denn eines ist für mich sicher: Ohne Bauern gibt es keine lebenswerte Zukunft (geschweige denn etwas Gescheites zum Essen).

## MILCH UND MILCHVERARBEITUNG AUF ALMEN

*Von Johann Jenewein*

In früheren Jahrhunderten spielte die Milchproduktion und -verarbeitung auf Almen bei der Erzeugung von Lebensmitteln in ganz Österreich eine bedeutende Rolle. Waren es in Westösterreich vor allem Männer, die die Almmilch verarbeiteten, erfüllten in Ostösterreich vorwiegend Frauen diese Aufgabe. Heute ist die Milchgewinnung und -verarbeitung hauptsächlich in den westlichen Bundesländern Vorarlberg, Tirol und Salzburg anzutreffen. Spielt sie in Kärnten noch eine gewisse Rolle, so hat sie in den übrigen Bundesländern nur mehr geringste bis keine Bedeutung. Almmilch und Almmilchprodukte erfreuen sich bei der Bevölkerung großer Beliebtheit, weshalb Milchkühe auf der Alm auch in Zukunft ihre Berechtigung haben.

### Entwicklung der Almwirtschaft

Der Beginn der Nutzung des hochalpinen Graslandes als Weide reicht weit in die vorgeschichtliche Zeit zurück. Funde in den Ötztaler Alpen und im Silvrettagebiet bezeugen die Anwesenheit von Weidetieren seit mehr als 6.500 Jahren. Durch Funde im Dachsteingebirge konnte auch dort eine zumindest 4.000 Jahre alte Weidewirtschaft nachgewiesen werden. Bereits im 7. Jahrhundert nach Christus begann der Auf- und Ausbau der Almwirtschaft, die der uns bekannten Form der traditionellen Almwirtschaft entsprechen dürfte. Ab dem 12. Jahrhundert erlebten die Almen eine Blütezeit. Die Besiedlung schritt durch Bevölkerungszunahme und günstiges Klima in immer höhere Lagen vor. Bei den geistlichen und weltlichen Grundherrschaften standen Almen hoch in Kurs. Sie legten besonderen Wert auf die Käseproduktion, da dadurch das wertvolle Lebensmittel Milch konserviert werden konnte. Diese Blütezeit wird durch eine markante Klimaverschlechterung ab 1580 mit Gletschervorstößen vorübergehend unterbrochen.

In der ersten Hälfte des 20. Jahrhunderts erfolgte eine intensive Nutzung der Almgebiete. Die große Zahl der notwendigen Arbeitskräfte, vor allem auf den Milchalmen, war ausreichend vorhanden. Gegen Ende der 1960er-Jahre begann der Rückgang der Almbewirtschaftung. Die Ertragsfähigkeit war bei hohem Arbeitsaufwand für viele Bewirtschafter zu gering. Um diesen Rückgang zu stoppen, führten in den 1970er-Jahren mehrere Bundesländern den sog. Alpkostenzuschuss ein, um den erhöhten Bewirtschaftungsaufwand finanziell abzufedern. Im Jahr 1978 wurde in Österreich eine Quotenregelung für die Milchablieferung je Betrieb, sog. Einzelrichtmengen, beschlossen. Zur Stärkung der Milchalmen und damit der Erhaltung eines wesentlichen Landschafts- und Kulturgutes des Tourismuslandes Österreich war die auf der Alm produzierte Milch aus dieser Regelung ausgenommen. Dies stellte sich vor allem in den westlichen Bundesländern als sehr förderlich heraus. Der Rückgang der Milchkuhalpung wurde nicht nur gestoppt, sondern stieg in den darauffolgenden Jahren wieder signifikant an.

### Aktuelle Bedeutung der Milchkuhalpung

Österreichweit werden aktuell etwa 50.000 Milchkühe gealpt. Diese liefern hochgerechnet ca. 70.000 t Almmilch. Beginnend mit den 1960er-Jahren wird heute der überwiegende Teil an Talmolkereien geliefert. Die Almmilch wurde nicht über eine eigene Vermarktungsschiene in Verkehr gebracht, sondern ging in der allgemeinen Sennereimilch auf. Aktuell wird Almmilch auch als Heumilch vermarktet oder vereinzelt als „Almmilch" im Handel angeboten. Eine beträchtliche Menge der Almmilch wird vor Ort in rund 250 Almsennereien zu hochwertigen Almmilchprodukten wie Almkäse und Almbutter verarbeitet. Die größte Dichte an Almsennereien befindet sich in Vorarlberg.

Der Auftrieb von Milchkühen hat seit 2004, also in den letzten 20 Jahren, einen Rückgang von 57.512 auf 50.644 Tiere (-12 %) zu verzeichnen. Den höchsten Rückgang mit -89 %, jedoch bei einem bereits sehr niedrigen Ausgangswert, weist Oberösterreich, den niedrigsten Wert mit -7 % Tirol auf. Der Auftrieb erreichte im Jahr 2019 einen Tiefststand von 49.724 Milchkühen, seitdem ist er wieder tendenziell steigend. Dies ist vor allem auf den Zuwachs im Bundesland Tirol zurückzuführen.
In Österreich gibt es rund 500 Gemeinden in denen Milchkuhbetriebe ihre Kühe in den Sommermonaten auf der Alm melken. 9 % der österreichweit gehaltenen Milchkühe wurden im Jahr 2024 auf der Alm gemolken, dabei stammten 96 % der aufgetriebenen Tiere aus den drei westlichen Bundesländern Salzburg, Tirol und Vorarlberg. In Tirol wurden 48 % der im Bundesland gehaltenen Milchkühe, gefolgt von Vorarlberg mit 33 % und Salzburg mit 14 % gealpt. Weiters wies Kärnten einen Alpungsanteil von 3 % und die Steiermark von 1 % auf; in Oberösterreich und Niederösterreich ging dieser Anteil gegen null.

## Auftrieb von Milchkühen zwischen 2016 und 2024 und im Jahr 2004

| Jahr | Kärnten | Nieder-österreich | Ober-österreich | Salzburg | Steier-mark | Tirol | Vorarl-berg | Österreich |
|---|---|---|---|---|---|---|---|---|
| 2024 | 1.116 | 22 | 16 | 8.500 | 766 | 31.643 | 8.581 | 50.644 |
| 2023 | 1.090 | 23 | 32 | 8.390 | 776 | 31.495 | 8.608 | 50.414 |
| 2022 | 1.095 | 5 | 29 | 8.536 | 750 | 31.400 | 8.273 | 50.088 |
| 2021 | 1.177 | 24 | 37 | 8.592 | 741 | 31.259 | 8.268 | 50.098 |
| 2020 | 1.227 | 21 | 39 | 8.525 | 791 | 30.963 | 8.292 | 49.858 |
| 2019 | 1.177 | 23 | 38 | 8.461 | 857 | 30.859 | 8.309 | 49.724 |
| 2018 | 1.299 | 38 | 42 | 8.559 | 834 | 31.120 | 8.486 | 50.378 |
| 2017 | 1.311 | 42 | 40 | 8.720 | 910 | 31.650 | 8.619 | 51.292 |
| 2016 | 1.428 | 41 | 24 | 8.875 | 933 | 31.564 | 8.483 | 51.348 |
| 2004 | 1.819 | 46 | 142 | 9.369 | 1.779 | 34.206 | 10.151 | 57.512 |
| 2004–2024 | -39% | -52% | -89% | -9% | -57% | -7% | -15% | -12% |

Quelle: BMLUK, AMA, INVEKOS-Daten

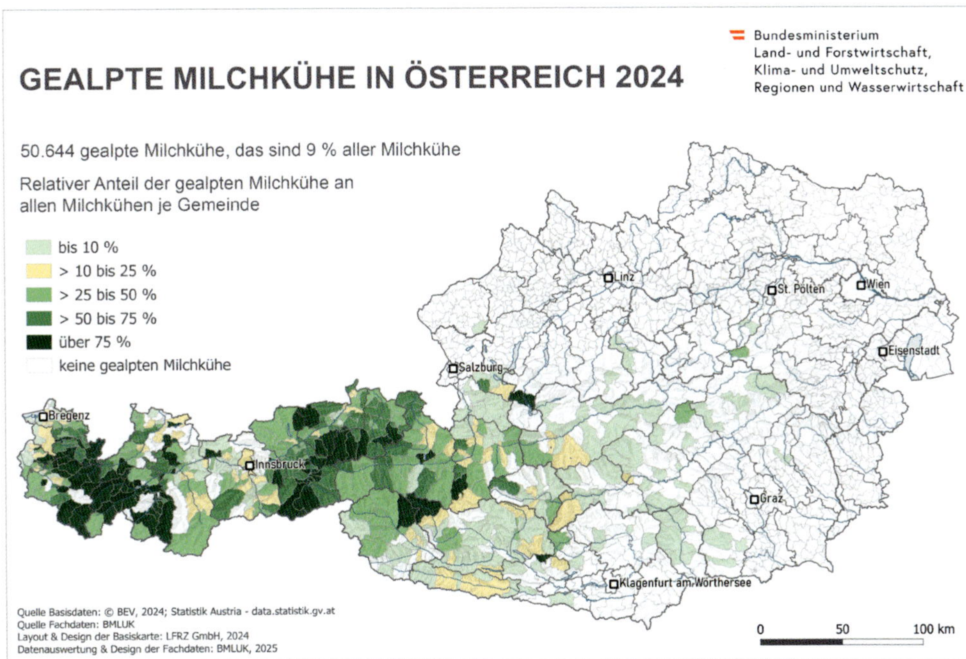


Relativer Anteil der gealpten Milchkühe an allen Milchkühen je Gemeinde. Quelle: BEV

### Besonderheiten der Almmilch

In der Schweiz wurde im Jahr 2000 erstmalig eine Studie vorgestellt, in der auf die besondere Fettsäurezusammensetzung von Almmilch hingewiesen wurde. Seitdem belegen zahlreiche wissenschaftliche Studien den Einfluss der Fütterung auf die Fettsäurezusammensetzung der Kuhmilch. Je höher der Anteil an grünlandbasierten Futterkomponenten ist, desto höher ist der Anteil an essenziellen Fettsäuren, wie z. B. einfach und mehrfach ungesättigte Fettsäuren, konjugierte Linolsäuren und Omega-3-Fettsäuren; der Anteil an gesättigten Fettsäuren ist entsprechend niedriger.

In Studien wurde nachgewiesen, dass der Gehalt an Omega 3-Fettsäuren bis zu siebenmal höher ist als in Talmilch. Diese sind für den Menschen lebensnotwendig und müssen über die Nahrung aufgenommen werden. Sie vermindern – neben anderen positiven Effekten für den Menschen – das Herzinfarktrisiko. Vor allem in der Sommerfütterung und damit auch in der Almperiode sind die Fettsäuremuster der Grünlandmilch aus ernährungsphysiologischer Sicht vorteilhaft. Dabei können auch geringfügig unterschiedliche Fettsäuremuster aufgrund der Höhenlage nachgewiesen werden. Almmilch und Almmilchprodukte leisten daher einen positiven Beitrag zu einer gesunden Ernährung.

Die Lage der Almen in Verbindung mit dem Weidefutter ergeben eine besondere Milchqualität. Foto: Johann Jenewein

### Milchverarbeitung auf Almen

Die Herstellung von Lebensmitteln auf der Alm bezieht sich seit je her vorwiegend auf Almmilch und Almmilchprodukte. Die Verarbeitung erfolgt gegenüber der Produktion im Tal durch Höhenlage, Zufahrt, Strom- und Wasserversorgung usw. im Regelfall unter erschwerten Verhältnissen. Traditionell werden Hart- und Schnittkäse, regionale Sauermilchkäse und Sauerrahmbutter aus unbehandelter Rohmilch produziert. Bei entsprechenden technischen Voraussetzungen auf der Alm gehören heute auch Frischkäsesorten und Joghurt aus pasteurisierter Almmilch zur Produktpalette.

Die handwerkliche Verarbeitung von Almmilch zu Almkäse und Almbutter und die notwendige Pflege der Käselaibe im Reifekeller sind für die Sennerinnen und Senner schwere Arbeit und setzen hohes Fachwissen voraus. Dies trifft insbesondere für große Gemeinschaftsalmen zu. In jedem Fall sind die gesetzlichen Hygienevorschriften zu beachten, um den Anforderungen an die Lebensmittelsicherheit gerecht zu werden.

Für die Milchgewinnung auf der Alm werden heute vom kaum noch anzutreffenden Handmelken über die Eimermelkanlage, Rohrmelkanlage bis hin zum Melkstand zeitgemäße Melksysteme eingesetzt. Im Unterschied zum Tal unterliegt die Milchkuhalpung anderen Umweltfaktoren, da die Tiere gefordert sind, das benötigte Futter zur Deckung ihres Energiebedarfs selbstständig auf oftmals langen Wegen und im steilen Gelände zu suchen. Zudem ist der Energiegehalt des Weidefutters auf der Alm, insbesondere im Spätsommer und Herbst, häufig niedriger als im Tal. Daher können Kühe auf der Alm nicht die gleiche Milchleistung wie im Tal erbringen. Ziel der Milchproduktion auf der Alm muss sein, einen Großteil der Milchleistung aus dem almeigenen Grundfutter zu erzeugen. Die besondere Futterzusammensetzung der Almweiden mit ihrem hohen Kräuteranteil und die Bewegung der Tiere beim Weidegang bewirken eine besondere Qualität der Almmilch. Unabdingbar ist selbstverständlich ein gesunder Milchkuhbestand mit niedrigem Keim- und Zellgehalt der Almmilch. Zudem ist beim Melken auf besondere Reinlichkeit und Hygiene zu achten.

## Herstellung von Almkäse

Auf Almen wird traditionell mit Rohmilch, d. h. ohne Pasteurisierung, gekäst. Die auf 10–12 °C gekühlte und entrahmte bzw. teilentrahmte Milch vom Vorabend wird gemeinsam mit der ungekühlten Morgenmilch in den Käsekessel geschüttet und sogleich mit der Käseproduktion begonnen. Bei der Verarbeitung von Rohmilch ist eine gute und schnelle Säuerung durch Milchsäurebakterien von besonderer Bedeutung. Die kurzen Transportwege und die sofortige Verarbeitung ohne Kühlung auf tiefe Temperaturen bedeuten einen sehr schonenden Umgang mit der Käsereimilch. In Verbindung mit der handwerklichen Erzeugung erhalten die Käse dadurch einen individuellen Charakter und Geschmack, der bei Konsumentinnen und Konsumenten sowie bei Käsekennern sehr hohes Ansehen genießt. Sennerinnen und Senner nennen die Wertschätzung in der Bevölkerung und bei den Gästen, neben

Ein riesiger Schatz reift im Käsekeller zu einem außergewöhnlichen Produkt heran.
Foto: Johann Jenewein

Tradition und der höheren Wertschöpfung gegenüber der Milchablieferung ins Tal als Hauptgründe für ihre Tätigkeit in der Almmilchverarbeitung.

Der weitaus höchste Anteil der Almmilchprodukte wird aus Kuhmilch hergestellt. In geringen Mengen werden in Österreich auch Ziegen- und Schafmilchprodukte auf der Alm produziert. Die Vertriebswege reichen vom Verkauf auf der Alm über Direktvermarktung bis hin zu Großabnehmern und dem Lebensmitteleinzelhandel im Tal. In der europäischen Union ist es möglich, Herkunftsbezeichnungen für Agrarerzeugnisse und Lebensmittel unter Schutz zu stellen, indem diese in das „Register der geschützten Ursprungsbezeichnungen und geografischen Angaben“ eingetragen werden. Diese Möglichkeit wurde in Österreich auch für Almmilchprodukte mit besonderen, auf die regionale Herkunft zurückzuführenden Eigenschaften, genutzt. Vorarlberger Alpkäse, Tiroler Almkäse und Gailtaler Almkäse sind Almprodukte mit geschützter Ursprungsbezeichnung (g. U.). Diese Bezeichnungen dürfen somit nur für in der definierten Region erzeugte und ver-

„Surakäs" von einer Vorarlberger Alp wird bei der Internationalen Almkäseolympiade in Galtür prämiert. Foto: Johann Jenewein

Almschweine zur Verwertung der Molke bekommen Auslauf ins freie Gelände. Foto: Johann Jenewein

arbeitete Produkte verwendet werden. Zur öffentlichkeitswirksamen Prämierung der Leistungen der Almsennerinnen und Almsenner wird in Galtür im Tiroler Oberland seit mehr als 30 Jahren die Internationale Almkäseolympiade veranstaltet. Teilnehmende Almbetriebe aus Österreich, Südtirol, Bayern und der Schweiz stellen sich einer internationalen Jury zur Vergabe der „Goldenen Sennerharfe". Grenzüberschreitend messen sich auch jährlich die Sennerinnen und Senner des Gailtaler Almkäses und des Formaggio di Malga (Almkäse) zwischen Kärnten und Friaul (IT).

Bei der Verkäsung von Milch fällt als Nebenprodukt Molke, sie ist eine gelblich bis grüne Flüssigkeit, an. Nach fachlicher Definition ist Molke das Milchserum und besteht zu 94 % aus Wasser, 4 bis 5 % Milchzucker, 0,6 bis 1 % Molkenproteinen und einem hohen Anteil an Mineralstoffen, Spurenelementen und Vitaminen. Sie enthält kein Kasein mehr und ist nahezu fettfrei. Zur Verwertung dieses wertvollen Nebenprodukts wurden auf Sennalmen traditionell Schweine gehalten. Durch den niedrigen Vermarktungspreis von Almschweinen ging ihre Zahl stark zurück und die Molke fand dadurch keine Verwendung mehr. Um dem entgegenzuwirken, wurden in Vorarlberg im Jahr 2001 und in Tirol 2006 die Markenprogramme „Ländle Alpschwein" bzw. „Tiroler Almschwein" erfolgreich gestartet. Über diese Qualitätsmarken vermarktete Almschweine müssen neben Molke mit sojafreiem Getreideschrot gefüttert werden. Weiters müssen eine Mindestliegefläche im Almschweinestall sowie ein natürlicher Auslauf zur Verfügung stehen.

## Herstellung von Almbutter

In den Almsennereien wird neben Almkäse auch Almbutter hergestellt. Butter ist ein streichfähiges tierisches Fett, welches ausschließlich aus dem Fettanteil von Milch gewonnen wird und mindestens 82 % Fett enthält. Für die Butterherstellung wird Rahm verwendet. Dieser wird durch Zentrifugieren oder durch das Abschöpfen des Rahms nach der Aufrahmung der Milch gewonnen. Der so gewonnene Rahm weist nun eine sehr hohe Milchfettkonzentration auf, jedoch ist das Fett immer noch in Form von vielen unsichtbar kleinen Fettkügelchen, welche durch eine Eiweißhülle geschützt sind, gebunden. Durch mechanische Einwirkung – das „Schlagen des Rahms“ im Butterfass – werden die Fettkügelchen aufgebrochen und das austretende Fett verbindet sich miteinander. Zuerst entstehen kleine Fettflocken, welche sich nach weiterem Schlagen zu größeren Butterklumpen verbinden. Das Milchfett trennt sich von der wässrigen Phase – es entstehen Butter und Buttermilch. Grundsätzlich kann zwischen Sauerrahmbutter und Süßrahmbutter unterschieden werden. Bei der Verarbeitung von Rohrahm auf der Alm (nicht über 40 °C erwärmt) wird aus bakteriologischer Sicht und längerer Haltbarkeit die Herstellung von Sauerrahmbutter empfohlen.

## ALMINFRASTRUKTUR

*Von Franz Bergler*

Unter dem Begriff Alminfrastruktur versteht man alles, was nötig ist, damit eine Alm bewirtschaftet werden kann. Das umfasst Gebäude, Wege, Versorgungssysteme und Einrichtungen für Tiere.

### Wasser auf den Almen

Ohne Wasser gibt es gar nichts auf unseren Almen. Eine ausreichende Wasserversorgung in Trinkwasserqualität ist das Wichtigste auf unseren Almen. Das Almpersonal braucht ein gutes Wasser genauso wie die Weidetiere als Tränke. Aber auch in der Butter- und Käseerzeugung ist sauberes Wasser unabdingbar. Eine gute Wasserquelle war das Auswahlkriterium für den Standort des Almzentrums.

### Wasser und das Recht

Rechtlich gesehen ist das Wasser (Quelle) immer mit dem Eigentum des Grundstückes verbunden. Besteht ein Wasserrecht zugunsten eines anderen Grundstückes, so ist dies im Wasserbuch bei der zuständigen Behörde, das ist die Bezirkshauptmannschaft, eingetragen. Das Wasserbuch ist wie das Grundbuch ein öffentliches Buch, das heißt, von jedermann einsehbar. Das ist sehr wichtig, weil der Autor aus seiner beruflichen Erfahrung sehr oft mit nicht eingetragenen Wasserrechten zu tun hatte. Eine Ersitzung eines Wasserrechtes ist nicht möglich, weil der Wassernutzer ja immer gewusst hat, dass die Quelle auf dem Grund des Nachbars war. Natürlich wurde früher eine Quelle von mehreren Almen genutzt und auch gemeinsam errichtet. Auf einen Vertrag mit den anteiligen Errichtungskosten, den anteiligen Instandhaltungskosten und vor allem mit der zustehenden Wassermenge wurde oft vergessen. Daher wird bei einer Errichtung einer gemeinsamen Wasserversorgungsanlage die Gründung einer Wassergenossenschaft erforderlich. Dafür ist ein Projekt zu erstellen, welches im Zuge einer Wasserrechtsverhandlung durch die zuständige Bezirkshauptmannschaft bearbeitet und mit Bescheid erledigt wird. So ist eine dem Stand der Technik entsprechende Wasserversorgung gegeben und auch rechtlich abgesichert. Ein solches Wasserrecht wird auch in das amtliche Wasserbuch eingetragen.

Ein Merkblatt für die Einreichunterlagen für Wasserversorgunganlagen finden Sie unter www.wasserwirtschaft-ooe.at

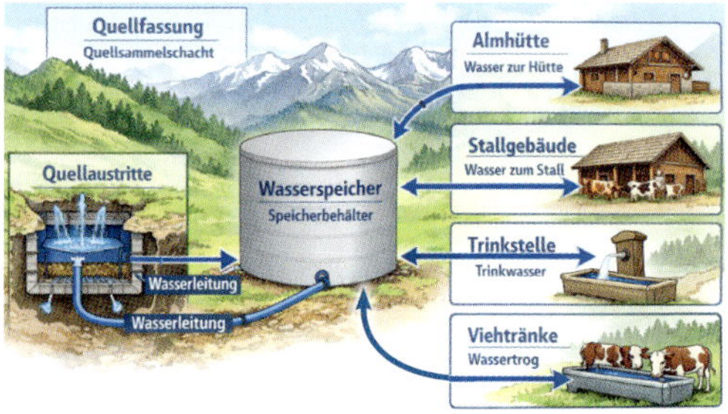


Schema eines alpinen Wasserversorgungssystems Quelle: erstellt mit ChatGPT

### Aufbau einer Wasserversorgungsanlage

Als erstes wird eine Quelle geprüft, ob eine ausrechende Schüttung über einen längeren Zeitraum gegeben ist (in Sekundenliter). Die Quellfassung ist der erste Schritt. Dort sollen eine oder mehrere Quellaustritte gefasst (Quellsammelschacht) und mittels Leitung das Wasser zum Speicherbehälter geleitet werden. Von dort wird das Wasser zu den Endverbrauchern (Hütte, Stallgebäude, Trinkstellen und Tränken) weiterführt.

### Tränke-Anlagen

Eine zeitgemäße Tränke muss ausreichend Platz für den Zugang der Weidetiere haben, daher sind Brunntröge in Stufenform am besten geeignet. Nur so ist gesichert, dass allen Tieren auch ausreichend Wasser zur Verfügung steht. Der Standplatz soll trocken und befestigt sein. Das Überwasser muss selbstverständlich abgeleitet werden. Ein Zaun ist in der Regel im Bereich der Zuleitung erforderlich. Dieser dient gleichzeitig auch der Lenkung der Weidetiere.

### Speicherteiche

Aufgrund der immer länger anhaltenden Schönwetterperioden auf den Almen und der Nutzung der Schneeschmelze werden Speicherteiche errichtet. Gerade auf Pla-

So sollte eine Tränkestelle für Weidevieh heutzutage nicht mehr aussehen.

Eine stationäre Stufentränke bietet viele Tränkeplätze.

Auch diese Tränke ist nicht mehr zeitgemäß. Fotos: Franz Bergler

Speicherteich im Karstgebiet ausgeführt als Folienteich mit 12 m³ Fassungsvolumen

Schwache Wasserläufe werden natürlich aufgestaut. Fotos: Franz Bergler

teau-Almen im Karstgebirge (Schneealm), die von Haus aus eine nicht zufriedene Wasserversorgung aufweisen, sind Folienteiche, wie wir sie aus dem Gartenbau kennen, eine wertvolle Alternative für die Wasserversorgung. Durch die Lage der Speicherteiche wird das Schmelzwasser gesammelt und während der Weideperiode dem Weidevieh angeboten.

Stationäre Tränke mit Abfluss

Natürliche Gewässer auf den Almen wie Teiche, Seen und Bäche werden als Tränke genützt. Hier sollte allerdings der Tränke-Bereich mit einem stabilen Zaun abgezäunt werden.

### Stationäre und mobile Viehtränken

Für eine zeitgemäße Bewirtschaftung unserer Almweiden werden häufig Koppeln verwendet. Es muss in jeder Koppel ausreichend Wasser den Weidetieren zur Verfügung stehen. Stationäre Brunnen aus Beton, Holz und PVC bleiben während der Weidezeit auf demselben Platz. Sie müssen am Ende der Weideperiode entleert und für den Winter vorbereitet werden. Holzbrunnen und PVC-Brunnen sind vor allem vor Schneedruck zu schützen. Mobile Tränken sind ein Behelfsmittel bei fehlender Wasserversorgung in der Koppelwirtschaft. Hier werden hauptsächlich Kunststoffbehälter aufgestellt und täglich befüllt. Das geht natürlich nur, wenn die Koppel auf der Alm mit einer dementsprechenden Straße ausgestattet ist.

### Wasser-Pumpanlagen

Liegt die Quelle unterhalb des Verbrauchsortes, so muss das Wasser mittels

Pumpen (Solarpumpen und Stoßheber) transportiert werden. Solarpumpen können bis zu einer Förderhöhe von 100 Metern eingesetzt werden. Der Stoßheber, auch hydraulischer Widder genannt, braucht eine bestimmte Fallhöhe und vor allem viel Wasser. Der Vorteil des Widders ist der ständige Transport des Wassers bis zu 100 Meter. Ein Nachteil ist der Lärm durch das Schlagventil und auch der nicht so hohe Wirkungsgrad.

#### Wasserkontrolle

Wer Trinkwasser auf seiner Alm verabreicht (in den Verkehr bringt) – das gilt schon bei einem Mitarbeiter – braucht eine jährliche behördliche Wasseruntersuchung. Die Wasserprobe wird von einer befugten Person entnommen, die auch die Anlage prüft, darüber einen örtlichen Prüfbericht (Temperatur, Geruch, baulicher Zustand der Anlage, …) schreibt und die Probe dann im Labor untersucht. Das Ergebnis der Wasseruntersuchung ist der Befund über den chemischen, physikalischen und bakteriologischen Zustand des Wassers im Prüfbericht. Wichtigste Formulierung: „als Trinkwasser geeignet“!

### Abwasserentsorgung auf Almen

Als Abwasser wird generell verunreinigtes Wasser durch Gebrauch (Verwendung) bezeichnet. Es wird auch Schmutzwasser genannt und fällt in der Milchkammer als auch in der Käseerzeugung sowie beim Spülen, bei der Körperreinigung und in der Toilette an. Das Abwasser ist mit Keimen, die zu Krankheiten wie Hepatitis und Typhus führen können und mit organischen und anorganischen Stoffen wie Schwermetallen belastet. Daher muss das Abwasser abgeleitet (Kanal, dichte Grube und Trockenklo) oder vor Ort gereinigt werden. Ein Abwasserkanal ist sehr kostenintensiv und nur in Touristen- und Schigebieten finanzierbar. Die häufigste Form der Abwasserentsorgung ist die dichte Grube, im Volksmund auch als Senkgrube bezeichnet. Hier werden die Abwässer und Fäkalien gesammelt und mittels Güllefass zur Kläranlage gebracht und im sogenannten „Klärbuch“ genau dokumentiert. Nur so ist gewährleistet, dass Abwasseranfall und Abwasserentsorgung übereinstimmen.

#### Trockentoilette

Die Trockentoilette kommt nur bei geringem Anfall an Fäkalien zum Einsatz. Durch die Trennung der flüssigen (Urin) und der festen (Kot) Phase, kann die feste Phase kompostiert werden. Dabei kommen Kalk und Sägespäne zum Einsatz. Durch den geringen Anfall wird in einem aeroben und anaeroben Kreislauf Kompost oder Humus erzeugt.

#### Abwasserreinigung

Das Abwasser kann biologisch und mechanisch gereinigt werden. Die mechanische Abwasserreinigung erfolgt in drei Kammern (Dreikammerfaulanlage). Das Prinzip besteht aus dem Absetzen der Grobstoffe (Sedimentation) in den einzelnen Kammern. Der Faulschlamm in der ersten Grube muss in gewissen Zeitabständen entsorgt werden.

Bei der biologischen Abwasserreinigung wird das im Dreikammersystem vorgereinigte Abwasser über einen Bodenfilter aus Pflanzen (Pflanzenkläranlage) gereinigt und kann direkt in den Bach geleitet werden. Das System ist teuer und braucht viel Platz, dafür aber wenig Energie und es funktioniert gut.

Bei der Errichtung einer dichten Grube ist eine Bauverhandlung (Baubehörde ist der Bürgermeister) erforderlich. Bei den anderen Anlagen ist ein Projektgenehmigungsverfahren (Einreichprojekt im Wasserrechtsverfahren) bei der zuständigen Bezirksverwaltungsbehörde durchzuführen.

### Wege

„Der Almweg ist die Nabelschnur zur Alm" ist nach wie vor meine Aussage bezüglich einer zeitgemäßen Erschließung unserer Almen. Dabei gilt auch der Zusatz: „nur so viel wie erforderlich", das ist der wichtigste Punkt in der Planung von Almerschließungen. Es werden keine Autobahnen in der Almregion geplant und auch nicht errichtet.

Sämtliche Almwege müssen mit einem Projekt bei der zuständigen Behörde eingereicht werden. Der befugte Projektant erstellt den Technischen Bericht einer Weganlage. Dieser beschreibt die technischen Details des Almweges wie Länge des Weges, Längs- und Querneigung, Kurvenradien, Seehöhe, Entwässerung, Querung von Gerinnen, vorgelagerte Weganlagen sowie die Bodenbeschaffenheit, die ein wesentlicher Faktor für die Wegerrichtung sind. Der Aufteilungsschlüssel und die Kostenschätzung sind ebenfalls ein wichtiger Bestandteil des Technischen Berichtes.

> Nur wenn die Alm über einen Weg erreichbar ist, wird sie in der Zukunft auch bewirtschaftet werden. Das ist gelebter Naturschutz!

Natürlich ist jeder Weg ein Eingriff in die Natur, aber mit der heutigen Bauweise mit Bagger kann dieser Eingriff in die Natur durch das Wiederaufbringen der Rasenziegel auf der talseitigen Böschung minimiert werden. Die bergseitige Böschung wird mit einem standortgemäßen Saatgut sofort begrünt. Die Steigung soll 16 % nicht übersteigen, 12 % Steigung sind Stand der Technik. In den Kehren und bei Querung von Furten soll der Almweg keine Steigung aufweisen. Die Wasserableitung erfolgt mit Gräben, die ein wichtiger Bestandteil der Weganlage sind. Ist eine Ausleitung des Wassers mittels Gräben nicht möglich, erfolgt die Wasserableitung mit Durchlassrohren. Diese müssen so dimensioniert werden, dass bei Starkregen bzw. bei Schneeschmelze das ganze Wasser gefahrlos abrinnen kann. Das Oberflächenwasser von der Fahrbahn wird mittels Wasserrinnen abgeleitet. Je steiler die Wege, desto mehr Wasserrinnen sind erforderlich.

> Je nach Bedarf an Traglast und der Ausbaubreite gibt es drei Arten von Almwegen:
> » Befestigter Almweg
> » Spurweg
> » Erdweg

Für einen Forstweg (bei der Erschließung von Almen, die unterhalb der Waldgrenze liegen) wird in der Regel nach einer vorherigen Absprache mit der Bezirksforstinspektion als Forstweg eingereicht (nach dem Forstgesetz 1975). Das ist eine Walderschließung und kein Almweg! Ist eine forstliche Erschließung nicht möglich, so muss ein Rodungsverfahren für die Errichtung eines Almweges bei der zuständigen Bezirksverwaltungsbehörde beantragt werden. In diesem Verfahren geht es um die Abschätzung des öffentlichen Interesses an der Walderhaltung und der Almerschließung. Nur wenn kein öffentliches Interesse an der Walderhaltung besteht, kann eine Rodung für einen Almweg erfolgen.

Die zweite Form einer Almerschließung erfolgt über das Güter- und Seilbahn-Gesetz (Landesgesetz). Voraussetzung ist eine unzulängliche Bringungsmöglichkeit. Die dafür zuständige Behörde ist die Agrarbezirksbehörde oder das Amt der Landesregierung.

### Almweg

Für die Erschließung bis zum Almzentrum ist ein befestigter Almweg als LKW-Weg Stand der Technik. Dabei ist der Unterbau, die Tragschicht und die Wegbreite so zu gestalten, dass ein Lastwagen mit Zuladung den Almweg befahren kann.

### Spurweg

Beim Spurweg wird ebenfalls je nach Bedarf der Traglast ein Unterbau errichtet und die Spur befestigt. Die beiden Randstreifen und der Mittelstreifen werden mit Humus aufgefüllt und mit standortgemäßem Saatgut begrünt. Das genügt in der

Ein Spurweg ist sowohl belastbar als auch ökologisch sinnvoll. Fotos: Franz Bergler

Regel für einen Almweg. Ein Spurweg ist aus ökologischer Sicht zu begrüßen.

### Erdweg

Für Wege innerhalb der Alm genügt oft ein Erdweg. Dabei handelt es sich überwiegend um Triebwege oder ganz einfache eher flache Wege, um die Almflächen zu düngen. Hier wird nur das Gelände begradigt und der Weg eingesät.

### Kostenkalkulation für einen Almweg

Die Kosten für den Wegebau hängen vom Aufwand für die Errichtung ab. Je felsiger

Errichtung eines Almweges

Erdwege sind unkompliziert in der Anlage.

und steiler das Gelände und die Querneigung sind, umso teurer wird der Weg. Derzeit betragen die Kosten pro Laufmeter von 50 bis 100 Euro. Je nach dem Bedarf von Längstransport für Material wie das Verbringen von Felsmaterial und das Brechen des Gesteins (das Material dient gleichzeitig als Fahrspur) müssen pro Laufmeter Weg ca. 20 Euro zu den Errichtungskosten dazu gerechnet werden.

Notwendige Zusatzbauten wie Steinmauern oder Stützmauern zur Hangsicherung, betonierte Furten, Einbau von Weiderosten erhöhen natürlich die Baukosten.

In der Praxis wird ein Almweg an einen bestehenden Weg angebunden. Für diese Mitbenützung ist ein Beitrag zu leisten (fachlich wird vom Einkauf in den bestehenden Weg gesprochen) und ist von der Nutzung abhängig. Basis ist der derzeitige Zeitwert des Weges und die jeweilige Intensität der Benutzung des Weges durch die Oberlieger. Das sind jene Almen und Besitzer der Grundstücke oberhalb des bestehenden Weges.

Gibt es mehrere Nutzer des neuen Almweges, so ist ebenfalls ein Aufteilungsschlüssel je nach Intensität der Nutzung erforderlich.

Für die Ermittlung der Anteilsprozente sind folgende Parameter entscheidend:

» Größe der erschlossenen Fläche (Vorteilsfläche)
» Kulturgattung
» Intensität der Bewirtschaftung
» Anzahl an Gebäuden
» Länge des benutzten Weges

Rechtlich ist die Gründung einer Bringungsgemeinschaft erforderlich. Hier wird genau geregelt, wer für welche Kosten aufkommen muss (Einkaufsschlüssel am bestehenden Weg und Anteilsschlüssel am Neubau des Weges).

**Der am häufigsten angewandte Wegschlüssel ist der Kärntner Schlüssel nach DI Friedrich Merlin:**

» 1 ha landwirtschaftliche Fläche ..... 1 Anteil
» 2 ha Wald ..... 1 Anteil
» 30 ha Schutzwald außer Ertrag ..... 1 Anteil
» 10 ha Nieder- und Mittelalm ..... 1 Anteil
» 20 ha Hochalm ..... 1 Anteil
» 30 ha Hochalm nicht erschlossen ..... 1 Anteil
» 5 ha Bergmähder ..... 1 Anteil
» 1 Wohnhaus/Hofstelle ..... 12 Anteile
» 1 Wochenendhaus ..... 8 Anteile
» 1 Almhütte rein landwirtschaftlich ..... 1 Anteil
» 1 Almhütte Mischnutzung ..... 2 Anteile
» 1 Almhütte Freizeitnutzung ..... 4 Anteile

Neben der Bewilligung des Almweges durch die zuständige Behörde (Forstweg Bezirkshauptmannschaft bzw. Agrarbezirksbehörde oder Amt der Landesregierung bei landwirtschaftlichen Bringungsanlagen) wird in der Regel auch eine naturschutzrechtliche Genehmigung durch einen Bescheid der Bezirkshautmannschaft notwendig, wenn der Almweg in einen geschützten Landschaftsteil (Landschaftsschutzgebiet, Naturschutzgebiet, Europaschutzgebiet) führt.

Werden von der Weganlage Gewässer, für die die Abteilung Wild- und Lawinenverbauung zuständig ist, berührt so ist auch dort eine Genehmigung einzuholen.

### Zusatzmaßnahmen

Oft werden durch den Bau eines Almweges auch Einrichtungen für den Weidebetrieb erforderlich. Das sind Weideroste, Weidegatter und Laderampe. Diese Kosten müssen natürlich auch noch in die Kalkulation eingerechnet werden.

Eine Fangkoppel mit Laderampe erleichtert das Verladen der Almtiere enorm.

Foto: Franz Bergler

### Weginstandhaltung und Sanierung

Wege werden je nach Intensität der Benutzung und durch die Witterung beeinflusst und brauchen daher in regelmäßigen Abständen eine Erhaltungs- oder Sanierungsmaßnahme.

Jährlich sind das Arbeiten an den Wasserspulen, an den Schlaglöchern, Freischneiden der Böschungen. Bei Bedarf muss eine Generalsanierung stattfinden, das heißt, dass erforderliche Maßnahmen wie Schotterung, Planierung der Fahrbahn, Verdichtung der Fahrbahn mittels Walze oder Rüttelplatte wieder für eine gute Befahrbarkeit des Almweges sorgen.

Diese Kosten werden in den meisten Fällen im sogenannten Erhaltungsschlüssel bei der Bringungsgemeinschaft auf die beteiligten Liegenschaften aufgeteilt.

**Wichtiger Hinweis für einen Förderantrag**

Bevor Sie einen Antrag für eine Förderung stellen, müssen alle rechtlichen Zustimmungen vorhanden sein. Es darf erst mit dem Bau begonnen werden, wenn die Förderstelle schriftlich zugesagt hat. Das ist wichtig, denn ich musste leider in meiner langjährigen Berufstätigkeit öfter feststellen, dass eine Förderung nicht in Anspruch genommen werden konnte, weil zu früh mit dem Bau begonnen wurde. Ohne staatliche Unterstützung ist ein Wegebau finanziell fast nicht durchführbar!

## Stromversorgung auf der Alm

Für eine zeitgemäße Almbewirtschaftung ist eine Stromversorgung auf der Alm erforderlich. Verbraucher sind Melkanlage, Kühlgeräte, Beleuchtung, Küchengeräte, Antrieb verschiedener Maschinen und Geräte, Weidezaun und die Ladegeräte für Akkus von batteriebetriebenen Geräten.

**Die Arten der Stromversorgung auf Almen sind:**

» Anschluss am öffentlichen Stromnetz
» Kleinwasserkraftwerk
» Kraftstoff-Aggregat
» Photovoltaik
» Windrad

Almen, die in der Nähe eines Schigebietes oder einer Senderanlage liegen, können an das öffentliche Stromnetz angeschlossen werden. Die Distanz zum öffentlichen Stromnetz ist der limitierende Faktor, da die Kosten für das Erdkabel und auch die Anschlusskosten mit der zunehmenden Entfernung rapide steigen. Hauptsächlich größere Melkalmen und die Alm-Gastronomie haben die Chance, die Kosten für den Anschluss an das öffentliche Stromnetz zu stemmen.

### Kleinwasserkraftwerk

Je nach Wassermenge und Fallhöhe wird von einem Niederdruckkraftwerk (viel Wasser und kleine Fallhöhe) oder Hochdruckkraftwerk (große Fallhöhe und kleinere Abflussmenge) gesprochen.

Eine Wasserquelle (Quelle oder Bach) mit einer entsprechenden Wasserkapazität ist erforderlich, um ein Kleinwasserkraftwerk für die Stromerzeugung zu errichten. Mit der Wasserfassung (Wehranlage mit Sandfang) beginnt der Weg des Wassers durch die Druckleitung bis zur Turbine im Krafthaus. Dort wird der Strom über einen Generator und Transformator für die Verbraucher erzeugt. Die Wassermenge (Wasserfluss) und die Fallhöhe ergeben die Leistung für ein Kraftwerk. Bei längeren Druckleitungen muss zum Schutz der Ventile und der Anlagen eine Druckreduzierung eingebaut werden.

Aus ökologischer Sicht ist die Restwassermenge bei einem fließenden Gewässer wichtig, sie wird im Bescheid festgehalten. Die Restwassermenge ist jene Menge an Wasser, die immer fließen muss, um den ökologischen Bestand im Gewässer zu erhalten. Technisch wird bei der Unterschreitung der Restwassermenge das Kraftwerk abgeschaltet.

### Trinkwasserkraftwerk

Die Kombination von Wasser- und Stromversorgung ist das Trinkwasserkraftwerk. Hier steht die Wasserversorgung im Vordergrund und gleichzeitig wird das Wasserleitungsnetz dazu verwendet, elektrische Energie zu erzeugen (Doppelnutzung). Auch hier werden Druckreduzierungsventile eingebaut, damit die Wasserqualität gewährleistet bleibt.

Die Wasserkraftnutzung hat einen hohen Nutzungsgrad – mit einer guten Technik liegt er bei 90 Prozent.

### Kraftstoff-Aggregat

Eine flexible Möglichkeit zur Stromversorgung ist die Verwendung von Aggregaten, die mit Benzin oder Diesel angetrieben werden. Je nach Verbrauch (Melken) ist die Kapazität zu wählen. Aggregate brauchen einen Schallschutz und sind in geeigneten Räumen unterzubringen. Die Abgase sind ebenfalls abzuleiten. Der Strom aus Aggregaten ist teuer und wird bei eher geringerem Strombedarf auf der Alm eingesetzt werden. Zum Schutz vom Grundwasser sind die Aggregate in eine öldichte Wanne zu stellen.

#### Photovoltaik

Strom aus Solarzellen ist sehr umweltfreundlich und durch die Steigerung des Wirkungsgrades mittlerweile auch eine ökologische Alternative! Der produzierte Strom benötigt einen Wechselrichter, um die Geräte mit Wechselstrom zu versorgen. Die Kapazität der Akkumulatoren ist mittlerweile groß genug, dass die Speicherung für einige Tage reicht. Die Speicherung ist der limitierende Faktor des Stromes aus der Photovoltaikanlage.

Selbstgebautes Windrad von Walter Ladreiter Stein/Enns Foto: Franz Bergler

#### Kleine Windkraftanlagen

Kleine Windkraftanlagen (bis 20 kW) werden auf der Alm äußerst selten eingesetzt, obwohl gerade die Alm für diese dezentrale Stromversorgung der ideale Ort zur Erzeugung von diesem umweltfreundlichen Strom wäre. Es liegt am zu großen Aufwand (es brauchen auch diese Anlagen ein Genehmigungsverfahren) und die Anlagen sind relativ hoch (bis zu 30 m), da erst in dieser Höhe der entsprechende Wirkungsgrad erzielt werden kann. Dazu kommt noch die Unsicherheit der Stromproduktion (nutzbare Windtage).

### Praxisbericht Zäunung vom Schafprojekt am Hauser Kaibling

*Von Franz Bergler*

Die Zäunung ist neben dem Personal, dem Weidevieh und dem Wasser das wichtigste Instrument auf einer Alm. Wie komplex dieses Thema ist, sieht man an den Parametern, die dabei eine Rolle spielen. Als erstes muss festgestellt werden, welche Bereiche einer Alm überhaupt „zäunbar" sind. Es gibt mehrere Ausschließungsfaktoren, wie etwa: keine Wasserstelle, Felsen, zu steile Weideflächen für eine Tiergattung, nicht oder schwer erreichbare Weidegebiete oder eine zu große Entfernung zur nächsten Tränke-Stelle. Fehlt das Wasser, so ist eine Beweidung mit Tieren nicht möglich. In Österreich gibt es einige Almen, auf denen es wegen fehlenden Wassers nur eine Heunutzung gibt – sie werden als „Heualmen" bezeichnet. Das geerntete Futter (Heu) dient dem Heimhof als Winterfutter.

#### Zäunung braucht genaue Planung

Auch beim Zäunen ist die Planung die halbe Miete. Die Koppelgröße hängt von der Anzahl der Weidetiere und vom Futterertrag ab. Da der Vertritt ein wesentlicher Faktor ist, sollten keine zu großen Koppeln gemacht werden. Die Fresszeit auf der Koppel ist genau zu beobachten, um den Weiderest zu minimieren. Als Weiderest wird jene Menge an noch fressbarem Futter auf der Weide bezeichnet, die nicht genutzt wird. Dieser Faktor darf nicht unterschätzt werden. Weidetiere haben ein ganz ähnliches Fressverhalten wie das Essverhalten der Menschen. Wir nehmen uns beim Frühstückbuffet immer zuerst das Beste, erst dann das Zweitbeste. Die Weidegräser unterscheiden sich ebenfalls in ihrem Geschmack, weshalb die Tiere zunächst das bevorzugte Futter abweiden. Erst wenn dieses aufgebraucht ist, wenden sie sich den weniger beliebten Pflanzen zu. Dieses Verhalten nennt der Fachmann „selektives Fressen". Es sollen auch die nicht ganz so schmackhaften Gräser und Kräuter abgefressen werden. Daher ist ein angepasster Weidedruck (= Tiere pro Fläche) auf der Koppel notwendig. Ist der Weiderest zu groß, muss dieser maschinell oder manuell entfernt werden.

### Das Zaunmaterial muss vortransportiert werden

Auf der Hauser-Kaibling-Alm wird der gesamte Berg mit zwei Koppeln (Ost – 3.400 lfm und West – 2.300 lfm) eingezäunt. Der Aufstiegsweg von der Bergstation zum Gipfel wird „ausgezäunt", damit die Wanderer keinen Kontakt zu den Schafen haben. Diese Maßnahme ist erforderlich, da viele Besucher die Tiere unserer Schafherde als Streichelzoo benutzen. Auch viele Hundebesitzer lassen ihre Hunde freilaufen und hetzen unnötig unsere Tiere. „Wo sind die Schafe?" fragte mich ein Hundebesitzer. Ich sagte ihm, dass sie morgen in diese Koppel kommen würden und heute noch auf der anderen Seite des Berges sind. „Ach wie schade, ich wollte, dass mein Hund hier oben auf der Alm auch seine Freude hat", war seine Antwort. An der Veränderung meiner Gesichtsfarbe erkannte der Gast sehr rasch, dass seine Antwort mein Gemüt nicht erfreute. Ich sagte ihm, dass dies kein Spaß für die Tiere sei und er sich bitte an die Regeln halten und seinen Hund an der Leine führen soll. Er behauptete strickt: „Aber es hat den Schafen sichtlich auch Spaß gemacht." Ja, mit solchen „Herrschaften", die mit solchen Vorstellungen unsere Almen besuchen, wird es in Zukunft immer schwieriger, Almpersonal zu finden. Wer stundenlang seine Herde sucht, nur weil ein Gast seinen Hund auch eine Freude auf der Alm bereiten wollte, hat wenig Freude mit solchen Gästen. Er muss die Herde unter großem Aufwand wieder zurück in die Koppel treiben.

## Praxisbeispiel Zäunung Koppel Rossfeldsattel

Am Rossfeldsattel, wo früher eine gute Pferdeweide war, wie der Name sagt, wird eine Fläche von 5,5 ha eingezäunt. Eine Zäunung benötigt folgende Schritte:

1. Ausmähen
2. Eck- und Spannpfähle aus Holz stecken
3. Zwischenpfähle (Glasfaserstäbe) stecken
4. Halterung oder Isolatoren montieren
5. Draht einhängen und spannen
6. Kontrollgang

Das erstmalige Ausmähen der Zäunungslinie benötigt vier Stunden, da überwiegend Zwergwacholder, Almrausch- und Schwarzbeersträucher vorhanden sind. In einer Minute schafft ein durchtrainierter

Mann ca. 5 m, bei einer Zaunlänge von 1.200 m und in zum Teil sehr steilem Gelände ergibt dies vier Stunden Mähzeit. Das Einschlagen der Eck- und Spannungspfähle aus Holz (insgesamt 60 Stück), die Montage der fünf Tore und das Einschrauben der Isolatoren dauern ebenfalls vier Stunden. Dazu ist zu erwähnen, dass die Tore bereits fertig gestellt und vor Ort sind.

Das Stipfelsetzen, wie das Einschlagen der Pfähle in der Obersteiermark genannt wird, dauert auch etwa vier Stunden für die benötigten 280 Glasfieberstäbe. Dieselbe Zeit benötigt auch das Anbringen der Halteklammern, drei Stück pro Stab (insgesamt 840 Stück).

Eine Runde mit dem Draht dauert etwa zwei Stunden, was bei einem dreireihigen Zaun sechs Stunden Arbeitszeit in Anspruch nimmt.

Der Materialtransport (280 Glasfieberstäbe, 840 Klammern, vier Rollen Draht, 20 Eck- und 40 Spannpfähle aus Holz, 200 Isolatoren, fünf Tore) nimmt auch vier Stunden Arbeit in Anspruch.

In Summe ergibt das einen Nettoarbeitszeitaufwand von 24 Stunden für 1,2 km Zaun bei einer eingezäunten Weidefläche von 5,5 Hektar.

Der Feldabstand beträgt 3,5 m. Dieser errechnet sich aus der Zaunlänge (1.200 m) dividiert durch die Anzahl der Glasfaserstäbe (280) und der Anzahl der Befestigungspfähle aus Holz (60) – insgesamt 340 Stück:
1.200 lfm : 340 = 3,5 m

## Kostenschätzung

| Posten | Stückkosten | benötigte Anzahl | Kosten |
|---|---|---|---|
| Glasfieberstäbe | 0,30 €/ Stk. | 280 | 84 € |
| Klammern | 0,20 €/ Stk. | 840 | 168 € |
| Isolatoren | 0,60 €/ Stk. | 200 | 120 € |
| Schnur | 0,06 €/ lfm | 3600 | 216 € |
| Holzpfähle | 5,00 €/ Stk. | 60 | 300 € |
| | | Gesamt | 888 € |

Pro Laufmeter Zaun entstehen aufgerundet derzeit Kosten von 1,35 Euro an Zaunmaterial. Der derzeitige Stundenlohn laut Maschinenring beträgt für einen Arbeiter 16 Euro. Für den Aufbau (24 Std.) und für den Abbau des Zaunes (8 Std.) ergibt das Kosten von 512 Euro. Die Gesamtkosten für die Einzäunung betragen daher 1.400 Euro, was pro m² Weide 1,17 Euro ausmacht.

### Einige Gedanken zum Material

Pfähle, im Dialekt auch Stipfel genannt, können aus Plastik, Stahl, Holz oder Glasfaser (auch Fiberglas) angefertigt werden. Zum Stecken sind die Glasfaserstäbe am besten. Manchmal braucht man auch dazu eine Bohrmaschine mit einem 50 cm langen Steinbohrer. Dieser zusätzliche Arbeitsaufwand ist in der angeführten Zeit- und Kostentabelle nicht berücksichtigt.

Das Qualitätskriterium bei einer Weidezaunlitze ist die Leitfähigkeit. Hier wird der Stromwiderstand in Ohm/m gemessen. Je niedriger der Wert des Widerstandes ist, umso besser ist die Leitfähigkeit. Je länger der Zaun ist, umso besser muss die Leitfähigkeit der Weidezaunlitze sein. Ein guter Wert des Stromwiderstands liegt unter 0,2 Ohm/m. Gerade beim Kauf einer Weidezaunschnur muss auf die Leitfähigkeit (Stromwiderstand in Ohm/m) geschaut werden. Billige Weidezaunlitzen haben einen Stromwiderstand um 8 Ohm/m.

**Mögliche Fehlerquellen bei elektrischen Weidezäunen**

- Schlechte Erdung: Eine gute Erdung bieten drei Erdungsstäbe, die mindestens einen Meter in die Tiefe und in zwei Meter Abstand gesetzt werden. Feuchter Boden hat eine viel bessere Erdung als ein trockener.
- Schlechte Isolatoren: Sie rufen Stromverluste durch Ableitung hervor.
- Bewuchs: Gras, Holz, Buschwerk führen zu Leitungsverlusten. Sie können nicht nur den Strom ableiten, sondern auch Kurzschlüsse verursachen. Daher ist die Mahd der Zaunlinie eine sehr wichtige Arbeit am Beginn der Zäunung.
- Schlechte Leitfähigkeit der Weideschnur: Je höher der Strom-Widerstand in der Weidezaunlitze (gute Weidelitzen haben 0,2 Ohm/m), umso mehr sinkt die Leitfähigkeit. Knoten und andere schlechte Verbindungen sind ebenfalls Leitungskiller.

Elektrozaungeräte erzeugen einen regelmäßigen Hochspannungsimpuls. Durch die Erdung entsteht eine Spannung. Berührt nun das Tier den Weidezaun, wird der Stromkreis geschlossen. Der Stromfluss beginnt also beim Elektrozaungerät, wird über die Weidelitze durch das Tier geleitet und kommt über die Erde (guter Erdungspfahl ist wichtig!) zum Gerät zurück. Dieser Stromschlag wird als unangenehm empfunden und die Tiere verlassen den Weidezaun.

Mit einem Zaunprüfgerät wird die Funktionsfähigkeit eines Weidezaunes mit der Messung der Spannung überprüft. Es können mit dem Prüfgerät auch Fehlerquellen lokalisiert werden.

### Gäste am Weg durch die Weidekoppel

Gäste auf der Alm kennen den Strom entweder nicht oder sie haben Angst davor. Es gibt zwei Arten von Almbesuchern, die lernresistenten und die ängstlichen Gäste. Erstere sind überrascht, dass Strom im Zaun ist. Daher ist das Anbringen von Warntafeln mit der Aufschrift „Achtung Strom" mit klar erkennbaren Zeichen unbedingt notwendig. Der ängstliche Gast wirft die Plastikgriffe einfach auf den Boden. Damit ist zwar der Stromkreis nicht unterbunden, da die Verbindung ja unter dem Weg mittels Kabel stattfindet (welches im Idealfall in einen PE Schlauch eingefädelt wurde), aber das Tor ist offen und somit sind die Weidetiere bald weg. Ist ja auch logisch, wie soll ich mit zwei Händen drei Litzen mit Griffen öffnen? Mit ein wenig Hausverstand geht das Öffnen mit einer Hand. Dazu brauche ich nur die jeweilige Litze in die Öse am Griff einhängen und ich öffne und schließe den dreireihigen Weidezaun rasch und vollkommen ungefährlich.

Wir lösen dieses Griff-Problem mit Weidetoren und Bögen. Durch diese Maßnahme ersparen wir uns die Verbindung im Erdreich, welche zu Stromverlusten führen kann und wir können den Weidedraht einfach über den Torbogen spannen und brauchen daher den Weidezaun nicht unterbrechen.

**Ein Weidetor auf einer Almfläche ist immer zu schließen!**
Ein Weidetor auf der Alm hat den Sinn, dass die Tiere in der Koppel bleiben, daher muss ein Almtor immer geschlossen werden. Sollte ein Almweide-Tor offenbleiben, so ist es befestigt oder abmontiert. So einfach sind die Regeln auf der Alm.

Vor den Zäunen muss die Zaunlinie von Gras und Zwergwuchs befreit werden. Dieses Freischneiden muss vor der Zäunung erfolgen. Sonst ist die Gefahr gegeben, dass Stipfel oder Zaunschnur abgetrennt werden.

## Laderampe und Fangvorrichtung

*Von Alois Kiegerl*

Zu den wichtigen Faktoren für eine gelungene Almbewirtschaftung gehört auch die Möglichkeit, die Tiere im Bedarfsfall einfangen zu können – sei es für eine Behandlung, Besamung oder für den Heimtransport. Nicht immer sind die Tiere handzahm und manchmal ist dabei ordentliches Geschick gefragt.

Je nach Tierart und Bewirtschaftungsform werden unterschiedliche Anforderungen an die Fanganlage gestellt. Im Wesentlichen besteht die Anlage aus einem Zaun, an welchem man die Tiere entlang treiben kann und einem zweiten Zaun, der sich trichterförmig bis hin zum Eintriebstor verengt. Innerhalb des Pferches bzw. der Treib (die Bezeichnungen schwanken je nach Region) benötigt man einen Platz zum Sortieren und dann nochmals eine Verengung, die dann nur mehr die Breite eines einzelnen Tieres hat. Je genauer man die Breite an die Tiere anpassen kann, umso geringer ist die Wahrscheinlichkeit, dass sich das Tier im Zwinger umdrehen kann. Die Länge der Anlage passt sich ebenfalls an die Länge und die Anzahl der Tiere an, die man hintereinander fixieren will. Hier hat es sich bewährt, dass man zwischen jedem Tier die Möglichkeit hat, Stangen einzuschieben. Auch hat es sich bewährt, die Säulen für diesen Zwinger länger zu machen, damit man sie am oberen Ende zusammenschrauben kann. Dadurch wird verhindert, dass die Tiere beim Versuch sich umzudrehen, den Zwinger auseinanderdrücken und beschädigen.

Im Idealfall wird dann unmittelbar an den Zwinger die Verladerampe angefügt. Wenn es gelingt, das alles gut umzusetzen, wird damit die Arbeit immens erleichtert. Wenn als Baumaterial eigenes Holz zur Verfügung steht, können die Kosten einigermaßen im Rahmen gehalten werden. Länger haltbar sind Metallgitter, aber die Kosten dafür sind auch erheblich höher.

Theoretisch möglich wäre es auch, einen mobilen Wiege-, Fang- und Behandlungsstand bei Bedarf aufzubauen. Dieser würde sich gut eignen, wenn er auf mehreren Koppeln Einsatz findet, kann aber nur in Verbindung mit einem Traktor und einem gut befahrbaren Almweg auf der Alm eingesetzt werden.

Mobile Wiege-, Fang- und Behandlungsstände sind praktisch, aber nur auf gut erschlossenen Almen sinnvoll nutzbar.

Eine gut durchdachte Laderampe hilft, viel Zeit beim Verladen des Almviehs zu sparen.

Die Querstreben am Zwinger verhindern, dass die Tiere die Zäune auseinanderdrücken.

Fotos: Alois Kiegerl

## ALMGEBÄUDE

*Von Franz Bergler*

Für Gebäude im alpinen Bereich sind in Österreich zwei Gesetze maßgebend, das Baugesetz und das Raumordnungsgesetz. Baubehörde ist in der 1. Instanz der Bürgermeister und in der 2. Instanz ist der Gemeinderat das entscheidende Gremium. Es handelt sich bei solchen Unternehmen um ein sogenanntes Projektgenehmigungsverfahren. Das heißt, wie der Name schon sagt, dass ein Projekt eingereicht werden muss, das dann von der zuständigen Behörde geprüft und – wenn es den rechtlichen Grundsätzen entspricht – genehmigt wird. Es wird ein Baubescheid ausgestellt. Das ist die rechtliche Grundlage, um ein Gebäude errichten zu können. Da fast alle Gebäude auf den Almen im Freiland liegen, kommt auch das Landesgesetz der Raumordnung zum Tragen.

Bauen im Freiland ist verboten! Es gibt allerdings für die Landwirtschaft, Forstwirtschaft, Jagdwirtschaft und für die Fischerei eine Ausnahmeregelung. Wenn durch ein Gutachten die Notwendigkeit für die Errichtung eines Gebäudes für einen landwirtschaftlichen oder fortwirtschaftlichen Betrieb gegeben ist, so darf im Freiland dieses erforderliche Gebäude errichtet werden. Dieses Gutachten fordert in der Regel die Baubehörde 1. Instanz bei der Agrarbezirksbehörde im Amtshilfeverfahren an. In dieser Behörde gibt es Fachleute, die diese Fachfrage – ob ein Gebäude für den Betrieb erforderlich ist – objektiv beantworten können. Der Volksmund spricht von der „grünen Ausnahmeklausel" im Raumordnungsgesetz. Diese Ausnahme ist für die ländlichen und alpinen Bereiche sehr wichtig! Allerdings versuchen manche „Nichtbauern" diese Ausnahmebestimmung für sich in Anspruch zu neh-

Die Errichtung von Almhütten ist nur nach einem positiven Abschluss eines Baugenehmigungsverfahrens möglich – darin wird auch die Größe nach Notwendigkeit beurteilt.
Foto: Franz Bergler

men, was natürlich nicht möglich ist. Im Gutachten wird nämlich zuerst geprüft, ob es sich um einen Land- und/oder einen Forstbetrieb handelt. Ein Land- und/oder Forstbetrieb benötigt ein Mindestmaß an Gebäuden, Maschinen und Geräten, die eine auf Gewinn ausgerichtete Tätigkeit ermöglichen – auf gut Deutsch: bei dem ein Gewinn erwirtschaftet werden kann. Hier gibt es eine genaue Abgrenzung zum Hobbybetrieb. Wenn kein Gewinn aus der land- oder forstwirtschaftlichen Tätigkeit erzielt werden kann, handelt es sich eindeutig um ein Hobby. Daher ist eine genaues Betriebskonzept mit einer Wirtschaftlichkeitsberechnung von großem Vorteil, wenn es sich um solche Grenzfälle handelt. Bei einem bestehenden Betrieb, der auch im Nebenerwerb geführt wird, ist ein solches Bauverfahren meiner Erfahrung nach, ohne große Hürden bewältigbar.

Liegt das beantragte Gebäude in einem Landschaftsschutzgebiet, Naturschutzgebiet oder Europaschutzgebiet, ist dieses Projekt auch bei der zuständigen Bezirksverwaltungsbehörde einzureichen, um ebenfalls einen positiven Bescheid für die Errichtung zu erlangen. Es ist dieselbe Prozedur, nur bei einer anderen Behörde und gemäß eines anderen Gesetzes. In der Regel macht derselbe Gutachter für ein Projekt zwei Gutachten für zwei Behörden. Das ist zwar für den Bauwerber in manchen Fällen unlogisch, aber in Österreich gibt es für Gesetze bestimmte Behörden und in diesem Fall sind für ein Bauvorhaben zwei verschiedene Behörden zuständig, die sich noch dazu einer dritten Behörde (Agrarbezirksbehörde als Fachbehörde) bedienen. Hier mag vielleicht der Leser den Amtsschimmel wiehern hören, aber mir ist es wichtig, dass der Leser diese Zusammenhänge kennt und versteht.

Die Errichtung von Gebäuden muss rechtlich abgedeckt sein (mittels rechtskräftigen Baubescheides), da es ansonsten zu einer Baueinstellung und einem Beseitigungsauftrag kommen kann. Genau um das zu vermeiden, ist ein Baugenehmigungsverfahren bei der Baubehörde erforderlich.

Dazu wird beim Bauamt der jeweiligen Gemeinde, in der das Bauvorhaben liegt, ein Bauansuchen gestellt. Dazu ist ein Bauplan (Einreichplan) mit Grundriss, Ansichten und Schnitte im Maßstab 1:100 (von einer befugten Person erstellt) mit Baubeschreibung, Lageplan und Eigentumsnachweis in dreifacher Ausfertigung erforderlich. Im Lageplan werden auch Nachbargrundstücke, sofern im Umkreis von 30 Meter ein anderer Besitzer ist, eingezeichnet. Bei mehreren Eigentümern ist die schriftliche Zustimmung aller erforderlich. Bei Agrargemeinschaften genügt eine Zwei-Drittel-Mehrheit. Hier ist es allerdings ganz wichtig, dass das Bauvorhaben als Tagesordnungspunkt bei der Jahreshauptversammlung aufscheint und beschlossen wird. Das ist deshalb zu erwähnen, weil diese Zustimmung im Vorfeld passieren muss. Fehlt die Zustimmung der Eigentümer, kann das Bauvorhaben nicht eingereicht werden!

Der Baubeginn der Almgebäude darf erst nach der Rechtskraft erfolgen. Das ist deshalb wichtig, weil das ganze Prozedere der Baugenehmigung im Vorfeld erfolgen muss. Parallel dazu macht natürlich der Bauwerber schon Tätigkeiten wie das Vorbereiten der Holzarbeiten, aber der Bagger für das

Einfach, aber zweckmäßig – bei aktuellen durchschnittlichen Baukosten für Almgebäude von rund 3.000 Euro pro Quadratmeter sind platzsparende Lösungen gefragt.

Foto: Franz Bergler

Fundament darf erst nach dem Baubescheid (genau genommen nach der Rechtskraft) erfolgen. Ein wichtiger Satz von mir war immer: „Die Winterzeit ist für den Almwirtschaftler eine wichtige Zeit fürs Planen und für die Behördenwege".

## Angemessen bauen

Was die Größe und Ausstattung der Almgebäude betrifft, muss natürlich ein Zusammenhang zum Bedarf bestehen. Es ist logisch, dass ich für eine einfache Halterhütte kein Einfamilienhaus auf der Alm errichten kann. Ich habe in meinem 33-jährigen Berufsleben hier die größten Enttäuschungen erlebt. Es ist verständlich, dass sich in einer Almhütte eine Nasszelle mit einer Toilette befindet und als zeitgerechte Einrichtung erforderlich ist, da sich das Almpersonal natürlich auch duschen soll, aber eine Sauna ist fachlich schwer zu begründen. Auch ein Gästezimmer für eventuelle Besuche ist in einer Almhütte äußerst schwer fachlich auszulegen. Da ja auch die Wirtschaftlichkeit ein wenig mitspielt, ist der Größe eines erforderlichen Almgebäudes auch ein kleiner Riegel vorgeschoben. Vor allem die Nutzungsdauer spielt hier eine Rolle. In der Regel können wir die Almgebäude im besten Fall ein Drittel des Jahres nutzen. Wir müssen also eine betriebliche Investition durchführen, die wir nur vier Monate (in den seltenen Fällen fünf Monate) nutzen können. Dazu kommt noch, dass die Gebäude auf Grund der Schneelast stärker dimensioniert werden müssen als Gebäude im Tal, was natürlich die Baukosten erhöht. Daher ist der Größe eines Almgebäudes schon aus wirtschaftlicher Sicht Grenzen gesetzt. Auch das Bauen selbst ist aufgrund der Lage (Entfernung zum Tal) um einiges teurer als am Heimhof. Ist dazu ein Hubschrauber erforderlich, was bei unerschlossenen Almen die einzige Form der Transportmöglichkeit ist, erhöhen sich die Baukosten wesentlich.

Almgebäude werden oft nur wenige Monate im Jahr genutzt – eine Nutzungserweiterung für die Jägerschaft außerhalb des Almsommers erleichtert eine positive behördliche Beurteilung von neuen Bauvorhaben. Foto: Erika Gamsjäger

Derzeit kann mit einem Preis von € 3.000 Euro pro Quadratmeter kalkuliert werden.

Sinnvoll sind daher auch andere Nutzungsarten eines Almgebäudes. In erster Linie ist hier die Jagd anzusprechen. Obwohl für die Errichtung einer Jagdhütte auch die Ausnahmeregelung nach dem Raumordnungsgesetz gilt, ist die Nutzung einer Almhütte durch den Jagdausübenden von Vorteil. Durch die Mehrfachnutzung eines Almgebäudes ist natürlich die Nutzungsdauer erhöht. Die Jagd auf den Birkhahn und Auerhahn erfordert zuerst ein Verlosen bzw. Bestätigen des Wildes vor der Jagd und dies geschieht bereits im April. Die Gamsjagd geht bis spät in den Herbst hinein, sodass die Nutzungsdauer der Almgebäude durch die Jagd um mehr als das Doppelte ausgeweitet werden kann.

Eine weitere Nutzung der Almhütten ist natürlich durch den Schitourismus gegeben. Liegt die Almhütte in der Nähe eines Schigebietes, so kann dies von Vorteil sein. Wird die Almhütte auch als Schihütte geführt, ist eine gewerbliche Genehmigung als Betriebsanlage erforderlich. Diese Genehmigung ist bei der Bezirkshauptmannschaft einzuholen. Auch im Baurecht ist eine Nutzungsänderung zu beantragen.

Ist kein anderer Standort möglich, so können Almgebäude auch in einem lawinengefährdeten Bereich errichtet werden. Dabei sind sehr teure Baumaßnahmen erforderlich, damit die Gebäude ein solches Naturereignis unbeschadet überstehen. Grundvoraussetzung ist die Möglichkeit, das Gebäude im Gelände zu verstecken. Diese Gebäude (Almhütten und Almställe) brauchen neben einer starken Betonwand bergwärts auch ein Flachdach, über das eine mögliche Lawine gleiten kann, ohne dass sie das Gebäude ruiniert. Dementsprechend hoch sind natürlich die Baukosten.

## ABBRENNEN VON SCHWENDMATERIAL

*Von Franz Bergler*

Eine Besonderheit auf der Alm ist die Erlaubnis, dass Schwendmaterial und Lawinenmaterial auf Weideflächen unter bestimmten Bedingungen abgebrannt werden dürfen. Rechtlich ist diese wichtige Maßnahme im Bundesluftreinhaltegesetz (BLRG) verankert. Die in Österreich zuständige Behörde ist die Bezirkshauptmannschaft. Nach einem Antrag wird ein Gutachten erstellt, ob diese Maßnahme auch für die Almwirtschaft erforderlich ist und endet in einem Bescheid mit Datum und Auflagen zum Abbrennen. Auflagen sind beispielsweise der Abstand zum Wald, Abstand zum Almweg (50 m) und das Abbrennen nur bei geeigneter Witterung. Es wird auch empfohlen, die Landeszentrale der Feuerwehr zu informieren, dass am Tag X auf der XXX-Alm diese Aktion stattfindet. Das ist deshalb wichtig, damit im Fall einer Meldung die Feuerwehrlandeszentrale bereits informiert ist und kein Alarm ausgelöst wird. Hier gilt nämlich das Verursacherprinzip und im Fall einer Alarmierung und Ausrückung der Feuerwehr entstehen Kosten – das soll selbstverständlich vermieden werden.

### Wie geht richtiges Abbrennen?

Entgegen der üblichen Meinung, dass nur trockenes Holz verbrannt werden sollte, wird das frische Schwendmaterial (Schwenden ist der Fachausdruck für das Entfernen von Holzmaterial von der Weidefläche) auf einen mannshohen Haufen gestapelt und dann von oben angezündet. Dadurch entsteht fast kein Rauch, weil der Rauch immer eine Frage der Temperatur ist. Durch die Hitze von oben entsteht genug Verbrennungstemperatur und wenig Rauch. Auf keinen Fall soll weiteres Schwendmaterial ins Feuer nachgeworfen werden. Der Haufen wird einmal aufgesetzt, angezündet, zusammengeräumt und nach dem Ende des Feuers mit Wasser gelöscht. So ist gewährleistet, dass die Feuerstelle bereit für die Einsaat (natürlich mit einem standortgemäßen Saatgut) ist. Nicht zu große (max. 2 m hoch) und zu viele Schwendhaufen machen. Alte, trockene Schwendhaufen sollen nicht mehr angezündet werden, da sich in diesem Habitat Millionen von Tieren befinden und daher diese Vorgangsweise aus naturschutzrechtlichen Überlegungen abzulehnen ist.

Das Schwenden hilft, die Verbuschung zu verlangsamen. Foto: LK Steiermark

Das frische Schwendmaterial soll auf einen mannshohen Haufen geschlichtet und von oben angezündet werden.
Foto: Almwirtschaftsverein Steiermark

# UNTERSTÜTZUNG DER ALMWIRTSCHAFT DURCH ÖFFENTLICHE ZAHLUNGEN

*Von Stefan Steirer*

Die Bewirtschaftung der Almen und die Wirtschaftlichkeit eines Almauftriebes haben sich in den letzten Jahrzehnten stark verändert. Das grundsätzliche Ziel, den Heimbetrieb in den Sommermonaten arbeitstechnisch und hinsichtlich der Futterbereitstellung zu entlasten, steht meist im Vordergrund und ist schwer zu bewerten. Es gibt die Tendenz, dass die meist extensiven Almflächen aufgrund der immer geringeren Anzahl an Arbeitskräften und der schwierigen Arbeitsbedingungen verwildern und künftig als Weideflächen nicht mehr zur Verfügung stehen.

Um diesem Trend entgegensteuern zu können, gibt es seitens der politischen Verantwortungsträger das klare Bekenntnis zur Unterstützung der Almwirtschaft. Diese Unterstützung soll einerseits einen Anreiz schaffen, dass die Almen mit Almvieh der verschiedensten Kategorien in ausreichendem Ausmaß bestoßen werden und andererseits auch die Wirtschaftlichkeit des Almauftriebes gegeben ist.

In einem Rhythmus von etwa fünf bis sieben Jahren beginnt eine neue Förderperiode und es wird stets versucht, die Anreize für einen Almauftrieb an die sich häufig geänderten Rahmenbedingungen anzupassen. Bei der Konzipierung der Almzahlungen für die Förderperiode 2023 bis 2027 wurde in einem bundesweiten Konsens vereinbart, dass es höhere Almzahlungen geben muss und es werden in Österreich somit über 90 Mio. Euro jährlich für die Almwirtschaft bereitgestellt. Um den Almauftrieb zu stärken, sind rund zwei Drittel der Almzahlungen an das gealpte Tier bzw. an die raufutterverzehrenden Großvieheinheit (RGVE) geknüpft. Grundvoraussetzung für den Erhalt der Prämien ist der Auftrieb über einen Zeitraum von 60 Tagen auf eine im Almkataster des jeweiligen Bundeslandes eingetragene Alm.

**Folgende Almzahlungen werden gewährt:**

- Direktzahlungen für Almweideflächen
- Almauftriebsprämie
- Ausgleichszulage AZ bei Alpung
- ÖPUL Almbewirtschaftung und ÖPUL Behirtung
- ÖPUL Naturschutz auf Almen

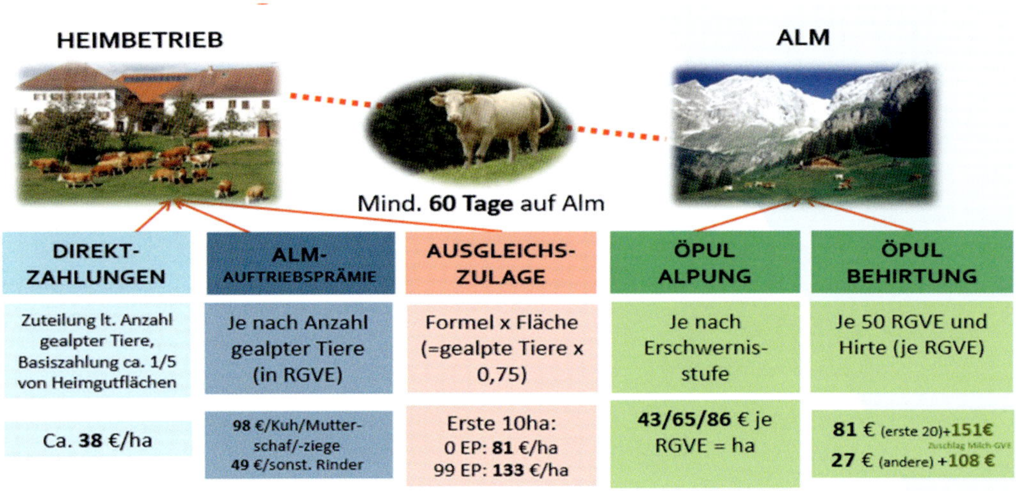


Übersicht Almzahlungen

Quelle: BMLNT

## DIREKTZAHLUNGEN

Die Direktzahlungen werden im Rahmen der Gemeinsamen Agrarpolitik (GAP) gewährt und unterstützen die österreichische Almwirtschaft. Dazu gehören die Basisprämie für Almweideflächen und die gekoppelte Almauftriebsprämie, welche für den Auftrieb von Rindern, Mutterschafen und -ziegen auf Almen gewährt wird.

### Direktzahlungen - Basisprämie

Die Basisprämie beträgt rund 38 Euro pro Hektar. Dabei wird die gesamte zur Verfügung stehende Almweidefläche durch die auf die Alm gealpten RGVE dividiert und anteilig den Almauftreibern als anteilige Almfläche zugeteilt. Beträgt die gesamte Almfläche etwa 35 ha und werden 27 RGVE gealpt, dann stehen je gealpten RGVE rund 1,30 ha Almweidefläche zur Verfügung und diese Fläche wird mit rund 38 Euro je ha für den Auftreiber bei den Zahlungen berücksichtigt.

### Almauftriebsprämie

Die Almauftriebsprämie ist direkt an das gealpte Tier gekoppelt und wird für Kühe, Mutterschafe und -ziegen mit ca. 100 Euro je RGVE und für sonstige Rinder (Kalbinnen, Ochsen, Kälber) mit ca. 50 Euro je RGVE berücksichtigt. Diese an das Tier gekoppelte Zahlung erhält der Almauftreiber ausbezahlt.

## AUSGLEICHSZULAGE FÜR ALMWEIDEFLÄCHEN

Da Almweideflächen bezogen auf den Viehbestand und dessen Ernährung insbesondere bezüglich der Winterfuttergewinnung und -lagerung in Gesamtbetrachtung mit dem Heimbetrieb zu sehen sind, werden die Erschwernispunkte des Heimbetriebes auch für die anteiligen Almweideflächen mitberücksichtigt. Je aufgetriebener raufutterverzehrenden Großvieheinheit RGVE werden max. 0,75 ha Almweidefläche oder bei intensiver geführten Almen auch weniger Fläche (anteilige Fläche) dem Auftreiberbetrieb zugerechnet.

Die Ausgleichszulage für Almweideflächen (kurz Alm-AZ) wird mit eigenen Formeln berechnet. Es werden auch hier, wie bei der Berechnung der Flächen für den Heimbetrieb, die ersten zehn Hektar stärker gefördert. Die weitere Abstufung erfolgt degressiv in Schritten je zehn Hektar und es werden maximal 70 ha Almweidefläche oder maximal die doppelte Heimweidefläche für die Auszahlung berücksichtigt.

**Beispiel**

Alm mit 10 ha Almweidefläche. Es werden 20 Rinder jünger zwei Jahre (Ochsen oder Kalbinnen mit je 0,6 RGVE je Stück) aufgetrieben. Dies ergibt in Summe 12 gealpte RGVE. Es werden je RGVE maximal 0,75 ha Almweidefläche berücksichtigt. 12 RGVE x 0,75 ha = 9 ha „Almfördereinheiten" für den Auftreiberbetrieb.

### Übersicht Ausgleichszulage für Almen – Berechnungsformeln

| Weidefläche auf Almen* | Prämie je Hektar** |
|---|---|
| bis 10 ha | 0,70 € x EP + 108 € |
| > 10 bis 20 ha | 0,55 € x EP + 95 € |
| > 20 bis 30 ha | 0,49 € x EP + 86 € |
| > 30 bis 40 ha | 0,41 € x EP + 71 € |
| > 40 bis 50 ha | 0,32 € x EP + 56 € |
| > 50 bis 60 ha | 0,26 € x EP + 43 € |
| > 60 bis 70 ha | 0,19 € x EP + 32 € |
| > 70 ha | keine Prämie |

* inkl. Gemeinschaftsweiden ** maximal 0,75 ha Weidefläche je aufgetriebene RGVE, jedoch in Summe maximal die vorhandene tatsächliche Weidefläche
Quelle: BMLNT

## ÖPUL-ZAHLUNGEN FÜR ALMEN

Für die Almwirtschaft mit der nahezu naturnahen und prinzipiell „biologischen" Bewirtschaftung der Flächen zählen in Österreich die Maßnahmen „Almbewirtschaftung" und „Tierwohl-Behirtung" zu den wichtigsten und seit vielen Jahren etablierten Unterstützungsleistungen im Umweltbereich. Die Zahlungen für ÖPUL-Maßnahmen auf Almen erhält der Almbewirtschafter.

### ÖPUL-Almbewirtschaftung

Im Bereich der Almbewirtschaftung werden für die extensive Bewirtschaftung von Almen durch die Einhaltung einer Bestoßungsobergrenze von max. 2,0 RGVE/ha Almweidefläche Kosten und Einkommensverluste, die durch die Einhaltung der Verpflichtungen entstehen, gefördert. Im ersten Jahr der Verpflichtung müssen mind. 3 ha Almweidefläche vorhanden sein und eine Bestoßung mit zumindest 3 RGVE muss erfolgen, wodurch auch sehr kleine Almen an dieser Maßnahme teilnehmen können. Eine weitere Voraussetzung ist der Verzicht auf die Ausbringung almfremder Gülle und Jauche sowie der Verzicht auf Verfütterung von almfremdem Grünfutter und Silage. Es muss also die natürliche Futtergrundlage für die Alm ausreichend vorhanden sein. Zulässig ist dabei eine Ausgleichsfütterung mit Heu, Mineralstoffergänzung und Kraftfutter. Weiters dürfen ausschließlich biologische Pflanzenschutz- und Düngemittel eingesetzt werden. Es werden auch Mehraufwendungen zur alternativen Bekämpfung von Giftpflanzen auf Almfutterflächen durch händisches Mähen bzw. Ausstechen mit dieser Maßnahme abgegolten. Der Erschließungszustand bezeichnet die Erreichbarkeit der Alm über Straßen/Wege bzw. sonstige Infrastruktur zur zeitgemäßen Bewirtschaftung der Alm und für den Lasten-/Viehtransport. Die Förderhöhe hängt vom Erschließungszustand der Alm ab und beträgt mindestens 43 Euro je RGVE bzw. ha und steigt für schwer zugängliche Almen auf 65 bis 83 Euro an.

### Tierwohl – Behirtung

Die Maßnahme „Tierwohl – Behirtung" ist eine einjährige ÖPUL-Maßnahme. Zusätzlich muss an der Maßnahme „Almbewirtschaftung" teilgenommen werden (Kombinationsverpflichtung). Eine Teilnahme bei diesen ist mit den Tierkategorien Rinder, Schafe, Ziegen, Equiden (Pferde, Ponys, Esel und Kreuzungen) oder Neuweltkamelen möglich.

Für diese Maßnahme ist die ordnungsgemäße Betreuung der Tiere über den Almsommer hinweg erforderlich. Dabei ist eine tägliche, ordnungsgemäße Versorgung der Tiere – gegebenenfalls auch nachts – zu gewährleisten. Die Behirtung muss über einen wesentlichen Teil des Tages erfolgen. Die Versorgung beinhaltet die Bereitstellung von ausreichend Wasser, Tierpflege, Behandlung bei Krankheit oder Verletzungen sowie Sicherungsmaßnahmen auf der Alm. Die Beweidung muss dem Standort entsprechend erfolgen. Eine geeignete Übernachtungsmöglichkeit auf der Alm muss vorhanden sein. Mit einem Hirten können maximal 50 RGVE für die Zahlung berücksichtigt werden. Für weitere RGVE sind dann die Anzahl der Hirten bei der Beantragung anzugeben. Für den freiwilligen Einsatz von zertifizierten Herdenschutzhunden ist ein Zuschlag vorgesehen. Details dazu sind den Förderrichtlinien zu entnehmen.

Die Behirtungsprämie wird gestaffelt berechnet: Je Hirte werden die ersten 20 RGVE mit 81 Euro und darüber mit 27 Euro je RVE berechnet. Für auf der Alm gemolkene Kühe wird dazu ein Zuschlag von 151 bzw. ab 20 Kühen von 108 Euro gewährt.

### Naturschutz auf der Alm

Für Mindererträge aufgrund reduzierter Viehbestoßungsdichten auf maximal 1,5 RGVE je ha Almweidefläche bzw. entsprechender Auszäunungen kann in der Maßnahme „Almbewirtschaftung" mit dem optionalen Zuschlag für Naturschutz auf der Alm eine zusätzliche Prämie gewährt werden. Entgegen den Naturschutzmaßnahmen bei Heimbetrieben muss mit allen Feldstücken der Alm teilgenommen werden. Die Auflagendetails sind in einer eigenen Projektbestätigung zu finden, welche im Zuge einer Almflächenkartierung gemeinsam mit einem Biologen festgelegt werden. Die Grundprämie beträgt generell 10 Euro je ha Almweidefläche und es werden noch weitere Zuschläge zu Weidemanagement, Düngemanagement und Biotopmanagement gemäß Projektbestätigung gewährt.

### Almweideplan

Allgemein hat der Zuschlag „Almweideplan" das Ziel, weiteres Bewusstsein für die Bedeutung eines standortangepassten Weidemanagements zu schaffen. Neben wirtschaftlichen Vorteilen für den Bewirtschafter der Alm sind auch die positiven Auswirkungen auf die Biodiversität von hoher Bedeutung. Bei einer Weiterbildungsveranstaltung wird die Erstellung des Almweideplans erlernt. Dabei ist der Ist-Zustand der Alm bzw. der einzelnen Almweidebereiche darzustellen und künftige Entwicklungen sollen überlegt und letztendlich umgesetzt werden. Insbesondere aufgrund der sich ändernden klimatischen Bedingungen soll damit etwa eine aufkommende Verbuschung hintangehalten werden.

Die Höhe der Förderung liegt bei 20 Euro je ha Almweidefläche und Jahr, ist jedoch mit 20 ha gedeckelt. Ein großer Vorteil für Almen mit einem hohen Futterangebot ist, dass durch diesen Zuschlag nach entsprechender Darlegung im Almweideplan auch bis zu 2,4 RGVE/ha aufgetrieben werden können, statt der wie sonst im Rahmen der ÖPUL-Maßnahme Almbewirtschaftung definierten, maximalen 2,0 RGVE/ha. Damit kann die häufig im Frühjahr üppig vorhandene Vegetation auf Nieder- und Mittelalmen bestmöglich genutzt werden.

## MELDEERFORDERNISSE BEI EINEM ALMAUFTRIEB

Wichtig für den Erhalt von Almzahlungen ist die korrekte Meldung von gealpten Weidetieren. Meldepflichtig ist der Zugangsbetrieb, also der Almbewirtschafter bzw. Obmann bei einer Agrargemeinschaft oder der Bewirtschafter einer Weidefläche.

### Meldungen für gealpte Rinder

Bei der Verbringung von Weiderindern auf eine Alm ist in Österreich in der Rinderdatenbank online über das RinderNET-Portal der Agrarmarkt Austria eine Alm-/Weidemeldung innerhalb von 14 Tagen ab dem Auftriebstag vorzunehmen. Als Hilfestellung kann der Auftreiber mittels Vorschlagsliste die Tiere an die Alm zur Meldung übergeben. Bei der Meldung ist auch ein voraussichtliches Abtriebsdatum anzugeben.

### Meldungen für Schafe und Ziegen

Jeder Auf- und Abtrieb von Schafen/Ziegen ist in Österreich innerhalb von sieben Tagen ohrmarkenbezogen mit folgenden Angaben in der Alm-Auftriebsliste zu melden: Tierart, Ohrmarke, Geschlecht, Geburtsdatum, eventuell Kennzeichen gemolken, Auf- und (voraussichtliches) Abtriebsdatum.

Im Herbst ist das tatsächliche Abtriebsdatum für Rinder, Schafe und Ziegen zu melden, auch wenn dieses mit dem als „vorläufig gemeldetem Abtriebsdatum“ übereinstimmt. Dies erfolgt mittels Korrektur in der Almauftriebsliste.

### Meldung von gealpten Equiden und Neuweltkamelen

Der Auftrieb von Equiden (Pferde, Ponys, Esel) sowie von Lamas und Alpakas ist mit der Stückzahl auf der Alm-Auftriebsliste durch den Almbewirtschafter zu melden. Diese Meldung erfolgt in Österreich mit der Abgabe des Mehrfachantrages bis 15. April. Meist erfolgt jedoch eine Korrektur des Mehrfachantrages nach dem Almauftrieb, da dann die genaue Stückzahl der einzelnen Tierkategorien bekannt ist. Die Almauftriebsliste ist bis spätestens 15. Juli abzugeben.

## PRÄMIENFÄHIGKEIT AB 60 TAGEN

Eine Bestoßung durch die in der „Alm/Gemeinschaftsweide-Auftriebsliste“ angeführten Schafe, Ziegen, Equiden und Neuweltkamele sowie die in der „Alm-/Weidemeldung Rinder“ angeführten Rinder muss in Österreich an mindestens 60 Tagen erfolgen. Das Auftriebsdatum zählt dabei zur Weidedauer dazu, der Abtriebstag wird nicht mehr als Weidetag angerechnet. Die 60-tägige Mindestweidedauer muss nicht durch eine durchgängige Bestoßung einer einzelnen Alm erreicht werden, sondern kann beliebig lange unterbrochen werden. Es können auch mehrere Almen nacheinander bestoßen werden.

## DIE ALMFLÄCHE ALS GRUNDLAGE VON ALM-ZAHLUNGEN

In den letzten Jahrzehnten hat sich die Nutzung der Almflächen stark verändert. Während die Gesamtzahl der Almen und die Anzahl der gealpten Tiere relativ stabil oder nur leicht rückläufig geblieben sind, war die Almfutterfläche, also die für die öffentlichen Zahlungen anerkannte Alm-Nettofläche, selbst ständig rückläufig.

Die Entwicklung der Almfutterflächen ist in den vergangenen zwei Jahrzehnten das dominierende Themenfeld im Almbereich gewesen. Mit Beginn der Erhebung der Almfutterflächen um die Jahrtausendwende unter Hilfestellung der Agrarbezirksbehörden der Länder wurde in Österreich unter Anwendung des sog. „Almleitfadens" begonnen, die Almflächen zu bewerten. Der Almleitfaden wurde damals seitens des Landwirtschaftsministeriums mit der EU-Kommission ausverhandelt und sollte für die Festlegung der förderfähigen Almfutterfläche für weitere rund zwei Jahrzehnte gültig sein. Mit Beginn der verpflichtenden Digitalisierung der Almflächen ab dem Jahr 2007 konnte unter Zugrundelegung von neueren Orthofotos und durch Hilfestellung der Landwirtschaftskammern die Flächenermittlung verbessert werden. Bei den diversen Flächenfeststellungen hat sich die Almfutterfläche stets verringert, da sie nun auch genauer ermittelt werden konnte. Meist beruhte die genauere Beurteilung auf der Vorlage von mittlerweile hochauflösenden Luftbildern (Farb-Orthofotos).

Die strengen Kontrollen des Technischen Prüfdienstes der Agrarmarkt Austria ab dem Jahr 2009 und die Einführung eines „Nicht-LN-Faktors" im Jahr 2010 zur besseren Bewertung von baumfreien Flächen hat ebenfalls zu einer starken Verringerung der anerkennbaren Almfutterflächen geführt. Mit der Umstellung der Flächenermittlung durch die Referenzierung der Flächen durch die Agrarmarkt Austria im Jahr 2015 und weiterer Verbesserung der Schlagdigitalisierung auf Grundlage von in regelmäßigen Abständen neu vorliegenden Orthofotos, hat sich die beantragte Almfutterfläche weiter ständig verringert. Hauptgrund war der wesentlich detailliertere Informationsgehalt der hochauflösenden Orthofotos mit einer Pixelgröße von 25 cm x 25 cm.

Der zu beobachtende Rückgang der beihilfefähigen Almfutterflächen ist jedoch nicht nur auf eine genauere Erhebung/Digitalisierung der Flächen zurückzuführen. Auch die Umwandlung von günstig gelegenen Almen in Heimbetriebsflächen sowie vereinzelt eine Auflassung der Almbewirtschaftung oder Verzicht auf eine Antragstellung im Förderregime hat zum Herausfall von Almflächen und damit zur Reduktion der Almfutterflächen geführt.

**Wesentliche Punkte, welche die Entwicklung der Almfutterflächen beeinflussen:**

- Verringerung der Anzahl bewirtschafteter bzw. im Invekos beantragter Almen
- Umwandlung von Almflächen in Heimbetriebsflächen
- Vermurungen und Lawinenabgänge
- Aufforstungen und Zunahme der Überschirmung
- Herausnahme aus der Landwirtschaftlichen Nutzung
- Neue Mess- und Bewertungsmethoden
- Vorlage aktueller, hochauflösender Luftbilder

## Neue Almflächenfeststellung ab 2023

Ab dem Jahr 2023 wurde die Almflächenfeststellung in Österreich nach einer langen Pilot- und Testphase völlig neu aufgestellt. Ziel dieser Umstellung war einerseits, die häufig subjektive Flächenfeststellung durch eine objektive Beurteilung österreichweit zu vereinheitlich und andererseits sollte ein stabiles Flächensystem aufgebaut werden.

### Grundsätze der Almflächenfeststellung ab dem Jahr 2023

Der Antragsteller ist im neuen System lediglich für die Bekanntgabe der Bewirtschaftungsgrenzen (Feldstücksgrenze) verantwortlich. Hier ist zu beachten, dass Flächen, zu welchen gealpte Tiere keinen Zugang haben, beim Feldstück bereits herausgenommen werden müssen!

Es erfolgt keine Schlagdigitalisierung mehr! Die Agrarmarkt Austria hat automatisch neue Segmente mit einheitlichen Strukturen ermittelt.

Die Überschirmung der Flächen wird aus aktuellen Laserscanning-Daten automatisch ermittelt. Es wird der Bewuchs mit mehr als 3 m Wuchshöhe berücksichtigt. Baumgruppen bzw. überschirmte Flächen unter 200 $m^2$ verbleiben bei der Almweidefläche und werden nicht abgezogen. Beträgt die Überschirmung eines Segmentes mehr als 80 %, erfolgt keine Anerkennung der Flächen als Almweidefläche. Eine Besonderheit ist die sogenannte „Lärchenweide“. Diese kann für Flächen mit Lärchen, Ahorn oder anderen Baumarten, die eine vollständige Beweidung zulassen, angesetzt werden. Die ermittelte Überschirmung wird hier nur zu 10 % in Abzug gebracht.

Der Bodenbewuchs wird in Zehn-Prozent-Schritten als LN (landwirtschaftliche Nutzfläche) im sogenannten Pro-Rata-System berücksichtigt. Zu den Gräsern, Kräutern und Leguminosen werden auch eine krautige Vegetation mit nicht verholzten Pflanzen und Feuchtstandorte mitberücksichtigt. Nicht zur LN zählen verholzte Vegetation wie Latschen oder Erlen, unproduktive Flächen wie Geröllhalden, Wasserflächen sowie Straßen/Wege und Gebäude.

Völlig neu ist die Anerkennung von „Biodiversitätsflächen“ auf Almen. Zeigt sich der überwiegende Teil einer Fläche (zumindest 80 %) als „grüne Fläche“, wird die verbliebene Fläche nach Abzug „Überschirmung“ als „Biodiversitätsfläche“ mit 10 % LN-Anteil berücksichtigt.

Grundsätzlich soll diese neue Flächenbeurteilung eine hohe Rechtssicherheit über die gesamte Förderperiode und darüber hinaus bewirken. Auch die Flächenkontrollen wurden mit diesem System bereits stark eingeschränkt. Bereits im ersten Jahr nach Einführung dieser neuen Bewertungsmethode hat sich gezeigt, dass es mehr förderbare Flächen und auch ein stabiles Flächenregime gibt.

## Kommentar
*Von Alois Kiegerl*

Sehr häufig bekomme ich von unseren Auftreibern die Frage gestellt: „Wie viele Zahlungen bekomme ich den dadurch, dass ich Tiere auf die Alm bringe?“ Wie die vorhergehenden Ausführungen zeigen, ist diese Frage nur sehr schwer zu beantworten. Es wäre sehr hilfreich, wenn die AMA das in ihren Auszahlungsinformationen vorrechnen könnte. Einmal bekamen wir aber einen recht klaren Überblick, um welche Summen es hier geht. Durch einen Bearbeitungsfehler erhielten sämtliche Mitglieder unserer Weidegemeinschaft diese Gelder bei der Hauptauszahlung nicht überwiesen, sondern erst zeitlich verzögert zu einem gesonderten Termin. In diesem Jahr wussten alle ganz genau, welchen monetären Wert der Almauftrieb für ihren Betrieb hat!

Faktum ist aber, dass eine Almwirtschaft ohne öffentliche Gelder nicht umsetzbar ist und die entsprechenden Verhandlungen darüber werden von uns Almbauern immer mit großem Interesse verfolgt. Zwar sind die Absichtserklärungen in Richtung Almwirtschaft immer sehr positiv, aber genau weiß man es immer erst, wenn das Geld am Konto ist. In der aktuellen Förderperiode ist durch das ÖPUL-Naturschutz-Programm für Almen wieder eine deutliche Verbesserung gelungen. Wenn es all diese Mittel in vergleichbarer Höhe, inklusive einer Anpassung an die Inflation, in der nächsten Periode auch wieder gibt, wäre zumindest dieses Thema für uns vorerst erledigt.

# ALLES, WAS RECHT IST

*Von Franz Bergler*

Damit das tägliche Zusammenleben überhaupt möglich ist, sind Regeln notwendig. Auf einem so vielfältigen Gebiet wie der Alm- und Bergregion sind eine Reihe von Gesetzen erforderlich. Für die Umsetzung und Einhaltung der Gesetze gibt es Behörden und Gerichte.

**Gesetze für die Bewirtschaftung der Alm- und Bergregion**
Landwirtschaftliches Bringungsrecht, Forstwirtschaftliches Bringungsrecht, Raumordnungsgesetz, Baugesetz, Naturschutzgesetz, Wassergesetz und Almgesetz.

## WEGEFREIHEIT IN DER ALM- UND BERGREGION

Einem sehr großen Irrtum unterliegen jene Personen, die annehmen, dass oberhalb der Waldgrenze alles Ödland ist und dieses von jedermann betreten werden kann. In den Ländern Steiermark, Salzburg, Kärnten und Oberösterreich gibt es Landesgesetze, die diese sogenannte „Wegefreiheit" im Ödland einschränken.

Von der Wegefreiheit ausgenommen sind laut den Landesgesetzen in der Steiermark alle landwirtschaftlichen Gebiete (Almen und Weiden), in Salzburg ebenfalls Weide- und Almgebiete, wenn Schäden entstehen, in Oberösterreich im Weidegebiet und in Kärnten im Weide- und Mähgebiet. In Vorarlberg gibt es eine Wegefreiheit im unproduktiven Gebiet, dies wird im Gesetz über den Bau und der Erhaltung öffentlicher Straßen (§ 25 Vorarlberger Straßengesetz 1968) geregelt. Auch hier gilt der Grundsatz, dass kein Schaden verursacht und Vieh nicht belästigt werden darf.

In den Ländern Niederösterreich und Tirol gibt es keine Wegefreiheitsgesetze und daher im Prinzip keine Grundlage für das Gebrauchsrecht Wege in der Alm- und Bergregion zu benützen.

Das Radfahren ist im Alm- und Weidegebiet nur auf den dafür ausgewiesenen Wegen erlaubt. Der Wegerhalter wird durch die sogenannte „Freizeitpolizze" (meistens durch das Land abgedeckt) im Falle eines Vorfalles schadlos gehalten. Trotzdem hat der Wegerhalter die Pflicht, den Weg so freizuhalten, dass keine Bäume oder andere Teile aus Stein/Erde auf den Weg fallen können. Bei Naturereignissen wie Lawinen, Sturm, Wasser und Murenabgängen haftet der Wegerhalter natürlich nicht.

## WASSERRECHT

Im Wasserrechtsgesetz (WRG) wird sowohl die Wasserversorgung als auch die Abwasserentsorgung geregelt. Sämtliche Errichtungen werden in einem Projektverfahren (Bezirkshauptmannschaft) abgewickelt und erst ein positiver Bescheid berechtigt die Errichtung einer Wasserversorgungs- oder Abwasserentsorgungsanlage.

## BAUGESETZ UND RAUMORDNUNGSGESETZ

Sämtliche Bauten auf der Alm, die überwiegend im Freiland liegen, müssen bei der zuständigen Baubehörde (in Ö: 1. Instanz Bürgermeister und 2. Instanz Gemeinderat) angemeldet bzw. bauverhandelt werden. Als Einreichunterlagen müssen ein Bauplan, eine Baubeschreibung und ein Lageplan (von einer befugten Person – Architekt oder Baumeister) vorgelegt werden. In der Regel holt sich die Baubehörde (Bauamt) im Zuge eines Amtshilfeverfahrens ein Gutachten von der Agrarbezirksbehörde bezüglich der Erforderlichkeit des Gebäudes für den Almbetrieb ein.

## NATURSCHUTZGESETZ

Befindet sich die Alm in einem Naturschutzgebiet(Natura-2000-Gebiet oder Europaschutzgebiet) muss für bestimmte Tätigkeiten auf der Alm wie Wegebau, Gebäudeerrichtung, Errichtung von Wasseranlagen, Abwasseranlagen und Stromversorgungsanlagen eine Genehmigung (Bescheid) von der Bezirkshauptmannschaft (oder Amt der Landesregierung) eingeholt werden.

## ALMGESETZ

Das Almgesetz regelt die Form der Bewirtschaftung der Almen. Im Prinzip geht es in den Ländergesetzen um die Erhaltung der Almen. Die in Österreich zuständige Behörde ist die Agrarbezirksbehörde oder das Amt der Landesregierungen. In jedem Land gibt es einen Ansprechpartner (Almbeauftragten oder Alminspektor). Er/Sie ist der „Anwalt“ der Almen und regelt viele Angelegenheit meistens als Mediator. Natürlich muss als Behörde immer eine Entscheidung getroffen werden.

## BRINGUNGSRECHT

Um eine zeitgemäße Erschließung der Almen zu erreichen, gibt es das Bringungsrecht. Almen können sowohl mit Wegen als auch mit Seilbahnen erschlossen werden. Beide Möglichkeiten werden im Bringungsrecht geregelt. Zuerst wird geprüft, ob eine Bringung unbedingt erforderlich ist. Das ist in der Regel der Fall. Es gibt jedoch auch Grenzen, das ist zum Beispiel ein zu starker Eingriff in die Natur. Für beide Erschließungsvarianten muss ein technisches Projekt von einer befugten Institution erstellt werden. Das Projekt wird von der zuständigen Behörde (in Ö: landwirtschaftliches Bringungsrecht die Agrarbehörde bzw. forstwirtschaftliches Bringungsrecht die Bezirkshauptmannschaft) verhandelt und endet mit einem Bescheid. Nur ein positiver

Bescheid berechtigt zum Bau einer Bringungsanlage (Weg oder landwirtschaftliche Seilbahn).

## FORSTLICHE BRINGUNGSANLAGEN

Zu den forstlichen Bringungsanlagen zählen die Forststraße und die Seilförderanlagen. Im Zuge einer Erschließung wird in der Regel im Wald eine Forststraße errichtet. Die in Österreich zuständige Behörde ist die Bezirkshauptmannschaft. Im Grenzbereich, das ist der Übergang vom Wald auf das Almgebiet ist in der Regel ein Wegabschnitt im Wald, der für die Bewirtschaftung des Waldes nicht mehr erschließungswürdig ist. Dieser Teil des Weges wird als Almweg projektiert. Dabei handelt sich um Wald, der einer anderen Nutzung zugeführt wird. Auf diesem Teil des Waldes ist daher eine Rodungsverhandlung erforderlich, da aus Wald ein Nichtwald wird. Das ist deshalb erwähnenswert, weil für die Rodung eine Ersatzmaßnahme erforderlich ist. Wald ist laut Forstgesetz als Wald zu erhalten. Wird Waldboden in eine andere Nutzungsart übergeführt (besonderes öffentliches Interesse), ist der Verlust des Waldbodens durch Ersatzmaßnahmen wie Aufforstung auszugleichen. Im Rodungsverfahren muss seitens der Almwirtschaft in einem Gutachten nachgewiesen werden, dass das öffentliche Interesse für die Almbewirtschaftung höherwertig ist als das öffentliche Interesse an der Walderhaltung. Was sehr kompliziert klingt, ist aber tägliches Brot der Almwirtschaftler. Der Projektant bzw. in der Regel der Almbeauftragte muss gute Daten und Fakten in der Hand haben, damit dieses öffentliche Interesse für die Almbewirtschaftung nachgewiesen werden kann. Hier sind betriebswirtschaftliche Überlegungen und auch der Zusammenhang vom Heimhof zum Almbetrieb wichtig. Es muss im Prinzip der Weiterbestand der Alm gefährdet sein, um heute noch einen Almweg (auch in der Übergangszone im Wald – Rodung) errichten zu können.

## VERWAHRUNGSPFLICHT NACH DEM ABGB

Die Verwahrungspflicht bezieht sich auf die Sorgfaltspflicht des Tierhalters, dass seine Tiere keine Schäden anrichten.

**Auf der Alm gelten sogenannte Standards für die Tierhaltung:**

- Eine generelle Einzäunung von Almflächen ist nicht erforderlich.
- Eine Einzäunung ist nur bei stark touristisch frequentierten Stellen erforderlich.
- Eine ständige Anwesenheit einer Aufsichtsperson ist nicht erforderlich.
- Das Anbringen von Hinweistafeln „Achtung Mutterkühe“ auf den Wanderwegen ist empfohlen.
- Auffällig aggressive Tiere müssen verwahrt werden (Einstallung oder Abtrieb)!
- Wichtig ist der Hinweis, dass das Führen von Hunden auf Weiden gefährlich ist.

Dieses Kapitel hat durch das Kuhurteil in Tirol besondere Brisanz. Nach diesem Vorfall, eine Besucherin mit Hund wurde von einer Mutterkuh tödlich verletzt, wurde im ABGB die Eigenverantwortung auf Almen im § 1320 verankert. Die Besucher von Almen und Weiden werden zu Eigenverantwortung verpflichtet und müssen die Verhaltensregeln auf Almen und Weiden einhalten.

### Zehn Verhaltensregeln für den Umgang mit Weidevieh auf Almen

Herausgegeben vom Bundesministerium für Land- und Forstwirtschaft, Wien, 2023

» Kontakt zum Weidevieh vermeiden, Tiere nicht füttern, sicheren Abstand halten!
» Ruhig verhalten, Weidevieh nicht erschrecken!
» Mutterkühe beschützen ihre Kälber. Begegnung von Mutterkühen und Hunden vermeiden!
» Hunde immer unter Kontrolle halten und an der kurzen Leine führen. Ist ein Angriff durch ein Weidetier abzusehen: Sofort ableinen!
» Gekennzeichnete Wander- und Radwege nicht verlassen!
» Wenn Weidevieh den Weg versperrt, mit möglichst großem Abstand umgehen bzw. umfahren, allenfalls das Rad schieben!
» Bei Herannahen von Weidevieh: Ruhig bleiben, nicht den Rücken zukehren, den Tieren ausweichen!
» Schon bei ersten Anzeichen von Unruhe der Tiere Weidefläche zügig verlassen!
» Zäune sind zu beachten! Falls es ein Tor gibt, dieses nutzen, danach wieder gut schließen und Weide zügig queren!
» Begegnen Sie den hier arbeitenden Menschen, der Natur und den Tieren mit Respekt!

Diese Rubrik ist ein praxisbezogener unvollständiger Überblick und Auszug aus dem Rechtswesen der Almwirtschaft und hat daher keinerlei Anspruch auf Vollständigkeit und Richtigkeit. Ein Rechtsanspruch kann nicht abgeleitet werden.

## DAS KUHURTEIL

*Von Rudolf Grabner*

### Weidetiere: Klarstellung bei Schadensforderungen sorgt für Aufatmen bei den Almbauern

Die Entscheidung des Obersten Gerichtshofs vom 22. April 2025 bringt Klarheit und lässt die Bäuerinnen und Bauern aufatmen. In der Entscheidung wurden Schadensansprüche nach einer Kuhattacke abgewiesen.

### Eigenverantwortung der Wanderer

Der § 1320 des ABGB wurde 2019 nach dem damaligen Tiroler Kuhurteil geändert. Die erforderliche Verwahrung, die Kennzeich-

Kühe können gefährlich werden. Viele Wanderer unterschätzen die Gefahr trotz Warnschildern. Foto: Rudolf Grabner

nung von Wanderwegen durch Weide- oder Almgebiete und die Eigenverantwortung der Wanderer wurde neu geregelt. Auf den ersten Blick war der Nutzen für die Landwirtschaft nicht erkennbar und die Regelung wurde als unzureichend angesehen. Aber das letzte Urteil des OGH zeigt eindeutig, dass die Eigenverantwortung der Wanderer im Vordergrund steht und der Landwirt nur in besonderen Fällen verantwortlich ist.

### Auffällige oder aggressive Tiere nicht auftreiben

Der OGH hält fest, dass es immer wieder auf den einzelnen Fall ankommt. Der Tierhalter hat bei der Beaufsichtigung und Verwahrung der Tiere zu beurteilen, ob ein Tier gefährlich ist und ob jemand durch dieses spezielle Verhalten eines Tieres gefährdet sein könnte. Eine Haftung für den Tierhalter tritt nur dann ein, wenn der Tierhalter ein aggressives Verhalten eines Tieres oder mehrerer Tiere erkennt und dann die von ihm erwartete Verwahrungspflicht nicht erfüllt. Das könnte passieren, wenn ein Tierhalter ein Tier auf die Weide oder Alm auftreibt, das schon zuhause auffällig wurde und ihn oder Familienangehörige im Stall oder am Hof attackiert hat.

### Kühe stellen im Allgemeinen keine Gefahr dar

Eine Abzäunung eines Wanderweges ist weder üblich noch zumutbar und auch nicht erforderlich, weil Kühe oder Rinder im Allgemeinen keine Gefahr für den Menschen darstellen. Es gibt aber Situationen, wo im Einzelfall doch besondere Maßnahmen notwendig sind. So zum Beispiel sind Tiere, die ein aggressives Verhalten zeigen, vom Weg fernzuhalten. Aber auch im Bereich von stark frequentierten Straßen, Parkplätzen oder Seilbahnstationen muss die Verwahrung von Tieren besonders sorgfältig erfolgen und hier kann im Einzelfall auch eine Auszäunung notwendig sein.

### Bedeutung für Wanderer

Das Urteil verdeutlicht, dass Wandernde grundsätzlich eigenverantwortlich handeln und die Warnhinweise vor Ort beachten müssen. Auf Almen und Weideflächen müssen Wandernde jederzeit mit freilaufenden Alm- und Weidetieren rechnen und entsprechend Acht geben. Besonders bei Mutterkühen mit Kälbern ist erhöhte Vorsicht geboten, da der Schutzinstinkt der Tiere gegenüber ihren Kälbern hier besonders ausgeprägt ist. Ein aufmerksames Verhalten hilft, potenzielle Gefahren, wie Unruhe in der Herde, frühzeitig zu erkennen, angemessen zu reagieren und gegebenenfalls Abstand zu halten.

### Bedeutung für Almbauern und -bäuerinnen

Almbauern und -bäuerinnen sind nicht verpflichtet, Wanderwege auf Weiden und Almen auszuzäunen. Sofern die Tiere keine auffällige Gefährlichkeit aufweisen und die Weidehaltung im Gebiet ortsüblich ist, genügt es, Warnhinweise anzubringen. Zusätzliche Sicherheitsmaßnahmen sind nicht erforderlich. In stark frequentierten Gebieten könnte eine erhöhte Sorgfaltspflicht bestehen. Es ist angebracht, hier spezielle Verwahrungen einzurichten oder zusätzliche Schilder gut sichtbar zu montieren, um Risiken frühzeitig einzudämmen und Besucher und Besucherinnen zu informieren.

Achtung Weidevieh: Diese Tafel ist bei Mutterkuhherden unumgänglich und empfiehlt sich für alle Weiden und Almen, wo Wanderwege durchführen. Quelle: LKÖ

## Achtung Weidevieh

Seit der Änderung des Haftungsrechtes von 2019 ist diese Tafel ein wichtiger Bestandteil für alle Weiden und Almen. Im letzten Urteil des OGH wird ausdrücklich auf dieses Warnschild verwiesen. Im betreffenden Fall war das Warnschild am Beginn eines Almweges aufgestellt und weist darauf hin, dass Kühe ihre Kälber schützen und dass Hunde anzuleinen sind.

**Tipp**
Sie können diese Tafeln bestellen unter: Steirischer Almwirtschaftsverein per E-Mail rudolf.grabner@lk-stmk.at (Kosten: 10 € pro Tafel)

## Kommentar
*Von Alois Kiegerl*

Es ist mir ein Bedürfnis über eine Begebenheit zu schreiben, welche sich am 6. Juli 2025 auf der Bärntalweide ereignete. Dort ging am Morgen ein Wanderer mit seinem Dalmatiner-Hund über den Weg von der Weinebene zur Grillitsch-Alm und passierte dabei die oberhalb des Weges in sehr großer Entfernung grasende Rinderherde. Diese bestand recht bunt gemischt aus ca. 140 Tieren – Kalbinnen und Mutterkühe mit ihren Kälbern. Der Weg führt auf einer Länge von ca. 1 km durch die Weide und verfügt auf einer Seite über einen stromführenden Zaun, der aus einem gespannten 2,5 mm dicken Stahldraht besteht. Dabei bellte der Hund unablässig sehr aggressiv in die Richtung der zu diesem Zeitpunkt noch grasenden Rinder. Nachdem der Wanderer zwei Drittel des Weges geschafft hatte, ließen sich die Rinder durch das Bellen dazu verleiten, den Hund zu verfolgen – und zwar nicht eines der Tiere, sondern nahezu alle!

Der Wanderer beschleunigte den Schritt und schaffte es durch die Pforte in die nächste Weide zu gelangen, wo er ohne anzuhalten weiter ging. Das Nachsehen aus dieser Situation hatte beinahe eine junge Familie mit zwei kleinen Kindern, welche sich unmittelbar hinter dem Wanderer auf dem Weg befand und sich nur durch die Flucht auf Felsen und hinter Bäume retten konnte.

Da das Gelände an dieser Stelle relativ steil ist, konnte die einmal in Fahrt geratene Herde nicht mehr anhalten, durchstieß den Weidezaun und galoppierte mehrmals durch die gesamte darunter liegende Koppel. Der inzwischen herbeigeeilte Halter versuchte die Herde zwar abzustoppen, konnte aber auch nur die Flucht antreten. Völlig in Panik, mit herausgesteckten Zungen krachte die Herde mehrmals durch das Unterholz und war nicht zu beruhigen. Ein paar Tiere sprangen über den Zaun in Richtung Nachbarweide Weinebene.

Nachdem einige Zeit vergangen war, begutachteten der Halter und ich den Ort des Geschehens und konnten es gar nicht glauben, dass Gott sei Dank niemand zu Schaden kam. Als wir am Abend gemeinsam versuchten, die Tiere aus der Nachbarweide zurückzutreiben, waren diese noch immer merkbar aufgeschreckt und bei einem Tier gelang das erst nach ein paar Tagen.

Mein Fazit aus diesem Ereignis (und vielen anderen) ist, dass es völlig unverantwortlich ist, dass Hunde in der Weidesaison auf die Alm dürfen. Hier fordern viele Almbewirtschafter zu Recht eine Korrektur der nicht eindeutigen Gesetzeslage zu Gunsten der Alm- und Weidewirtschaft. Es ist nicht auszudenken, was hier Schlimmes passieren hätte können!

## ALMAUSSCHANK

*Von Rupert Mayr*

### Für eine Finanzamtsprüfung gut gewappnet?

Das Finanzamt prüft immer wieder schwerpunktmäßig den Almausschank. Beim Verabreichen von Speisen und dem Ausschank von Getränken durch Landwirte auf der Alm gibt es einiges zu beachten – besonderes Augenmerk gilt dabei den Aufzeichnungs- und Meldepflichten.

#### Almausschank als landwirtschaftliches Nebengewerbe

Aus gewerberechtlicher Sicht fällt der sogenannte Almausschank in Österreich unter die landwirtschaftlichen Nebengewerbe und damit nicht in den Anwendungsbereich der Gewerbeordnung (GewO). Folglich benötigt ein Land- und Forstwirt für den Almausschank keine Gewerbeberechtigung. Genau versteht man unter Almausschank die Verabreichung und das Ausschenken selbsterzeugter Produkte sowie von ortsüblichen, in Flaschen abgefüllten Getränken im Rahmen der Almbewirtschaftung.

#### Verabreichen und Ausschenken

Unter Verabreichen und Ausschenken wird jede Vorkehrung oder Tätigkeit verstanden, die darauf abgestellt ist, dass Speisen oder Getränke an Ort und Stelle genossen werden. Beim Almausschank geht es insbesondere um das Schneiden von Brot, Speck oder Käse in verzehrfertige Portionen sowie die Bereitstellung von Geschirr, Besteck und Gläsern, um die angebotenen Speisen und Getränke vor Ort konsumieren zu können. Nicht unter den Begriff Verabreichung oder Ausschank fällt daher der bloße Verkauf von Produkten auf der Alm wie beispielsweise ein verpacktes Stück Almkäse oder Milch im geschlossenen Behältnis.

#### Selbsterzeugte Produkte

Erlaubt sind alle Speisen und Getränke, solange sie selbst erzeugt sind. Die Erzeugung muss durch den Almbewirtschafter selbst oder durch dessen Personal erfolgen. Wichtig ist hierbei, dass der Erzeugungsvorgang selbst nicht auf der Alm erfolgen muss, sondern zweifelsfrei auch im landwirtschaftlichen Betrieb oder an einem sonstigen Ort vorgenommen werden

Genuss mit Aussicht – selbsterzeugte Speisen und Getränke schmecken auf der Alm besonders gut. Foto: Karin Ch. Taferner

kann. Folglich ist es unschädlich, wenn ein Landwirt den Speck für die „Brettljause" am Hof selcht und nicht auf der Alm. Kauft ein Land- und Forstwirt jedoch beispielsweise den Speck zu und verabreicht ihn an die Gäste, so ist dies im Rahmen des landwirtschaftlichen Almausschanks gewerberechtlich nicht zulässig, da er diesen nicht selbst erzeugt hat.

### Ortsübliche, in Flaschen abgefüllte Getränke

Neben den selbsterzeugten Getränken wie z. B. Milch, Buttermilch oder Fruchtsäften dürfen beim Almausschank auch (zugekaufte) ortsübliche, in Flaschen abgefüllte Getränke ausgeschenkt werden. Das Kriterium der Ortsüblichkeit ist erfüllt, wenn diese auch in der regionalen Gastronomie angeboten werden. Zweifelsfrei fallen darunter wohl Mineralwasser, Cola, Bier, Kracherl (kohlensäurehältige, alkoholfreie Säfte), Holundersaft und sonstige Säfte. Da es sich um Ausschank handelt, kann auch glasweise aus der Flasche verkauft werden, jedoch ist der Verkauf von Fass- oder Dosenbier keinesfalls durch den Almausschank gedeckt!

### Im Rahmen der Almbewirtschaftung

Im Rahmen der Almbewirtschaftung bedeutet, dass Vieh auf der Alm gehalten werden muss. Lediglich Heu auf der Alpe zu lagern oder solches von der Alm zu beschaffen ist keine Almbewirtschaftung. Zudem fällt eine reine Heuwiese nicht unter den Almbegriff.

### Steuerliche Zukaufsregel

Wie für den land- und forstwirtschaftlichen Betrieb bzw. Betriebsteil gilt auch für den Almausschank die sogenannte Zukaufsregel. Gemäß dieser darf der Einkaufswert zugekaufter Erzeugnisse nachhaltig 25 % des Umsatzes nicht übersteigen, da sonst ein Gewerbebetrieb vorliegt. Um die Höhe des Zukaufs feststellen zu können, müssen die Einkaufsrechnungen für zugekaufte Produkte aufbewahrt werden.

Betreibt ein Land- und Forstwirt im Rahmen seiner Almbewirtschaftung einen Almausschank und erzielt daraus einen Netto-Umsatz (inklusive Zukaufsware) von beispielsweise 20.000 €, dann darf der Einkaufswert des Zukaufes (z. B. Bier, Cola, usw.) nachhaltig nicht mehr als 5.000 € betragen, da sonst ein Gewerbebetrieb vorliegt.

### Einkommenssteuer

Der Gewinn aus Almausschank ist gemäß der Pauschalierungsverordnung gesondert durch Einnahmen-Ausgaben-Rechnung zu ermitteln, wobei die Betriebsausgaben mit 70 % der Betriebseinnahmen (einschließlich Umsatzsteuer) anzusetzen sind.

Werden auf der Alm auch land- und forstwirtschaftliche Urprodukte verkauft (nicht verabreicht!), so fällt dies nicht unter den Almausschank und der Gewinn hieraus ist bei Vollpauschalierung mit 42 % des selbst bewirtschafteten Einheitswerts erfasst und nicht gesondert anzusetzen.

**Beispiel**

Ein Land- und Forstwirt betreibt im Rahmen seiner Almbewirtschaftung einen Almausschank. Der Umsatz aus dem Almausschank beträgt 20.000 € (inkl. USt). Die Betriebsausgaben sind mit 70 % der Betriebseinnahmen (14.000 €) anzusetzen. Folglich erzielt der Landwirt einen Gewinn von 6.000 €. Ist der Land- und Forstwirt verpflichtet eine Einkommensteuererklärung auszufüllen, so ist dieser Umsatz sowie der Gewinn im Steuerformular „Komb 24" einzutragen und in weiterer Folge auf das Formular „E1c" bzw. „E6c" zu übertragen.

### Steuerliche Unterordnung

Als land- und forstwirtschaftlicher Nebenbetrieb muss der Almausschank nach seiner wirtschaftlichen Zweckbestimmung zum land- und forstwirtschaftlichen Hauptbetrieb im Verhältnis der wirtschaftlichen Unterordnung stehen.

Die Unterordnung ist bei einem Almausschank als einzigem Nebengewerbe bzw. als einziger Nebentätigkeit ohne Nachweis anzuerkennen, wenn die Einnahmen (inkl. USt) 55.000 € („Topf 1") pro Jahr nicht übersteigen.

Werden noch andere Nebentätigkeiten wie beispielsweise Be- und Verarbeitung, Winterdienst oder Kulturpflege im ländlichen Raum neben dem Almausschank gemacht, wird die Unterordnung angenommen, wenn die land- und forstwirtschaftlich genutzte Grundfläche mindestens fünf Hektar bzw. die weinbaulich oder gärtnerisch genutzte Fläche mindestens ein Hektar beträgt und die Einnahmen (einschließlich Umsatzsteuer) aus den land- und forstwirtschaftlichen Nebenbetrieben bzw. -tätigkeiten 55.000 € (ebenfalls „Topf 1") nicht übersteigen. Dies bedeutet, dass die Einnahmen aus Almausschank, Be- und Verarbeitung, Winterdienst und Kulturpflege nur dann Einnahmen aus Land- und Forstwirtschaft darstellen, wenn sie zusammen 55.000 € („Topf 1") nicht überschreiten. Wird diese Unterordnungsgrenze überschritten, liegen für alle diese Nebentätigkeiten Einkünfte aus Gewerbebetrieb vor.

Einnahmen aus der bäuerlichen Nachbarschaftshilfe auf reiner Selbstkostenbasis (ÖKL Richtwerte) und ohne Verrechnung der eigenen Arbeitsleistung sind auf die obige 55.000 € Grenze („Topf 1") jedoch nicht anzurechnen. Für die Einnahmen aus der bäuerlichen Nachbarschaftshilfe auf reiner Selbstkostenbasis gibt es eine eigene 55.000 € Grenze („Topf 2").

Einnahmen aus der Privatzimmervermietung bis zehn Betten mit land- und forstwirtschaftlichen Nebenleistungen wie insbesondere Frühstück („Urlaub am Bauernhof") oder Einnahmen aus dem Betrieb einer Photovoltaikanlage sind auf keine der obigen Grenzen, also weder „Topf 1" noch „Topf 2", anzurechnen.

### Umsatzsteuerpauschalierung

Land- und forstwirtschaftliche Betriebe, deren Umsatz 600.000 € nicht übersteigt, sind bei der Umsatzsteuer grundsätzlich pauschaliert. Dies bedeutet, dass die Land- und Forstwirte für ihre Lieferungen und Leistungen 10 % oder 13 % USt (je nach Produkt an Nichtunternehmer) bzw. generell 13 % USt (an Unternehmer für deren Unternehmen) in Rechnung stellen müssen und diese behalten dürfen. Im Gegenzug steht ihnen jedoch für ihre Ausgaben kein Vorsteuerabzug zu. Da folglich weder eine Umsatzsteuerzahllast noch ein Vorsteuerüberschuss entsteht, entfällt grundsätzlich eine Verrechnung der Umsatzsteuer mit dem Finanzamt.

### Achtung Zusatzsteuer

Beim Ausschank von nicht alkoholischen oder alkoholischen Getränken wie Bier, Cola, Mineralwasser, Edelbrand, Likör, Traubenmost, Sturm, Sekt, Schaumwein oder diverser Fruchtsäfte (z. B. Hollersaft) im Rahmen des Almausschanks muss der umsatzsteuerpauschalierte Land- und Forstwirt zu den 10 % bzw. 13 % USt, die er (wie oben dargestellt) in Rechnung stellen und behalten darf, eine zusätzliche Steuer in Rechnung stellen. Diese nennt man dementsprechend Zusatzsteuer und muss an das Finanzamt abgeführt werden. Die Höhe der Zusatzsteuer beträgt 7 % der Bemessungsgrundlage, wenn das Getränk an einen Unternehmer für dessen Unternehmen und 10 % wenn es an einen Nichtunternehmer (privater Gast) ausgeschenkt bzw. verkauft wird. Der endgültige Umsatzsteuersatz beträgt folglich immer 20 % (10 % + 10 % oder 13 % + 7 %).

Damit die Zusatzsteuer korrekt an das Finanzamt abgeführt werden kann, muss der Landwirt separate Aufzeichnungen über die Getränkeeinnahmen (z. B. durch Zusammenrechnung korrekter „Strichlisten" mit Datum, jeweiliges Getränk, Einzelpreis und Anzahl) führen und Umsatzsteuervoranmeldungen (Formular U 30 – monatlich bei gesamtbetrieblichem Jahresumsatz über 100.000 €, ansonsten quartalsmäßig) sowie Umsatzsteuerjahreserklärungen (Formular U 1 – bis 30.04. des Folgejahres in Papierform bzw. 30.06. des Folgejahres über FinanzOnline) abgeben.

**Beispiel**

Ein umsatzsteuerpauschalierter Land- und Forstwirt verkauft im Rahmen seines Almausschanks Edelbrände um 1.200 € (inkl. 20 % USt) an private Gäste (Nichtunternehmer). Der eingenommene Betrag setzt sich aus 1.000 € netto zuzüglich 10 % pauschalierte Umsatzsteuer (100 €) und 10 % Zusatzsteuer (100 €) zusammen. Die pauschalierte Umsatzsteuer in Höhe von 100 € darf sich der umsatzsteuerpauschalierte Landwirt behalten. Lediglich die Zusatzsteuer in Höhe von ebenfalls 100 € ist an das Finanzamt abzuführen.

Registrierkasse und Belege

Für Umsätze, die in unmittelbarem Zusammenhang mit einer Almhütte getätigt werden, besteht bis zu einer Umsatzgrenze von 45.000 € (netto) im Kalenderjahr und pro Abgabepflichtigem weder Registrierkassen- noch Belegerteilungspflicht.

## Checkliste zu den Aufzeichnungs- und Meldepflichten

Damit die Prüfung durch das Finanzamt (oder auch die SVS) erfolgreich verläuft, müssen die rechtlich vorgeschrieben Aufzeichnungen nachvollziehbar vorhanden und Meldungen korrekt gemacht worden sein:

- Aufzeichnung des Gesamtumsatzes des Almausschankes für die Gewinnberechnung, die Unterordnungsprüfung, die Überprüfung der Zukaufsgrenze, die Prüfung, ob Registrierkassen- und Belegerteilungspflicht besteht und die SVS-Meldung
- Tägliche Erfassung der Einnahmen getrennt nach Speisen und Getränke
- „Strichlisten“ mit Datum, jeweiligem Produkt, Einzelpreis und Anzahl
- Einkaufsrechnungen zur Überprüfung der Zukaufsgrenze
- Abgabe der Umsatzsteuervoranmeldung (Formular U 30)
- Abgabe der Umsatzsteuerjahreserklärung (Formular U1)
- Meldung des Umsatzes bei der SVS bis 30. April des Folgejahres

Wer Speisen und Getränke auf Almhütten anbietet, muss die Aufzeichnungs- und Meldepflicht bei der Sozialversicherungsanstalt der Selbstständigen (SVS) beachten. Foto: Karin Ch. Taferner

## Sozialversicherung

Wenn sich ein Land- und Forstwirt dazu entschließt einen Almausschank zu betreiben, muss er der Sozialversicherungsanstalt der Selbständigen (SVS) den erstmaligen Beginn (sowie das Ende) dieser Tätigkeit innerhalb eines Monats melden. Unterbrechungen sind nicht zu melden.

Darüber hinaus sind auch die Einnahmen aus dem Almausschank der SVS bis spätestens 30. April des Folgejahres unaufgefordert zu melden und es besteht für diese eine gesonderte Beitragspflicht. Folglich müssen auch für die SVS die Einnahmen aufgezeichnet werden.

Für die erstmalige Meldung einer landwirtschaftlichen Nebentätigkeit sowie für die Meldung der Einnahmen gibt es eigene Meldeformulare, welche man auf der Homepage der SVS (www.svs.at) unter dem Reiter „Formulare & Anträge" abrufen kann.

Für die Beitragsgrundlagenermittlung sind die Bruttoeinnahmen des Almausschanks heranzuziehen. Von diesen wird dann ein Freibetrag in Höhe von 3.700 € in Abzug gebracht. Von dem sich so errechneten Wert werden in weiterer Folge pauschal 70 % als Betriebsausgaben abgezogen. Der verbleibende Betrag ist die jährliche Beitragsgrundlage. Durch Multiplikation mit dem derzeit gültigen Beitragssatz in Höhe von 25,70 % (bei Vollversicherung) ergibt sich die tatsächliche jährliche Vorschreibung der Beiträge.

Erzielt ein Landwirt beispielsweise Einnahmen aus Almausschank in Höhe von 10.000 € (inkl. USt), so werden 3.700 € als Freibetrag abgezogen. Von den verbleibenden 6.300 € werden 70 % abgezogen und es verbleiben 1.890 € als Beitragsgrundlage. Multipliziert man die 1.890 € nun mit dem gültigen Beitragssatz von 25,70 %, so ergeben sich die gesonderten Sozialversicherungsbeiträge in Höhe von € 485,73.

Werden auf der Alm auch land- und forstwirtschaftliche Urprodukte „über die Ladentheke" verkauft (nicht verabreicht!), so fällt dies nicht unter den Almausschank und die Einnahmen hieraus sind nicht zu melden.

# ALMWIRTSCHAFT IN ÖSTERREICH

## BERGMÄHDER

*Von Otto Hofer*

In Österreich gibt es rund 5.000 ha sogenannte Bergmähder, das sind Grünlandflächen im Gebirge, die regelmäßig – meist einmal pro Jahr im Sommer – gemäht werden. Das gewonnene Heu dient als zusätzliches Winterfutter für das Vieh und wird üblicherweise auf dem Heimbetrieb verfüttert. Mit gezielten Förderprogrammen ist es gelungen, das Flächenausmaß der Bergmähder in Österreich konstant zu halten bzw. sogar leicht zu steigern. Knapp 5.000 ha waren es 2023 laut Mehrfachantrag der AMA, im Jahr 2007 lag der Wert noch bei 4.300 ha. Das ist eine Steigerung von rund 15 %.

Die Mahd von Bergmähdern wird im ÖPUL entweder in der Maßnahme „Bewirtschaftung von Bergmähwiesen“ oder auch im Rahmen der Maßnahme „Naturschutz“ unterstützt. Im Falle der Maßnahme „Bewirtschaftung von Bergmähdern“ müssen die Flächen über der örtlichen Dauersiedlungsgrenze liegen (überwiegender Teil der Schlagfläche über 1.200 m Seehöhe) und aufgrund ihrer Hangneigung, Lage oder Erreichbarkeit schwierig zu bewirtschaften sein. Gefördert werden die Mahd mit Traktor je ha (350 €), die Mahd mit Motormäher (550 €) und die Mahd mit Sense (900 €). Im ÖPUL wurde die Mahd von Bergmähwiesen als eigenständige Maßnahme angeboten. 2023 wurden 2.556 ha – also die Hälfte der Flächen – von 1.655 Betrieben mit 1,32 Mio. Euro unterstützt. Ein Großteil der restlichen Bergmähder (2.100 ha) wird im ÖPUL mit der Maßnahme „Naturschutz“ gefördert. Die rund 1.000 Betriebe, die an dieser Maßnahme teilnahmen, erhielten in Summe 1,72 Mio. Euro.

### Wo liegen die Bergmähder?

Die Tradition der Bergmahd ist im Bundesland Tirol am meisten verbreitet: 65 % der Bergmähder liegen allein in diesem Bundesland, auf Kärnten entfallen 20 %, Salzburg kommt auf 8 % und den Rest teilen sich die Bundesländer Steiermark, Vorarlberg und Oberösterreich.

### Wie viele Betriebe mähen Bergmähder?

2023 wurde von 2.266 Betrieben Bergmähder bewirtschaftet. Dabei variiert der Umfang der Flächen je Betrieb beträchtlich: Rund 400 Betriebe mähen eine Fläche von unter einem halben Hektar (in Summe 112 ha), bei weiteren 440 Betrieben liegt die Fläche zwischen 0,5 und 1 ha (329 ha), den meisten Betrieben (2.787) fallen zwischen 1 bis 5 ha zu. Lediglich 10 %, bzw. 209 Betriebe, besitzen mehr als 5 ha, sie bewirtschaften über ein Drittel der Bergmähder (1.757 ha) in Österreich.

### Welchen Anteil an der landw. Fläche machen die Bergmähder bei diesen Betrieben aus?

Bei 500 Betrieben machen Bergmähder einen Anteil an der landwirtschaftlichen Fläche (LF) von bis zu 5 % aus, bei 1.000 Betrieben liegt er zwischen 5 und 25 %, bei weiteren 500 Betrieben liegt der Bergmähder-Anteil an der LF zwischen 25 und 50 % und bei 200 Betrieben liegt er sogar über 50%. Es gibt auch rund 25 viehlose Betriebe, die ausschließlich Bergmähder (140 ha) bewirtschaften. Auch haben 44 Gemeinschaftsalmen Bergmähder bei ihren Flächen dabei (111 ha).

### Welche weiteren Besonderheiten weisen Betriebe mit Bergmähdern auf?

» Über 80 % der Betriebe sind in der Erschwernisgruppe 3 und 4.
» Fast 85 % der Betriebe treiben Vieh auf Almen auf.
» Fast 10 % der Betriebe mit Bergmähdern halten kein Vieh.
» Der Anteil der Biobetriebe liegt bei 27 % und damit über dem Österreich-Schnitt (23,1 %).
» Der Anteil der Haupt- und Nebenerwerbsbetriebe ist in etwa gleich hoch.
» Die Hälfte der Betriebe bewirtschaftet mehr als 5 ha Forstflächen.
» Nach der Betriebsform sind 75 % als Futterbaubetriebe und fast 25 % als Forstbetriebe klassifiziert.

Bergmähder zählen zu den gefährdeten Lebensräumen Mitteleuropas. Sie sind ein besonderer Teil der Kulturlandschaft und mit ihrem Artenreichtum wichtig für die Biodiversität im Berggebiet. Foto: Andreas Bohner

# ALMWIRTSCHAFT IN VORARLBERG

*Martin Rusch*

In Vorarlberg werden Almen traditionell als „Alpen" bezeichnet. Sie sind ein über Jahrhunderte gewachsener Lebensraum, geprägt von der engen Beziehung zwischen Mensch, Tier und Natur. Gerade im westlichsten Bundesland Österreichs zeigt sich dies in der Alpwirtschaft – geprägt von harter, generationsübergreifender Arbeit, Bodenständigkeit und Beständigkeit.

Die Alpwirtschaft wird in Vorarlberg auch als das oberste Stockwerk der Landwirtschaft bezeichnet. Ihre Bedeutung ist entsprechend groß: Mehr als die Hälfte der landwirtschaftlichen Nutzfläche wird alpwirtschaftlich genutzt, rund 32.000 Hektar Alp-Futterfläche werden bewirtschaftet. Insgesamt gibt es 513 bewirtschaftete Alpen, etwa 60 % davon liegen im Bezirk Bregenz. Rund 40.000 Tiere verbringen jeden Sommer auf den Alpen.

Über 1.000 Älplerinnen und Älpler bewirtschaften jeden Sommer die Alpen des Landes. Rund 450 von ihnen sind als Fremdpersonal angestellt, und ein Großteil davon ist bemerkenswert jung: Etwa zwei Drittel sind zwischen 15 und 40 Jahre alt, ein weiteres Drittel ist über 40 Jahre alt und bringt wertvolle Erfahrung mit auf die Alpe. Zusätzlich verbringen über 100 Jungälplerinnen und Jungälpler zu Ausbildungszwecken den Sommer auf einer Vorarlberger Alpe.

Ein wesentlicher Erfolgsfaktor der Vorarlberger Alpwirtschaft ist das gut geschulte Alppersonal. Spezielle Alpsennkurse vermitteln fundiertes Wissen in der Milchverarbeitung, Tierhaltung und im Umgang mit den besonderen Anforderungen des Alpalltags. Eine zentrale Rolle spielt dabei das Bäuerliche Schul- und Bildungszentrum (BSBZ) als wichtige Ausbildungsstätte, in der Fachwissen, Praxis und Tradition miteinander verbunden werden

Rund ein Drittel der Vorarlberger Milchkühe wird gealpt, und etwa 90 % des aufgetriebenen Viehs stammt aus dem eigenen Bundesland. Von den 513 Alpen werden 122 als Sennalpen geführt – also Alpen, auf denen Milch gewonnen und weiterverarbeitet wird.

Charakteristisch für Vorarlberg ist die bis heute praktizierte Dreistufenlandwirtschaft, die von der UNESCO als immaterielles Kulturerbe anerkannt ist. Dieses System folgt dem natürlichen Rhythmus von Jahreszeiten und Vegetation in unterschiedlichen Höhenlagen. Den Winter verbringen Mensch und Tier im Tal am Heimbetrieb. Im Frühjahr zieht man auf das Vorsäß oder Maisäß in mittlerer Höhenlage, meist um etwa 1.000 Meter. Dort wird der Übergang vom Frühling in den Sommer genutzt, während die Talflächen geschont werden, um ausreichend Heu für den Winter zu sichern.

Das Vorsäß und Maisäß treten auch in Form kleiner, dörflicher Siedlungen auf, die entweder privat bewirtschaftet oder gemeinschaftlich genutzt werden. Typische Beispiele dafür sind Schönebach in Bezau, Vorderhopfreben und Hinterhopfreben in Schoppernau, Schalzbach in Schoppernau sowie Klausberg in Schwarzenberg.

Mit Beginn des Sommers erfolgt der Auftrieb auf die Hochalpen, meist über

1.200 Meter gelegen. Hier finden die Tiere kräuterreiche Weiden mit einer außergewöhnlichen Pflanzenvielfalt. Diese alpine Flora wirkt sich unmittelbar auf die Qualität der Milch aus: Der hohe Anteil an Kräutern und Gräsern führt zu einem besonders aromatischen Rohstoff, der die Grundlage für hochwertige Alpspezialitäten bildet.

Diese Form der alpinen Nutzung ermöglicht eine effiziente Futterverwertung, schont die Talflächen und stellt gleichzeitig eine nachhaltige Bewirtschaftung der Höhenlagen sicher. Sie ist damit ein Beispiel für eine Landwirtschaft, die sich an natürlichen Gegebenheiten orientiert – und nicht umgekehrt.

Einzigartig ist der hohe Anteil an Sennalpen in Vorarlberg, auf denen die Milch direkt vor Ort verarbeitet wird. Daraus entstehen traditionelle Produkte wie Alpbutter, würziger Alpkäse oder auch der bekannte „Sura Kees". Die handwerkliche Herstellung, der höhere Reifegrad und die besondere Futtergrundlage verleihen diesen Produkten eine hervorragende Qualität. Besonders bekannt sind die Hartkäsespezialitäten aus dem Bregenzerwald und dem Großen Walsertal. Im Montafon wird seit dem 12. Jahrhundert der „Sura Kees" hergestellt, eine fettarme Sauermilchspezialität mit langer Tradition. Auf 13 Alpen im Montafon wird der Sura Kees erzeugt und regional vermarktet. Im Jahr 2025 wurden in Vorarlberg rund 500.000 Kilogramm Alpkäse erzeugt.

Nach rund 80 Tagen auf der Hochalpe endet der Alpsommer. Beim traditionellen Alpabtrieb kehren die Tiere festlich geschmückt ins Tal zurück – ein Brauch, der tief in der regionalen Kultur verankert ist. Der Abstieg erfolgt meist stufenweise über das Vorsäß / Maisäß zurück zum Heimbetrieb. Dieser jährliche Kreislauf ermöglicht eine optimale Nutzung der verfügbaren Flächen und stellt gleichzeitig ein besonders nachhaltiges Bewirtschaftungssystem dar.

Alpwirtschaft im Dreistufenmodell in Vorarlberg: 1. Stufe: Heimbetrieb, 2. Stufe: Vorsäß/Niederalpe, 3. Stufe: Hochalpe über 1.200 m Seehöhe Quelle: Land Vorarlberg

Die Alpwirtschaft ist jedoch weit mehr als reine Lebensmittelproduktion. Sie ist ein zentraler Bestandteil der kulturellen Identität Vorarlbergs, ein Ort der Wissensweitergabe und gelebten Tradition. Gleichzeitig bildet sie eine wichtige Grundlage für den Tourismus: Gepflegte Landschaften, regionale Produkte und authentische Einblicke in das Leben auf der Alpe machen die Region für Einheimische und Gäste besonders attraktiv.

Vorarlberg macht damit sichtbar, dass die Zukunft der Alpen in der bewussten Weiterentwicklung und Stärkung bestehender Modelle liegt. Modelle, die auf kleinstrukturierter, familiengeführter Landwirtschaft, regionaler Verankerung und angepasster Bewirtschaftung beruhen.

# ALMWIRTSCHAFT IN TIROL

*Von Johann Jenewein*

Das Erscheinungsbild der Tiroler Berglandschaft ist sehr stark durch die Almwirtschaft geprägt. Aktuell werden 2.082 bewirtschaftete Almen gezählt, von denen insgesamt rd. 127.000 ha Almfutterfläche bewirtschaftet werden. Der Anteil der Almfutterfläche an der gesamten landwirtschaftlich genutzten Fläche des Landes von gerundet 227.000 ha beträgt 56 %. Durch die begrenzten Heimflächen stellt die almwirtschaftliche Fläche eine unverzichtbare Futtergrundlage für die Tiroler Berglandwirtschaft dar, denn dadurch kann das Futter des Heimbetriebes für die Wintermonate aufgespart werden. Dies wird auch daraus ersichtlich, dass 60 % der Tiroler Rinder gealpt werden bzw. 84 % der Tiroler Betriebe ihr Vieh zur Gänze oder zum Teil auf Almen auftreiben (Quelle: BML, AMA, INVEKOS-Daten). Neben dieser großen Bedeutung für die Tiroler Landwirtschaft, wirkt sich die Almwirtschaft durch ihre flächendeckende Ausdehnung über das gesamte Bundesland auch auf viele andere Wirtschafts- und Lebensbereiche, insbesondere den Tourismus, aus.

## Alpung von Milchkühen von großer Bedeutung

Besondere Bedeutung hat– trotz hohem Betriebsaufwand – die Alpung von Milchkühen. Von knapp 32.000 gealpten Milchkühen werden hochgerechnet etwa 45.000 t Almmilch produziert. Die Almmilch wird zu rd. 90 % an Talsennereien und -molkereien geliefert, 10 % werden auf der Alm zu Käse und Butter verarbeitet. Bei dem von der Agrarmarketing Tirol initiierten und betreuten Projekt „Almleben“, dabei werden Almsennereien fachlich betreut, beteiligen sich knapp 50 milchverarbeitende Almbetriebe, allein im Bezirk Landeck sind es 21 Almen. Viele der in diesem extre-

Almen spielen in Tirol sowohl für die Landwirtschaft als auch den Tourismus eine bedeutende Rolle.

Foto: Johann Jenewein

Tabelle: Anzahl der gealpten Tiere zwischen 2000 und 2024

| Jahr | Alle Rinder | Milchkühe | Pferde | Schafe* | Ziegen* |
|---|---|---|---|---|---|
| 2000 | 107.113 | 34.613 | 3.089 | 56.553 | 3.679 |
| 2005 | 108.323 | 33.927 | 3.240 | 52.075 | 3.474 |
| 2010 | 115.673 | 32.576 | 3.154 | 72.632 | 5.691 |
| 2015 | 112.161 | 32.098 | 3.089 | 65.777 | 5.691 |
| 2020 | 105.740 | 30.963 | 3.570 | 64.324 | 6.883 |
| 2024 | 108.031 | 31.643 | 3.468 | 61.447 | 7.047 |

Quelle: BML, AMA, INVEKOS-Daten, * Bis 2005 nur Tiere über 1 Jahr

men Bergbauernbezirk befindlichen kleinstrukturierten landwirtschaftlichen Nebenerwerbsbetriebe treiben ihren gesamten Viehbestand auf Gemeinschaftsalmen auf. Sie erreichen damit auf den Heimbetrieben eine Arbeitsentlastung während der Sommermonate. Das Land Tirol unterstützt die Alpung von Milchkühen gemäß der Richtlinie für die Gewährung von Beihilfen zur Förderung der Milchkuhalpung. Damit sollen vor allem die kleinen und mittleren Melkalmen weiterhin in der Lage sein, die Milchkuhalpung aufrecht zu erhalten.

### Negativer Trend bei Schafalpung

Ein negativer Trend ist bei der Alpung von Schafen zu beobachten. Die Zahl der in Tirol gehaltenen Schafe stieg gegenüber dem Jahr 2020 mit 83.024 bis zum Jahr 2024 auf 86.937 Tiere an, die gealpten Schafe sanken im selben Zeitraum von 64.358 auf 61.447 Tiere. Der prozentuelle Anteil der gealpten an den gehaltenen Schafen sank somit von 78 % auf 71 %. Dies ist einerseits auf die steigende Bedeutung von Milchschafen in Tirol zurückzuführen, da hier Milchschafe in der Regel nicht gealpt werden. Für die rückläufige Entwicklung des Schafauftriebes sind vermutlich verschiedene Gründe ausschlaggebend, die im Detail nicht untersucht sind. Es kann aber mit Sicherheit davon ausgegangen werden, dass die Wiederansiedlung von Großraubtieren mit dem hohen Risiko für die Schafalpung ein ganz wesentlicher davon ist.

### Qualitätsprodukte von der Alm

Der Tiroler Almkäse/Tiroler Alpkäse g. U. ist EU-weit als traditionell auf Almen hergestellter Hartkäse aus roher Kuhmilch mit der Ursprungsbezeichnung (g. U.) geschützt. Seit mehreren Jahren wird die Almmilch von ausgewählten Almen durch eine Talsennerei separat gesammelt und als „Almmilch“ in den Handel gebracht. Ein sehr erfolgreiches Almlabel ist der Tiroler Grauviehalmochs, ein Markenfleischprogramm, das bereits seit dem Jahr 1992 besteht. Dabei müssen die Tiere mindestens einmal gealpt werden. Beteiligt sind hier vorwiegend Klein- und Kleinstbetriebe aus dem extremen Berggebiet, die traditionell Tiroler Grauvieh halten. Vor einigen Jahren wurde als weiteres Markenprogramm das „Tiroler Almrind“ erfolgreich eingeführt. Seit dem Jahr 2006 besteht die Qualitätsmarke „Tiroler Almschwein“ zur Verwertung der in den Almsennereien als Nebenprodukt anfallenden Molke. Bei diesem Projekt werden die ohnehin traditionell auf den Sennalmen gehaltenen Almschweine über einen Handelspartner als hochwertiges Markenfleisch vermarktet.

# ALMWIRTSCHAFT IN KÄRNTEN

*Von Ursula Karrer*

Mit rund 1.800 bewirtschafteten Almen zählt Kärnten zu den drei almreichsten Bundesländern Österreichs. Die zentrale Rolle der Alm- und Berglandwirtschaft im südlichsten Bundesland wird besonders durch die Tatsache, dass rund zwei Drittel der landwirtschaftlich genutzten Fläche sich im Berggebiet befinden, verdeutlicht.

Aufgrund der geografischen Gegebenheiten liegt das almwirtschaftliche Zentrum Kärntens in Ober- und Mittelkärnten – in der Region Hohe Tauern, Gailtaler Alpen, der Karnischen Region und dem Nockgebiet.

Die Höhenlage der Almen nimmt vom Westen Richtung Osten des Landesgebietes markant ab. Kärnten zeichnet sich durch einen überwiegenden Anteil an Mittelalmen aus. Sie sind typisch für die Bergregionen in Zentral- und Südkärnten. Rund ein Drittel der Almen sind als Hochalmen definiert. Ihr Schwerpunkt liegt im Bezirk Spittal an der Drau.

Auernigalm Foto: A. Kampfer

Die Eigentums- und Bewirtschaftungsverhältnisse sind für die Nutzung und Entwicklung einer Alm von entscheidender Bedeutung. Die Alm ist immer mit einem oder mehreren landwirtschaftlichen Betrieben (Agrargemeinschaft, Servitutsgemeinschaft) verbunden. Die Mehrheit der Almen (über 80 %) befindet sich im Einzeleigentum. Blickt man jedoch auf die almwirtschaftlich genutzte Fläche, so überwiegen die Agrargemeinschaftsalmen mit mehr als 50 % an der Gesamtfläche.

Die rund 143.000 ha Almfläche (knapp 52.000 ha Almfutterfläche im Jahr 2024) werden von 42.900 Rindern, 12.500 Schafen, 1.300 Ziegen und 1.800 Pferden gepflegt und offengehalten. Bezugnehmend auf den Gesamtrinderbestand in Kärnten verbringt etwa jedes vierte Rind den Sommer auf der Alm.

Der Strukturwandel in der Landwirtschaft bedingt u. a. die überwiegende Galtvieh- und Mutterkuhalpung. Viele viehhaltende Betriebe haben in der Vergangenheit aufgrund des hohen zeitlichen Aufwandes und der mit der Milchviehhaltung verbundenen Arbeitsintensität ihre Betriebe umstrukturiert. Diese Entwicklung ist auch bei den aufgetriebenen Viehkategorien der letzten Jahre ersichtlich.

Im Vergleich zu den westlichen Bundesländern ist die Sennereiwirtschaft von untergeordneter Bedeutung. Die traditionellen Almsennereien liegen im Gailtal und in der Region Hohe Tauern. Hier wird die Milch auf der Alm verarbeitet – nur ein geringer Teil wird ins Tal geliefert.

2024 waren 716 Personen auf den Kärntner Almen beschäftigt. Meist handelt es sich

Mutterkühe im Kleinelendtal bei Malta

um familieneigene Arbeitskräfte, welche sich während der Sommermonate um die Versorgung des Viehs kümmern.

Rund zwei Drittel der Almen werden aufgrund der überwiegenden Galtviehalpung und der guten Erreichbarkeit (der Erschließungsgrad über einen befahrbaren Weg liegt bei 95 %) nicht ständig behirtet. Vielerorts erfolgen das Nachschauhalten und die Versorgung des Viehs vom Heimbetrieb aus.

Rinder auf der Kaninger Wolitzenalpe in den Kärntner Nockbergen Fotos: A. Kampfer

## ALMWIRTSCHAFT IN SALZBURG

*Von Anita Seidl*

Die Almwirtschaft spielt im Bundesland Salzburg seit jeher eine bedeutende Rolle und kann als prägender Bestandteil einer sowohl traditionsbewussten als auch zukunftsorientierten Landwirtschaft angesehen werden.

Aktuell werden in Salzburg auf 1.746 Almen rund 65.881 ha Almfutterfläche aktiv bewirtschaftet, was in etwa 40 % der gesamten landwirtschaftlichen Nutzfläche des Bundeslandes entspricht. Im Jahr 2025 weideten auf Salzburgs Almen 2.959 Ziegen, 3.278 Pferde, 18.092 Schafe, 36 Zwergrinder und mit 64.562 Rindern in etwa 40 % des Salzburger Rinderbestandes.

Die Bedeutung der Almfutterfläche als unverzichtbare Futtergrundlage für Heimbetriebe wird insbesondere darin ersichtlich, dass insgesamt in etwa 56.651 GVE von 4.135 unterschiedlichen Auftreibern ihren Sommer auf Salzburgs Almen verbringen. Es treiben somit circa 60 % der tierhaltenden Betriebe im Bundesland Salzburg ihr Vieh zur Gänze oder zum Teil auf Almen auf – das geht aus den Daten des Bundesministeriums für Land- und Forstwirtschaft (BML), der Agrarmarkt Austria (AMA) sowie den INVEKOS-Daten hervor.

Die Alpung von Milchkühen spielt neben Tirol und Vorarlberg in Salzburg ebenfalls eine wesentliche Rolle. Die Anzahl der gealpten Milchkühe belief sich im Jahr 2025 auf 8.223 Stück, was in etwa 13 % aller Salzburger Milchkühe entspricht. Seit dem Jahr 2000 zeigt sich aber tendenziell ein Rückgang der gealpten Milchkühe (minus 18 %).

Almlandschaft im Gasteinertal Foto: Georg Juritsch

Vor allem der hohe Arbeitsaufwand gepaart mit dem stattfindenden Strukturwandel in der Landwirtschaft und die stetig sinkenden Arbeitsressourcen auf den Betrieben tragen maßgeblich zum Einstellen der Milchwirtschaft auf den Almen bei. Schwerpunktmäßig ist die Alpung von Milchkühen noch im Pinzgau und Pongau angesiedelt, während im Lungau, Tennengau und Flachgau Jungvieh- und Mutterkuhalmen bereits einen hohen Stellenwert eingenommen haben.

Wichtig für die Almerhaltung ist auch eine ständige Anwesenheit von Almpersonal, da dadurch wesentlich für die Betreuung der Tiere, die laufende Pflege der Almen und auch für eine Bewirtung von Gästen und Wanderern gesorgt wird. Aktuell findet man auf etwa 60 % der in Salzburg aktiv bewirtschafteten Almen einen Hirten oder eine Hirtin. Die Anzahl der Personen für Behirtung bleibt mit rund 1.500 Hirten über die letzten Jahre gleichbleibend stabil.

Neben der großen Bedeutung der Almen als Wirtschaftsraum für unsere Bäuerinnen und Bauern leisten sie mit der Offenhaltung der Landschaft sowie der Anwesenheit von Almpersonal und der damit gelebten Almkultur direkt und indirekt einen wesentlichen Beitrag für viele andere Wirtschaftsbereiche, insbesondere den Tourismus.

Die Salzburger Almen mit ihrem heutigen Erscheinungsbild sind weit über die Landesgrenzen hinaus als Erholungsraum bekannt und stellen für viele Gäste und Touristen, aber auch für die heimische Bevölkerung einen magischen Anziehungspunkt dar. Insbesondere für den Sommertourismus sind sie in den letzten Jahren zu einem enormen Aushängeschild geworden. In diesem Zusammenhang besteht seit dem Jahr 2004 die Initiative des „Salzburger Almsommers“, wo derzeit rund 165 bewirtschaftete Almhütten als beliebtes Ausflugsziel für Erholungssuchende beworben werden.

Die Almwirtschaft mit all ihren Facetten steht aber auch vor einigen Herausforderungen. Im Hinblick auf den an Beliebtheit gewonnenen und zunehmenden Tourismus in den Bergen nehmen im Bereich der Almen verstärkt „almfremde" Nutzungen und Interessen zu. Ein brennendes Thema dabei ist die Begegnung mit Almweidevieh. Um ein Bewusstsein für ein sicheres Miteinander von Menschen und Weidetieren zu stärken, wird mit der Initiative „Respektiere deine Grenzen" verstärkt auf Information und Sensibilisierung gesetzt.

Auch der Klimawandel führt zu veränderten Voraussetzungen in der Bewirtschaftung der Almen. Daher wurde im Jahr 2015 in Zusammenarbeit zwischen dem Land Salzburg, der Landwirtschaftskammer Salzburg, dem Salzburger Maschinenring und dem Alm- und Bergbauernverein das „Salzburger Almweideprojekt zur Verbesserung der Futterflächenqualität auf Almen" ins Leben gerufen. Im Vordergrund dieses Projektes stand die Anpassung der Almwirtschaft an den Klimawandel sowie die Erhaltung und die Wiederherstellung von wertvollen Almweideflächen. Auf ausgewählten Projektalmen wurden Weidekonzepte erstellt, welche die Klimawandelanpassung auf diesen Almen zum Inhalt hatten. Außerdem konnten Almbäuerinnen und Almbauern im Rahmen von Arbeitskreisen an den Projekten teilnehmen und das Erlernte dann auf ihren eigenen Almen umsetzen.

Im Rahmen dieses Projektes wurde auch der Grundstein für die Internetplattform www.almplatz.at geschaffen. Da seit Jahren die Auftriebszahlen abnehmen und es oft schwierig ist, ausreichend Zinsvieh zu finden, soll diese Online-Almplatzbörse Almbauern bei der Suche nach Weidetieren und Tierbesitzer bei der Suche nach Almplätzen unterstützen. Zudem werden auf dieser Internetseite auch Informationen zum Thema Almauftrieb gegeben.

## ALMWIRTSCHAFT IN DER STEIERMARK

*Von Rudolf Grabner*

Was für die Gäste und Besucher der Steiermark ein großartiger Erholungsraum zum Wandern und zum Genießen der Natur ist, bedeutet für die Almbäuerinnen und Almbauern ein hartes Stück Arbeit. Die Alm muss vorbereitet werden und schon im Winter beginnen die ersten Arbeiten zum Beispiel das Richten von Holz für Zäune und die Instandhaltung von Almgebäuden. Wenn der Schnee schmilzt, wird es Zeit die Zäune auf der Alm herzurichten, die zum Teil durch Wildtiere, durch Schnee oder auch bei der Anlage von Pisten und Langlaufstrecken unterbrochen wurden. Auch die Hütten für die Senner und Halter müssen gerichtet werden. Aber auch die Tiere im Tal müssen auf die Bedingungen auf der Alm eingestellt werden.

### Schützen durch Nützen

Diesen Slogan beherzigen die Almbäuerinnen und Almbauern seit Jahrzehnten. Die Bewirtschaftung der Almflächen stellt jedes Jahr eine neue Herausforderung dar und es ist den 3.300 steirischen Auftrei-

Ochsen auf der Sommeralm

Foto: Rudolf Grabner

bern und 956 Halterinnen und Haltern zu verdanken, dass die Almen so gepflegt sind und als Erholungsraum für die ganze Bevölkerung zur Verfügung stehen. Aber auch die Almwirtschaft unterliegt einem Wandel. Das Klima, die Bewirtschaftung, die Freizeitnutzung – alles verändert sich und wir alle sind aufgerufen, für diese Veränderungen die richtigen Lösungen zu finden. Die Almwirtschaft mit ihrem Charakter ist einzigartig.

### Kennzahlen der Almen in der Steiermark im Jahr 2024

| | |
|---|---|
| Zahl der Almen | 1.639 |
| Almkatasterfläche | 127.195 ha |
| Almweidefläche | 38.548 ha |
| Aufgetriebene Rinder | 41.431 |
| Aufgetriebene Schafe | 5.161 |
| Aufgetriebene Pferde | 855 |
| Aufgetriebene Ziegen | 336 |

Quelle: BML, AMA, INVEKOS-Daten, Stand Dezember 2024; AMA-Auswertung L013a.

### Nutzung bringt Vielfalt

Die Alm bringt eine besondere Vielfalt an Pflanzen hervor. Diese Vielfalt sehen und riechen wir als Wanderer auf der Alm. Diese Vielfalt schmecken wir auch in den Almprodukten – wie zum Beispiel in der frischen Almbutter oder im wunderbaren Fleisch von gealpten Rindern. Die Pflanzenvielfalt hat sich über Jahrzehnte durch die Nutzung ergeben. Die Rinder, Pferde, Schafe und Ziegen gestalten die Alm, wenn sie über den Sommer die Gräser, den Klee und die Kräuter fressen. Sie sind die wichtigsten Akteure auf der Alm. Pflanzen und Tiere sind gegenseitig voneinander abhängig. Die Almbäuerinnen und Almbauern gestalten wiederum die Almen, weil sie die Tiere auftreiben. Sie ziehen einen Nutzen daraus und sie schützen damit gleichzeitig die Almen – Schützen durch Nützen. Das ist kein leerer Slogan, das ist der Leitsatz für die steirischen Almbäuerinnen und Almbauern. Als Wanderer und Besucher der Alm können und dürfen wir einen fremden Garten betreten, wir sollten uns aber respektvoll gegenüber der Alm, den Tieren und den Almbäuerinnen und Almbauern verhalten.

### Der Almauftrieb ist heute anders als früher

Früher war es romantischer, aber auch wesentlich anstrengender. Die Bauern zogen schon früh von den Heimathöfen los und trieben die Tiere auf die Alm. Erfahrene Kühe fanden leichter den Weg aber der Almauftrieb mit Jungvieh stellte eine Herausforderung dar. Bei vielen Bauern musste die ganze Familie zusammenhalten, um die Tiere in einem stundenlangen Marsch auf die Almen zu bringen. Heute werden mehr Tiere mit Traktoren und LKWs auf die Almen gebracht. Aber es ist für die Almbauern immer noch spannend, bis alle Tiere auf der Alm sind und sich die Tiere an die neue Situation gewöhnt haben.

Das Lockfüttern erleichtert die Kontrolle der Tiere. Foto: Rudolf Grabner

### Das Halterleben auf der Alm

Viele träumen davon, den Sommer auf einer Alm zu verbringen, sich um die Tiere zu sorgen und Almprodukte selbst herzustellen. Auf den Almen in der Steiermark sind über 900 Halterinnen und Halter im Einsatz, halten Nachschau beim Vieh, kontrollieren Zäune und machen auf einigen Almen auch Almbutter und Almkäse. Sie kennen die Tiere, die ihnen anvertraut sind und sie stellen sich der großen Verantwortung, auf die Tiere zu schauen. Täglich muss jedes Tier genau beobachtet werden, um frühzeitig Erkrankungen oder Verletzungen zu erkennen, auch das rechtzeitige Erkennen der Brunst ist wichtig. Das Tagwerk eines Halters beginnt früh und dauert oft lange, wenn Tiere bei schlechtem Wetter gesucht werden müssen. Erst wenn alle Tiere gefunden sind und gesund sind bzw. versorgt sind, haben die Almleute Zeit für sich.

## ALMWIRTSCHAFT IN OBERÖSTERREICH

*Von Hubert Ischlstöger*

Es ist die Vielfalt an herrlichen Almlandschaften, regional unterschiedlichen Almgebäuden, unterschiedlichen Besitzstrukturen und an traditionell eng mit ihren Almen verbundenen Bergbauern, die die Almwirtschaft in Oberösterreich auszeichnet. Seit über 4.000 Jahren wird in der Dachsteinregion und im Toten Gebirge mit Unterbrechungen Weidewirtschaft betrieben.

### Almkataster

Derzeit sind in Oberösterreich 634 Almen und Almflächen unterschiedlicher Größe in das Almbuch (Almkataster) der Agrarbehörde gemäß Oö. Alm- und Kulturflächenschutzgesetz eingetragen. Während heute von diesen Almkatasterflächen zwei Drittel bewirtschaftet werden, wurde ein Viertel aller Almen im Almkataster bis in die 1970er Jahre aufgelassen. Diese Almbetriebsaufgaben erfolgten aus vielfältigen Gründen, wie Wasserknappheit, Futtermangel, fehlende Arbeitskräfte oder auch bedingt durch eine intensivere Bewirtschaftung der Heimgüter und betrafen oftmals entlegene, kleinflächige Grenzertragsalmen im Hochalmbereich.

Nach Erhebungen der Agrarbehörde im Zuge der Almfutterflächenermittlung 2004/2005 beträgt die Gesamtalmfläche in OÖ ca. 36.500 ha. Davon sind nur 15 % der Benützungsart „Alpe“ zuzuordnen. 55 % sind Wald und 30 % unproduktive Fläche. 25 % des gesamten Almweideertrages müssen auf Waldweideflächen erzielt werden. Auf den Almen in OÖ gibt es ungefähr 700 Almgebäude in unterschiedlichsten traditionellen Bauformen.

Leonsbergalm bei St. Wolfgang

Foto: Hubert Ischlstöger

## Oberösterreichs Almregionen

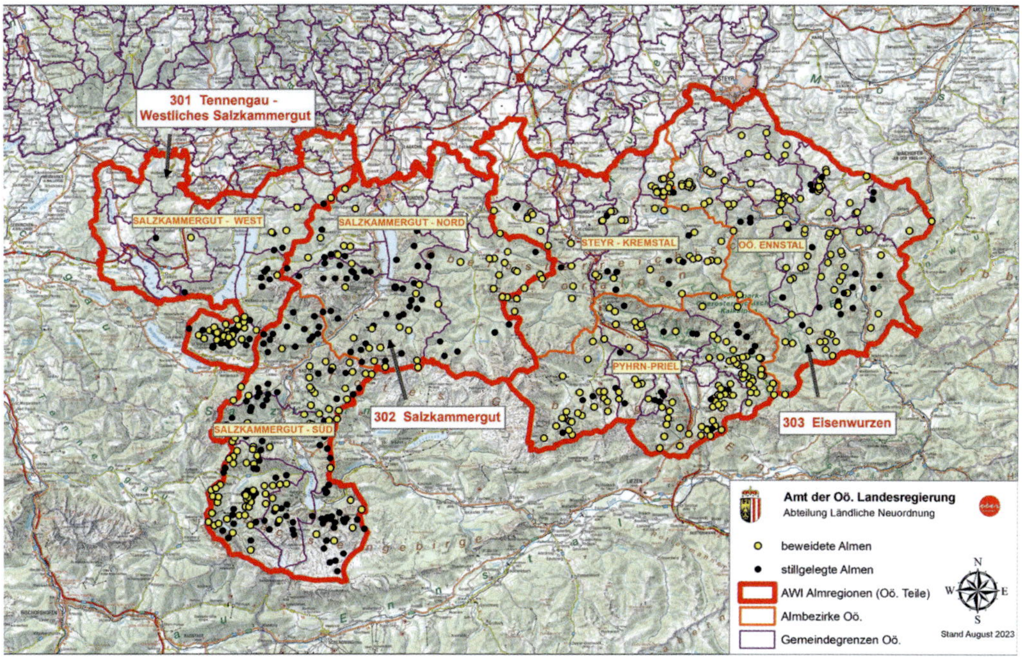


Oberösterreich ist in sechs Almregionen unterteilt: Salzkammergut West, -Süd, -Nord, Steyr-Kremstal, Pyhrn-Priel und oberösterreichisches Ennstal.

Quelle: Amt der oberösterreichischen Landesregierung, Abt. Land- und Forstwirtschaft

### Almförderung für Investitionen und Almentwicklungsmaßnahmen

Jährlich werden durch die Abteilung Land- und Forstwirtschaft (Agrarbehörde OÖ) ca. 30 bis 60 Almförderungsprojekte aus den Bereichen Neubau- oder Verbesserung von Almwirtschaftsgebäuden in regionaltypischer Bauweise, Wasser- und Energieversorgung, Neuschaffung von Almweideflächen durch Rodung und Wegebau projektiert, umgesetzt und einer Förderung zugeführt.

Ein besonderer Erfolg war und ist die Fördermaßnahme „Errichtung von regionaltypischen Holzdächern“ auf Oberösterreichs Almgebäuden. Seit nunmehr über 30 Jahren werden 95 % aller neuen Almgebäudedächer in Oberösterreich mit Holzschindeln oder Holzbrettern eingedeckt. Im Zuge von etwa 270 Projekten im Almbereich konnten annähernd 3 ha Holzdächer neu errichtet oder erneuert werden. Der Erhalt alter Gebäude mit ihren Holzschindeldächern und traditionellen Zaunformen trägt so zur Bewahrung alter Handwerkstechniken bei. Bäuerliche Kultur spiegelt sich in der Almwirtschaft.

Insgesamt wurden seit dem Jahr 2000 in Oberösterreich rund 60 neue Almwirtschaftsgebäude errichtet, weitere sind in Planung.

Jährlich werden in Oberösterreich 30 bis 60 Almförderungsprojekte bearbeitet.
Foto: Hubert Ischlstöger

Die Gebäude auf der Filzmoosalm in Spital am Phyrn sind – so wie 95 % der oberösterreichischen Almgebäude – mit einem traditionellen Holzdach ausgestattet.
Foto: Helmut Panholzer

## Neuschaffung und Wiederherstellung von Almweideflächen durch Rodung

Derzeit sind in allen oberösterreichischen Almregionen mehrere große integrale Wald-Weide-Neuordnungsprojekte der Agrarbehörde OÖ mit dem Ziel einer Trennung von Wald und Weide anhängig. Voraussetzungen für das Gelingen dieser Projekte sind die gute Zusammenarbeit der Fachexperten aus den Bereichen Almwirtschaft, Forstwirtschaft und Naturschutz in Oberösterreich bei der Planung und Umsetzung dieser Maßnahmen, der große Einsatz der Almbauern bei Arbeitsleistung und Finanzierung und deren Unterstützung durch ein gutes und effizientes Almfördersystem. Seit dem Jahr 2000 sind auf Oberösterreichs Almen im Zuge von mehr als 50 Verfahren nach dem Einforstungsrechtegesetz bzw. nach dem Forstgesetz mehr als 330 ha Almweideflächen durch Rodung neu geschaffen worden. Im Gegenzug konnten in den letzten Jahren durchschnittlich 550 ha pro Jahr an Waldflächen von den darauf lastenden Waldweiderechten entlastet werden.

- OÖ weist rund 6.000 ha offene Almweideflächen auf, mit rund 700 Almwirtschaftsgebäuden.
- Einschließlich Waldweideflächen ergibt sich ein Flächenausmaß von rund 36.500 ha beweideter Fläche (Alm und Waldweide).
- Allein seit dem Jahr 2000 wurden mit Unterstützung des Landes OÖ mehr als 300 ha Almfläche durch Rodungen neu gewonnen und 60 neue Almwirtschaftsgebäude errichtet.
- 50 % der Almen sind Einzel- oder Privatalmen, 40 % Einforstungsalmen mit Weiderechten auf Fremdgrund und 10 % Gemeinschaftsalmen.
- Rund ein Viertel des Futterertrages auf Almen wird auf Waldweideflächen erzielt.
- 4.500 Rinder, 720 Schafe, 60 Pferde und 60 Ziegen von 570 Tierhaltern bevölkern im Sommer die Almen in Oberösterreich. Weitere 800 Rinder, 200 Pferde, 100 Schafe und 70 Ziegen werden von 140 oberösterrei-

chischen Betrieben in benachbarten Bundesländern gealpt.

- Kuhalmen mit direkter Melkung auf der Alm nehmen stark ab. Jungviehalmen und Mutterkuhalmen nehmen zu. Darauf sollte auch im Umgang mit dem Vieh entsprechend Acht gegeben werden
- Jährlich werden durch die Abteilung Ländliche Neuordnung durchschnittlich 30 bis 60 Almentwicklungsprojekte aus den Bereichen „Neubau- und Verbesserung von Almwirtschaftsgebäuden in regionaltypischer Bauweise", „Wasser- und Energieversorgung", „Neuschaffung von Almweideflächen durch Rodung" und „Wegebau" projektiert, umgesetzt und mit insgesamt etwa 300.000 Euro an Landesmitteln gefördert.

## ALMWIRTSCHAFT IN NIEDERÖSTERREICH

*Von Kurt Kreitner*

In Niederösterreich gibt es 110 Almen und Gemeinschaftsweiden mit einer Gesamtweidefläche von ca. 8.000 ha, die im Niederösterreichischen Alm- und Weidebuch eingetragen sind. Auf diese werden von 850 Betrieben rund 6.500 Tiere aufgetrieben. Insgesamt wird eine Futterfläche von 4.355 ha von den Weidetieren genutzt. Die im Niederösterreichischen Alm- und Weidebuch eingetragenen Almen und Gemeinschaftsweiden unterliegen der Aufsicht des NÖ Alminspektorats, einem Teil der Niederösterreichischen Agrarbezirksbehörde.

Die niederösterreichischen Almen befinden sich an den östlichen Ausläufern des Alpenbogens. Im Gegensatz zur weitläufigen Meinung reicht dieser jedoch auch weit nach Niederösterreich hinein. Daher liegen die niederösterreichischen Almen im Südosten und Südwesten unseres Bundeslandes.

Genauso wie in den anderen Bundesländern gibt es in Niederösterreich Nieder-, Mittel- und Hochalmen. Aufgrund der naturräumlichen Voraussetzungen überwiegen die Nieder- und Mittelalmen. Niederösterreich hat jedoch auch zwei Hochalmen. Die Hochschneebergalm und die Hochkaralm.

In Niederösterreich sind alle Eigentümerstrukturen, die es im Bereich der Almwirtschaft gibt, vertreten. Die Almen können sich daher im Einzeleigentum befinden und als Privatalm, als Zinsalm oder als Pachtalmen bewirtschaftet werden. Die Gemeinschaftsalmen werden in Form von Agrargemeinschaften, Genossenschaften, Servitutsweidegemeinschaften, Vereinen oder dem ideellen Miteigentum bewirtschaftet.

### Verwaldung verhindern

So breit gefächert die Eigentümer- und Bewirtschaftungsverhältnisse sind, so individuell sind die damit verbundenen Herausforderungen und Ansprüche. Die Herausforderungen auf den NÖ Almen sind dieselben wie in den übrigen Bundesländern, nur sind die Schwerpunkte oft andere.

Aufgrund der Tatsache, dass Niederösterreich besonders viele Niederalmen aufweist, die teilweise auf ehemalige hochgelegene Heimgüter, also Heimbetriebe zurückgehen, liegen viele Almen in waldreichen Gegenden und sind daher oft von dichten Wäldern umgeben. Damit verbun-

Kuchl-Bergbauernalm Foto: Kurt Kreitner

den ist, dass diese Almen einem starken Anflug ausgesetzt sind und bei zu geringer Bestoßung der Flächen laufend eine Verwaldung der Weideflächen droht. Daher ist auf diesen Almen der Auftrieb einer ausreichenden Anzahl an Weidevieh eine grundlegende Voraussetzung zum Erhalt dieser Almen. Bei entsprechenden Auftriebszahlen und einer der Weide angepassten Koppelung der Weideflächen erfolgt die Weidepflege über das Viehmaul. Eine zu geringe Bestoßung dieser Almen erfordert ein hohes Maß an Schwendarbeiten zum Erhalt der Futterflächen.

## Almen als Wasserreservoir

Etwa 80 % der NÖ Almflächen befinden sich im Kalkbereich und nur 20 % im kristallinen Bereich. Damit verbunden ist auch eine differenzierte Wasserversorgung in den jeweiligen Regionen. Die Wasserversorgung von Almen im kristallinen Bereich ist besser gesichert, da hier auch Quellen in höheren Lagen vorkommen. In den Kalkregionen sind die Quellen mit vernünftigen Schüttungen eher in tieferen Lagen anzutreffen. Das hat zur Folge, dass die Wasserversorgung des Weideviehs in Kalkgebieten, in höheren Bereichen oftmals über Niederschlagswasser aufwendig sichergestellt werden muss. Darüber hinaus sind bei dieser Art der Wasserversorgung die Bewirtschafter durch den stattfindenden Klimawandel immer mehr vor neue Herausforderungen gestellt.

In NÖ gibt es auch die Besonderheit, dass Almwirtschaft im sensiblen Quellschutzgebiet für eine Großstadt wie Wien betrieben wird. Das betrifft vor allem die Almen im Schneeberggebiet mit den großen Almen Hochschneebergalm und Bodenwiese. Hier geht es darum, dass eine dem Quellschutz entsprechende Almwirtschaft stattfindet. Daher wird von den Verantwortungsträgern der Stadt Wien größter Wert auf eine quellschutzkonforme Bewirtschaftung der Almen im Einzugsbereich der Wasserversorgung der Stadt Wien gelegt. Grundlage dafür bilden die entsprechenden Weidewirtschaftspläne des NÖ Alminspektorats. Diese bilden die Basis der Regeln für die Bewirtschaftung und somit auch für die Pachtverträge. Somit trägt die Almwirtschaft in diesen Bereichen eine Mitverantwortung für die Wasserversorgung von ca. zwei Millionen Menschen und somit von einem Viertel der Bevölkerung Österreichs.

## Schützenswerte Landschaft

Eine weitere Besonderheit findet sich in NÖ in Form des einzigartigen UNESCO-

Weltnaturerbes Wildnisgebiet Dürrenstein–Lassingtal. In der Managementzone Alm des Wildnisgebietes liegt ein Teil der Dürrnsteinalm mit den entsprechenden Bewirtschaftungsauflagen für die Almbauern.

Darüber hinaus liegen in NÖ auch etliche Almen in Naturschutzgebieten oder Natura 2000-Gebieten mit den jeweiligen Herausforderungen bei der Bewirtschaftung.

**Überregionale Bedeutung**
Die Almen haben nicht nur einen hohen Stellenwert bei den wirtschaftenden Almbauern, sondern auch bei der regionalen und überregionalen Bevölkerung. Zu den Almfesten kommen oft weit über tausend Besucher und zeigen somit ihre Verbundenheit mit der Kulturform Alm und den damit einhergehenden Traditionen und Festen.

## Künftige Herausforderungen auf den niederösterreichischen Almen

Vermehrt und immer wieder wird von Seiten der Bewirtschafter der Almen der zunehmende Arbeitskräftemangel zur Diskussion gebracht. Aufgrund des Rückganges an landwirtschaftlichen Betrieben stehen für die im Rahmen der Almbewirtschaftung erforderlichen Arbeiten immer weniger Personen zur Verfügung. Ebenfalls eine Herausforderung ist es für die Almbewirtschafter geeignetes Halterpersonal zu finden. Es melden sich zwar viele Personen bei ausgeschrieben Halterstellen, geeignet sind jedoch nur sehr wenige für diesen verantwortungsvollen und herausfordernden Job auf der Alm. Es gehört schon ein großes Maß an Idealismus, Wissen sowie Begeisterung und Verantwortung dazu, um im Rahmen dieser Tätigkeit eine wirkliche Unterstützung für die Auftreiber und deren Gemeinschaft zu sein.

Eine weitere Herausforderung, die in Zukunft immer mehr an Bedeutung gewinnen wird, ist der Klimawandel mit seinen Folgewirkungen für die Almen und Weiden. Durch den Klimawandel ist es in den vergangenen Jahren und Jahrzehnten zu einer Verlängerung der Vegetationsperiode gekommen. Vor allem im letzten Jahrzehnt hat sich die Vegetationsperiode im Jahresverlauf um zwei bis drei Wochen nach vorne verschoben. Setzt sich dieser Trend weiter fort, ist es, wie bisher, erforderlich, den Auftriebszeitpunkt dieser Gegebenheit anzupassen, um so den verfrühten Futteraufwuchs auch optimal durch das Weidevieh nutzen zu können.

Natürlich hat sich der Auftrieb immer nach den jährlich sich ändernden Witterungs- und Wetterverhältnissen zu richten. Nur ein rechtzeitiger und damit frühzeitiger Auftrieb ist im Stande, das vollständige Potenzial einer Weidefläche und somit den maximalen Ertrag der Weide für das Weidevieh zu nutzen. Darüber hinaus ist auch bekannt, dass ein früher Auftrieb in Kombination mit einer den örtlichen Verhältnissen angepassten Weideführung und damit Koppelung die beste Weidepflege darstellt.

Zusammenfassend kann festgehalten werden: Egal in welchem Bundesland die Alm liegt, die Herausforderungen für die Almauftreiber und für die Almbewirtschaftung sind immer die gleichen und unterliegen wie schon in der Vergangenheit den Gesetzmäßigkeiten der naturräumlichen Gegebenheiten.

# ALMWIRTSCHAFT IN MITTELEUROPA

Im Alpenraum gibt es rund 30.000 Almen verteilt auf Deutschland, Österreich, Schweiz, Italien, Frankreich, Liechtenstein und Slowenien.

## DEUTSCHLAND

Die bayerischen Bergbauernbetriebe (ca. 14.200) bewirtschaften große Flächen im Alpenraum (370.500 ha). Die wichtigste Produktionsform ist die Milchviehhaltung (über 6.200 Betriebe). Almwirtschaft ist stabil: 2022 wurden auf rund 37.000 ha Lichtweiden vor allem Rinder (53.000), daneben auch Schafe/Ziegen und Pferde gesömmert (StMELF, 2024). Der Großteil sind weibliche Jungtiere (Galtrinder), während Milchkühe auf Almen und Alpen vor allem im Allgäu bedeutend sind.

Bayern stellt etwa 3 % der gesömmerten Rinder im gesamten Alpenraum. Die meisten Almen sind keine klassischen Kuhalmen mehr, sondern Galtalmen für Jungvieh. Trotz sinkender wirtschaftlicher Bedeutung arbeiten noch über 20.000 Menschen in der Berglandwirtschaft.

Eine durchschnittliche Alm umfasst etwa 81 ha (davon mehr Wald- als Lichtweide). Große Unterschiede bestehen regional: sehr große Almen etwa im Landkreis Garmisch-Partenkirchen, sehr kleine im Westallgäu. 60 % der Almen sind in Privatbesitz; diese sind meist klein, aber intensiv genutzt (BREITENBACH, 2013).

Das Allgäu ist ein Zentrum der Almwirtschaft mit vielen Alpen und bedeutender Viehhaltung. Zudem stammt von dort der geschützte Allgäuer Sennalpkäse, der traditionell aus Milch von Braunviehkühen auf hochgelegenen Sommerweiden hergestellt wird.

### Alpwirtschaft im Allgäu

*Von Fabian Höß*

Das Allgäu bezeichnet eine Region im alemannisch geprägten Süden Deutschlands. Geografisch ist es nicht eindeutig einzugrenzen, jedoch bewegen wir uns hier auf bayerischer Seite westlich des Lechs und östlich erstreckt es sich hinein bis in das Bundesland Baden-Württemberg. Es liegt somit direkt nördlich von Tirol und Vorarlberg.

Die Namensherkunft aus dem althochdeutschen beschreibt die heutige Landschaft noch sehr treffend: Bergige Landschaft (Al[p]) mit vielen Wiesen, Wasser und Auen (Ge-Äu). Gerade im südlichen Teil des

Allgäus wird heutzutage meist eine reine Grünlandwirtschaft betrieben. Bei Jahresniederschlägen jenseits der 2000 mm und eher niedrigen Jahresdurchschnittstemperaturen bietet sich oft nicht mehr an. Aus diesem Grund dominiert die Milchviehhaltung – traditionell meist mit der Rasse Braunvieh. In der Region gibt es viele ambitionierte Züchter, die die begehrte Nachzucht, die nicht im eigenen Betrieb benötigt wird, auf den Zuchtviehmärkten verkaufen. In den letzten Jahren gewinnt aber auch die Einkreuzung von Mastrassen immer mehr an Bedeutung.

Im Allgäu, das in etwa ein Drittel des bayerischen Alpenbogens einnimmt, finden wir immerhin die Hälfte aller bayerischen Almen und Alpen. Somit wird deutlich, warum die Alpwirtschaft in der Region so eine große Bedeutung hat. Sie prägt seit Jahrhunderten die wertvolle Kulturlandschaft und ist heutzutage Basis für den hohen Erholungswert und den Tourismus in der Region.

### Was sagt die Statistik?

Aktuell zählt man im Allgäu über 700 Alpen. Dabei ist die Struktur sehr vielfältig, von kleinen „Landalpen“ mit wenigen Hektaren im Privatbesitz bis zu großen, genossenschaftlich organisierten „Hochalpen“ mit mehreren hundert Hektaren ist alles vertreten. Insgesamt werden im Gebiet ca. 20.000 ha auf traditionelle Weise bewirtschaftet. Verglichen mit anderen Alpenregionen ist der Umfang der Lichtweidefläche erfreulicherweise stabil.

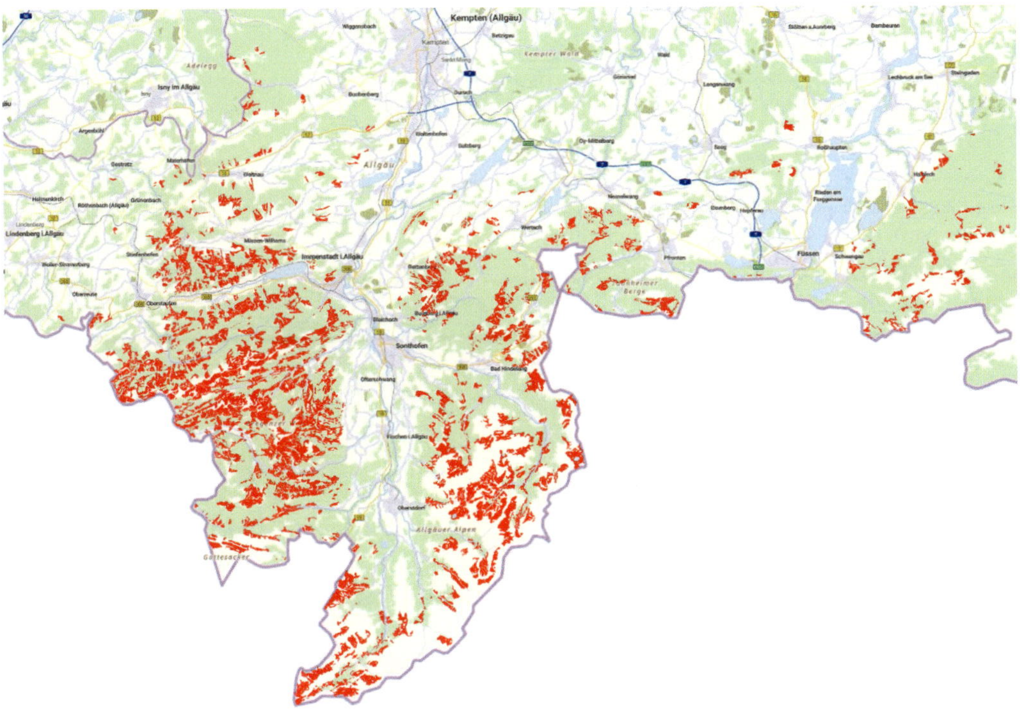


Staatlich anerkannte Alpflächen im südlichen Allgäu Quelle: AVA - © GeoBasis-DE / BKG 2026 dl-de/by-2-0

In den meisten Fällen kommt Pensionsvieh, also Vieh von eigenständigen Talbetrieben auf die Alpe. Teilweise sind die Alpen aber auch direkt an einen Betrieb angegliedert und werden von diesem aus bewirtschaftet. Insgesamt bewegen sich die Beschlagszahlen in den letzten Jahren ebenfalls auf einem stabilen Niveau. So werden jährlich zu Beginn des Alpsommers knapp 30.000 Rinder und über 2.000 Milchkühe aufgetrieben. Die Mutterkuhhaltung spielt auf den Allgäuer Alpen eher eine untergeordnete Rolle. Auch weitere Tierarten wie Pferde, Schafe, Ziegen und Schweine werden in überschaubarem Rahmen aufgetrieben, jeweils mit einer dreistelligen Anzahl an Tieren.

### Anpassung der Alpwirtschaft

Bei der Alpwirtschaft geht es immer darum sich anzupassen. Jede Alpe hat andere Voraussetzung und auch jeder Alpsommer entwickelt sich unterschiedlich. Hier hilft den Älplern eine gute Ausbildung und vor allem viel Erfahrung. In den letzten Jahren ist auch eine immer längere Vegetationsperiode zu beobachten – also ein weiterer Faktor, an den sich die Alpwirtschaft anpassen muss. Unterm Strich lässt sich sagen, ist ein möglichst früher Auftrieb hilfreich, um dem steigenden Futterangebot Herr zu werden. Oft müssen auch die Auftriebszahlen nach oben angepasst werden. Wir brauchen also zukünftig mehr Rinder, um unsere Alpweiden langfristig offen zu halten. Auch wenn es mittlerweile mehr Möglichkeiten gibt, die Flächen mechanisch offen zu halten – mit Freischneider, Mulcher oder ähnlichem – das Vieh erledigt diese Arbeit immer noch am zuverlässigsten und am natürlichsten, wenn man es entsprechend auftreibt und lenkt.

### Die Sennalpen

Ähnlich wie in angrenzenden Regionen wie z. B. dem Bregenzer Wald spielt die Alpsennerei eine große Rolle. Auf den derzeit 42 Sennalpen im Allgäu werden aromatische, würzige Bergkäse auf handwerkliche Weise hergestellt. Der „Allgäuer Sennalpkäse" ist bei er EU als geschützte Ursprungsbezeichnung eingetragen. Dieses Siegel schützt somit vor Trittbrettfahrern und Verbrauchertäuschung. Der Allgäuer Sennalpkäse g. U. wird ausschließlich auf anerkannten Sennalpen im Berggebiet des Allgäus produziert. Die Milch muss überwiegend von Braunviehkühen stammen.

Der ganze Stolz eines Senns ist ein voller Käsekeller mit bestem Bergkäse am Ende des Alpsommers. Foto: AVA e. V.

Die hohen Eiweißgehalte in der Milch und die Eiweißqualität (Kappa-Kasein) bedingen eine sehr gute Käsereitauglichkeit. Die erzeugten Produkte werden überwiegend direkt an die Verbraucher vermarktet. Meist schon direkt auf der Alpe im Rahmen der Bewirtung der Besucher. Somit lässt sich erfahrungsgemäß die größte Wertschöpfung erzielen. Diese ist aber auch mit einem entsprechend hohen Aufwand verbunden.

### Leistungen der Alpwirtschaft

Die Allgäuer Alpwirtschaft besitzt eine lange Tradition und sie erfüllt zahlreiche Funktionen im Sinne einer multifunktionalen Landwirtschaft. Seit jeher ist das primäre Ziel die Landwirtschaft selbst zur direkten Lebensmittelproduktion oder zur Aufzucht des Viehs. Für die Talbetriebe schaffte die Alpwirtschaft schon immer Arbeitsentlastung und verringert die Aufzuchtkosten. Die Älpung bzw. Sömmerung des Jungviehs am Berg bringt erhebliche gesundheitliche Vorteile und verbessert die Tiergesundheit, Bemuskelung, Widerstandskraft, Fruchtbarkeit und Lebensleistung der späteren Milchkuh. Die Alpwirtschaft war besonders in früherer Zeit für die kleinen Bergbauern-Betriebe mit oft geringer Flächenausstattung von großer Bedeutung. In jüngerer Zeit kommt hinzu, dass Talbetriebe ihren Viehbesatz an den Grenzen der Düngeverordnung orientieren müssen. Wenn hier das Jungvieh über den Sommer den Betrieb verlässt, ist das für manchen ein willkommenes Ventil. So ist auch zu beobachten, dass immer mehr Tiere aus entlegeneren Gebieten aus dem Unterland den Weg auf die Alp finden – sofern sie weidegewohnt sind, ist das ein Gewinn für alle. Die Alpwirtschaft trägt somit auch zu ausgeglicheneren Nährstoffbilanzen bei.

Die Allgäuer Alpwirtschaft erbringt aber auch öffentliche Leistungen für den Umweltschutz. Durch die traditionelle Wirtschaftsweise erhält sie einen Lebens- und Rückzugsraum für viele inzwischen selten gewordene Tier- und Pflanzenarten. Die Bewirtschaftung der Flächen hat über die Jahrhunderte diese Lebensräume erst geschaffen – darauf dürfen unsere Älpler stolz sein. Egal ob Schmetterlinge (z. B. der Apollofalter) oder das Birkhuhn – alle profitieren von der Offenhaltung der Flächen bzw. vom geschaffenen Landschaftsmosaik. Die Alpweiden, gerade im Allgäu sind also Hotspots der Biodiversität.

Diese Leistungen sind Grund für das hohe Maß an Wertschätzung, welche der Alpwirtschaft entgegengebracht wird. Darüber hinaus sind sie auch Begründung für die staatliche Unterstützung der Alpwirtschaft. Ohne diese Unterstützung lässt sich eine Alpe heutzutage auch nicht mehr (ökonomisch) nachhaltig bewirtschaften. Für die Alpen im Allgäu stehen aktuell Maßnahmen aus der 1. und 2. Säule der Gemeinsamen Agrarpolitik zur Verfügung. Beson-

Ein Symbol für die große Artenvielfalt auf Allgäuer Alpen ist auch die Silberdistel.
Foto: Fabian Höß

ders wichtig sind hier die Ausgleichszulage für das Berggebiet und die Agrarumwelt- und Klimamaßnahmen aus dem Bayerischen Kulturlandschaftsprogramm sowie dem Bayerischen Vertragsnaturschutzprogramm. Des Weiteren steht das Bayerische Bergbauernprogramm z. B. für Investitionen in das Alpgebäude oder in Weideinfrastruktur (Zäunung, Wasserversorgung, etc.) zur Verfügung. Für dieses Angebot sind die Älpler den Zuständigen in Politik und Verwaltung sehr dankbar.

### Viehscheid im Allgäu

Jedes Jahr am Ende des Alpsommers im September ziehen viele Alpen in festlich geschmückten Zügen aus ihrer Alpe aus. Diese Alpabtriebe werden im Allgäu Viehscheid genannt. Der Begriff kommt daher, da das Vieh am „Scheidplatz“ geschieden wird – es wird also aus der Herde getrennt und seinen Besitzern übergeben. In manchen Orten im Allgäu haben sich im Rahmen dessen große Feste entwickelt. Manche nennen es sogar die fünfte Jahreszeit im Allgäu, weil beinahe an jedem Tag in einem anderen Ort Viehscheid gefeiert wird.

Viehscheid in Oberstdorf
Foto: Ralf Lienert/Allgäuer Zeitung

Wird ein Zug von einem prächtig geschmückten „Kranzrind“ angeführt, ist das für alle ein Zeichen, dass der Sommer auf der Alpe ohne einen Unfall bei Vieh oder Mensch gelaufen ist und alle wieder gesund ins Tal kommen.

### Herausforderungen

Natürlich gibt es auch Herausforderungen für unsere Alpwirtschaft. Die Älpler haben so eine wunderbare Kulturlandschaft geschaffen, dass mittlerweile viele Leute diese bestaunen möchten. Gerade durch Social Media entstehen regelrechte Hotspots, an denen der Tourist eher problematisch auftritt. Teilweise gibt es Berichte von Einbrüchen in Hütten, in Lagerfeuern verheizten Zaunpfählen und weitere Eskapaden. Achtlos weggeworfener Müll und Wanderer bzw. Mountainbiker abseits der Wege sind da teilweise noch die kleineren Probleme. Alpwirtschaft macht in solchen Gebieten keinen großen Spaß mehr. Umso wichtiger sind Maßnahmen, um die Besucher zu informieren und zu lenken.

Die Ausbreitung großer Beutegreifer, insbesondere des Wolfes macht den Älplern auch Sorgen. Gerade weil im exponierten Gelände und der touristisch genutzten Kulturlandschaft Herdenschutzmaßnahmen in den meisten Fällen nicht praktikabel, hilfreich oder zumutbar sind. Das zeigt auch der Blick in andere Regionen mit Alm- und Alpwirtschaft. Zieht sich die Alpwirtschaft aus diesen Gebieten zurück, entsteht oft größerer Schaden für die Natur, da somit auch viele andere geschützte Arten von den Flächen verschwinden. Somit ist es auch für den Naturschutz von Interesse, wenn den traditionellen Weidelandschaften im Gebirge ein höherer Stellenwert eingeräumt wird als der Rückkehr des Wolfes.

Als ein weiterer wichtiger Faktor ist der Strukturwandel zu nennen. Jeder Talbetrieb, der aufgibt, fehlt unserer Landwirtschaft. Insbesondere wenn er bisher Vieh auf die Alp geschickt hat. Alpwirtschaft kann nur existieren, wenn es genügend Betriebe gibt, die ihre Rinder auftreiben. Auch die regelmäßig aufkommende Diskussion um die Anbindehaltung oder sogar um die Kombihaltung birgt das Risiko, dass am Ende gerade die Betriebe wegfallen, die ihre Kühe auf die Sennalpen schicken. So würde im Zuge der Diskussion ums Tierwohl am Ende ein uraltes Kulturgut mitverschwinden.

### Der Alpwirtschaftliche Verein

Um den alten und neuen Herausforderungen zu begegnen haben sich bereits im Jahr 1925 – also vor über 100 Jahren – die Älpler der Region im Alpwirtschaftlichen Verein im Allgäu zusammengeschlossen. Er ist einerseits Beratungsstelle aber auch Interessensvertretung für die Alpwirtschaft, so dass wir auch in Zukunft noch den großen Nutzen der Alpwirtschaft erfahren können.

## SCHWEIZ

In der Schweiz wurden im Jahr 2023 rund 280.000 Rinder, darunter etwa 106.000 Milchkühe, sowie rund 22.500 Schafe auf Alpen gesömmert (SAV, 2024). Dank guter Wetterbedingungen und starkem Graswachstum konnten überdurchschnittlich viele Tiere gesömmert werden (+7.822 Stück). Besonders die Zahl der Mutterkühe stieg deutlich (+3.380 Stück), während die Anzahl an Milchkühen und Schafen jeweils um 0,4 % zurückgingen – ein Trend, der sich seit Jahren zeigt. Auffällig ist zudem der stärkere Rückgang bei Ziegen (-4,1 %). Die Alpflächen machen in der Schweiz etwa ein Drittel der landwirtschaftlich genutzten Fläche aus. Die größten Flächen liegen in den Kantonen Graubünden (ca. 170.000 ha) und Bern (ca. 85.000 ha).

2023 erhielten 6.566 Alp- bzw. Sömmerungsbetriebe Beiträge – etwa gleich viele wie im Vorjahr, aber rund 491 weniger als vor zehn Jahren. Der Rückgang ist auf Betriebszusammenlegungen zurückzuführen, wodurch die Betriebe größer geworden sind. Die Direktzahlungen an das Sömmerungsgebiet beliefen sich 2023 auf 173,26 Mio. Franken, deutlich mehr als 2013 (+72 Mio.). Hauptgrund dafür sind zusätzliche Beiträge für Biodiversität und Landschaftsqualität, die seit 2014 gezahlt werden.

In diesem Jahr wurden 87.625 kg Milch auf 2.129 Almen mit Kuhmilchproduktion erzeugt (SAV, 2024). Im Zehnjahresvergleich zeigt sich ein deutlicher Strukturwandel: Die Zahl der Alpen mit Milchproduktion (-21,1 %) und mit eigener Verarbeitung (-10,1 %) ist stark gesunken. Gleichzeitig blieb die Alpkäseproduktion insgesamt mit rund 5.500 Tonnen stabil, während deutlich weniger Milch unverarbeitet abgeführt wird (-30,8 %). Insgesamt deutet dies auf eine Konzentration hin: Weniger Betriebe produzieren und verarbeiten mehr Milch.

## SÜDTIROL

*Von Rudolf Grabner und Franz Bergler*

Almen („Alpe“) sind Areale, die oberhalb der Dauersiedlungsgrenze liegen und unter Berücksichtigung alter Rechte beweidet werden. Sie dienen vorwiegend der Alpung von Zucht- und Nutzvieh während der Sommermonate von Mitte Juni bis

Mitte September. Almen werden getrennt von den Heimgütern bewirtschaftet und stehen mit diesen in einem untrennbaren wirtschaftlichen Zusammenhang. Almen werden in der Regel zeitlich beschränkt bewohnt und bewirtschaftet. Südtirols Almen liegen meist in einer Höhenlage von rund 2.000 m. Die Alm ist für Bergbauern ein Arbeitsplatz, der mit den am Hof üblichen Fahrzeugen und Arbeitsgeräten erreichbar sein muss. Diese Versorgungswege sind unerlässlich für die Erhaltung der Almgebäude, die Anlieferung von Baumaterialien und die Zulieferung von Zaunmaterial, Dünger- und Futtermittel sowie für den Abtransport der Almprodukte Milch, Käse und zudem Holz. Eine zeitgemäße, den Verhältnissen angepasste Erschließung ist heute Grundvoraussetzung einer guten und langfristig gesicherten Almbewirtschaftung. Die Erschließung der Almen ist mittels Almgüterwegen, Forstwegen, Traktorwegen oder Seilbahnen möglich.

Die Besitzer der Almen im Vinschgau sind größtenteils die einzelnen Fraktionen (Ortsteile – frühere Gemeinden = E.B.N.R = Eigenverwaltung Bürgerlichter Nutzungsrechte). Eine weitere Besitzform ist die „Interessentschaftsalm", die ist so charakterisiert, dass mehrere Interessenten (nicht immer nur Bauern) die Almfläche besitzen und je nach Anteilsgröße auftriebsberechtigt sind. Eine weitere Besitzform ist die Privatalm oder die Alm ist im Besitz der Gemeinde oder der Kirche.

### 1.740 Almen in Südtirol

Südtirol hat eine Gesamtfläche von 740.000 Hektar (= 7.400 km²) und davon zählen 250.000 Hektar als Almflächen (= Berglandwirtschaft), die Alm ist ähnlich definiert wie bei uns. Für Südtirols Bergbauern ist die Almwirtschaft von großer Bedeutung. Es gibt laut Almkartei 1.740 Almen mit 95.000 Rindern, 38.500 Schafen, 15.000 Ziegen und 100 Pferden, die aufgetrieben werden. Der Viehauftrieb geht zurück. Die Besitzstruktur sieht folgendermaßen aus: über 70 % sind Privatalmen, 13 % Interessentschaften, 7 % Miteigentum, 5 % öffentliche Körperschaft und 3 % Gemeinde-Almen.

Die Seiseralm ist das größte Alm-Plateau in Europa. Foto: Rudolf Grabner

In Südtirol wurden in den letzten Jahren keine Almen aufgelassen. Durch private und öffentliche Initiativen sowie Förderungen seitens der Landesverwaltung ist in den letzten Jahren sehr viel auf den Almen investiert worden. Damit wurden wichtige Voraussetzungen für die dauerhafte Bewirtschaftung der Almen und eine gute Zukunft der Almen geschaffen. Etwa 90 % der Südtiroler Almen sind Jungvieh- und Galtviehalmen und das ist für die Bewirtschaftung von kargen Magerrasen-Almen auf großer Seehöhe oft die bestmögliche Bewirtschaftung. In besseren Lagen und vor allem dort, wo Gemeinschaftsalmen Tradition haben, bestehen seit Jahrhunderten Milchviehalmen, wo die Milch zu Butter und Käse verarbeitet wird.

Die Agenden der Almwirtschaft sind zusammengefasst und die Almbauern und Interessentschaften werden von den Forstinspektionen umfassend beraten und betreut. Die Forstinspektion wickelt die alm- und forstwirtschaftlichen Anträge und Förderungen ab, sie ist Aufsichts- und Kontrollbehörde (Umwelt-, Jagd, -Forst- und Fischereirecht), sie plant und leitet Regiearbeiten und führt selbst Forstarbeiten durch. Die Forstinspektion ist aktiv im Bereich Landschaftspflege, Tourismus, Aufforstung und Wegebau. In Südtirol gibt es sieben Forstinspektionen mit zusätzlichen Forststationen. In Bozen sind vier Zentralämter angesiedelt (u. a. das Amt für Bergwirtschaft, das landwirtschaftliche Förderungen und Infrastrukturmaßnahmen abwickelt).

Auf den Hochplateaus der Dolomiten gibt es große Almen wie die Seiseralm und die Villanderer-Alm. Die Seiseralm ist das größte Alm-Plateau in Europa mit 5.600 Hektar auf einer Seehöhe von 1.680 m bis 2.350 m. Da es auf der Seiseralm auch ganzjährig bewirtschaftete, landwirtschaftliche Betriebe gibt und das Plateau auch ganzjährig durch Tourismus und Schitourismus betrieben wird, handelt es sich (wenn man es genau nimmt) nicht mehr um ein Almgebiet im eigentlichen Sinn. Aber ein großer Teil des Plateaus wird als Almwirtschaft (Pferde, Rinder und Ziegen) geführt und daher passt es, wenn sich die Seiseralm als größtes Almgebiet Europas bezeichnet. Der traditionelle Almabtrieb am Rosari-Tag (immer der Samstag vor dem Erntedank) ist eine große Touristenattraktion. Die Tiere werden bis nach Kastelruth getrieben, wo der Festzug mit einem großen Fest mit Musik und Kulinarik ausklingt. Die Seiseralm ist zwar über eine Almstraße erreichbar, diese dürfen aber nur die Einheimischen und Gäste ab drei Tage zur Auffahrt nutzen. Oben am Plateau werden die Gäste mit Bussen und Pferde-Kutschen transportiert. Tages-Gäste können die Seiseralm nur über eine Gondelbahn erreichen. Ein beachtlicher Teil der Seiseralm (7.300 ha) ist auch ein Naturpark-Gebiet (Naturpark Schlern-Rosengarten).

Blick über die Villanderer-Alm

Foto: Rudolf Grabner

Auch die Villanderer-Alm im Eisacktal ist eine Plateau-Alm auf einer Höhenlage von 1.700 m bis 2.500 m. Sie gehört mit ca. 2.000 Hektar zu den größten Almen Europas. Es gibt auch eine touristische Nutzung, jedoch sind die Almstrassen nicht für Touristen nutzbar. Es muss alles zu Fuß bewältigt werden. Auf der Villanderer-Alm befindet sich auch eine Speicherteich, der von einer Wassergenossenschaft betrieben wird und die Bauernhöfe mit einer genau definierten Wassermenge versorgt.

Im Pustertal gibt es 320 Almen, die alle über die Forstinspektion betreut werden.

## Transhumanz

Eine Besonderheit gibt es bezüglich Viehtrieb in Südtirol, die Transhumanz. Über 10 % der Weidetiere von Südtirol (über 10.000 Tiere) verbringen den Almsommer außerhalb von Südtirol. Den Hauptbestandteil der Transhumanz geht nach Österreich, ein geringer Teil in die Schweiz und nach Italien. Dieser Übertrieb fußt auf historischen Verträgen (aus dem 14. Jhd.) und auch auf Besitz. Der berühmteste Übertrieb ist von Schnals ins Ötztal, wo jährlich im Juni über 4.000 Schafe und Ziegen in zwei Tagen über den Gletscher – das Hochjoch (2.885 m) – zur Sommerweide ins Ötztal getrieben werden und dabei eine Strecke von etwa 44 km zurücklegen. Im September geht der Weg wieder retour zum Heimhof. Seit 2011 gilt dieser Übertrieb als immaterielles Kulturerbe der UNESCO.

Der Speicherteich auf der Villanderer-Alm versorgt die Bauernhöfe mit einer genau definierten Wassermenge. Foto: Franz Bergler

**Besonderheiten der Südtiroler Almwirtschaft**

» Südtirols Almwirtschaft hat ähnliche Probleme wie wir: Wasserknappheit und sinkende Auftriebszahlen. Die Wasserversorgung über die Waale wird schon seit Jahrhunderten betrieben und das ist beeindruckend, mit wie viel Fleiß und Können die Waale vor 300 oder 400 Jahre errichtet wurden. Die Waale geben auch heute die Antwort auf die Wasserknappheit, wenn auch in anderer Form.

» Die Forstbehörde hat umfangreiche Kompetenzen und mehr beratende Kontakte zu den Almbauern.

» Auf der Seiser-Alm treffen sich Tourismus und Landwirtschaft – wie es aussieht zum Vorteil beider Seiten.

» Gemeinschaftliche Almnutzungen, wo gemeinsam Chancen erkannt werden und Ideen umgesetzt werden, sind eine gute Antwort auf die Fragen der Zeit

» Die Almen im Vinschgau und um Meran sind überwiegend Gemeindealmen, mit Nutzungsrechten für alle Bauern, die länger als vier Jahre in den Gemeinden ansässig sind.

» Viele Gemeinden sind auch teils große Waldbesitzer, mit Nutzungsrechten am Wald (=Holzbezug) für die Bewohner der Gemeinden.

» Auf der Saltner-Alm wurde vorgezeigt, dass die Einnahmen der Alm sinnvoll für die Verbesserung der Alm eingesetzt werden können.

» Südtirols Almen werden besser unterstützt als in Österreich – so kommen etwa 500 € pro GVE an Förderung beim Bauern an.

» Investitionsförderungen in Südtirol liegen bei Gemeinschaftsalmen bei 70% und bei Privatalmen bei 50 % (im Vergleich in Österreich: zwischen 40 und 70 % vom Nettobetrag).

» Die Wassernutzung in Südtirol kann als vorbildlich bezeichnet werden – das wird in Österreich ein immer größeres Problem.

# PRAXISBEISPIELE

## BEWIRTSCHAFTUNG EINER EXTENSIVEN RINDERALM

Auf der steirischen Seite der Koralm liegt auf einer Fläche von 650 Hektar ein Almgebiet, das sich von ca. 1.600 bis 2.000 m Seehöhe erstreckt. Die Hochalm und das Bärntal sind im Eigentum von Prinz DI Alfred Liechtenstein und umfassen etwa 320 ha reduzierte Weidefläche. Als im Jahr 1977 nur mehr ca. 220 Stück Zinsvieh aufgetrieben wurden, wurde die Bewirtschaftung für die Forstdirektion Liechtenstein unrentabel. Daher erhielten die Bauern das Angebot die Alm zu pachten, was zur Gründung des Vereines führte – es ist inzwischen die größte Weidegemeinschaft der Steiermark. Seit 1996 hat sich die Anzahl der Almtreiber halbiert – derzeit treiben 44 Bauern 505 Stück Vieh Ende Mai auf und am 10. September wieder ab.

Die Weidegemeinschaft Hochalm-Bärntal ist ein Verein, der seit 1979 besteht. Ihr Vereinszweck besteht in der Bewirtschaftung der sogenannten Hochalm und des Bärntals. Die Mitglieder des Vereines sind die derzeit 44 auftreibende, bäuerliche Betriebe. Diese haben einen zehnköpfigen Vorstand gewählt und auch die beiden Halter und der Förster haben dort Sitz und Stimme. Beginn und Abschluss des Vereinsjahres ist die Hauptversammlung, wo alle notwendigen Beschlüsse und Wahlen durchgeführt werden und im Anschluss die Anmeldung der Tiere für das kommende Jahr entgegengenommen wird. Das ist die sogenannte Weidezinseinzahlung. Ursprünglich gab es dafür zwei gesonderte Termine, aber inzwischen hat es sich bewährt, beides zusammen Anfang April an einem Samstag abzuwickeln. Sowie die meisten gemeinsamen Tätigkeiten inzwischen samstags stattfinden, da ein großer Teil der Bauern auch einen Zweitberuf ausübt.

**Die Besonderheiten dieser Weidegemeinschaft sind**

- über 100 Kälber werden jedes Jahr auf der Alm geboren
- zwei Stiere auf der Alm
- größte Weidegemeinschaft der Steiermark
- Natura 2000-Gebiet, Teilnahme an der ÖPUL-Maßnahme Naturschutz seit 2024
- Koppelung/Weidemanagement/Rekultivierung
- Herdenschutzprojekt Abkalbebereich 2024

**Herausforderungen für die Weidegemeinschaft sind**
- » Behirtung
- » Wasser/Bürstling
- » Klimawandel
- » geeignete Tiere für die Alm
- » Arbeitsleistung (immer mehr Bauern im Nebenerwerb)
- » erster Wolfsriss 2017
- » beliebtes Wandergebiet/Hunde

### Zäunen im Mai

In der Regel geht es einen Monat nach der Weidezinseinzahlung weiter. Sobald es die Schneefelder zulassen, wird mit dem Auflegen der Zäune begonnen. Die Alm hat ca. 30 km Zäune und es sind hierfür ca. 30 Personen erforderlich, die einen ganzen Tag lang daran arbeiten. Das Zaunsystem besteht aus zwei stromführenden 2,5 mm Stahldrähten und Zaunsäulen aus Kastanienholz, die im Abstand von je 8 m eingeschlagen werden. Die Drähte werden mittels einer eigenen Rolle gut gespannt. Je nach Gelände kann es auch erforderlich sein, den Abstand zu verringern. Die Drähte werden wegen der Schneelast im Winter auf den Boden gelegt. Die Säulen bleiben stehen.

Großes Augenmerk wird auf die Weidezaungeräte gelegt. Für den Betrieb unserer Alm sind drei Geräte im Einsatz. Diese verfügen jeweils über eine Batterie, die mit einem Photovoltaik-Modul geladen wird. Auch die Erdung des Weidezaungerätes ist ein wesentlicher Punkt für das reibungslose Funktionieren. Besonders wichtig ist es, dass an den Drähten nicht zu viel Bewuchs ansteht. Erdschlüsse zum Beispiel durch Stacheldraht, Maschengeflecht oder alte Zäune machen einen Betrieb unmöglich. Diese Störfaktoren müssen unbedingt entfernt werden! Für die Fehlersuche hat sich eine Fernbedienung, mit der die Weidezaungeräte aus- und eingeschalten werden können, sehr bewährt.

### Es folgt der Auftrieb

Als nächstes kommt die Zeit rund um den Auftrieb. Die ist immer sehr aufregend. Es wird viel diskutiert. Die einen meinen, dass es noch viel zu früh ist. Ich bin eher der Meinung, dass es kein „zu früh“ für den Auftrieb gibt – wobei 500 Tiere brauchen viel Futter und manche sind nicht gut auf die Alm vorbereitet. Diese brüllen herum und machen damit die restliche Herde unruhig. Mein Hauptziel ist, dass am Auftriebstag noch Mai im Kalender steht. Das schaffen wir meistens. Üblicherweise kommt Mitte Mai ein Kaltlufteinbruch (Eisheilige) und sobald dieser vorüber ist und es warm wird, kann mich nichts mehr zurückhalten. Am Tag vor dem Auftrieb machen wir meistens noch einen letzten Check. Funktionieren alle Zäune? Sind alle Tore geschlossen? Und dann geht es los! Der Tag, wenn die Tiere auf die Alm kommen, ist für mich einer der schönsten im Jahr. Früher wurden sie getrieben, inzwischen werden die meisten Tiere mit dem Lastwagen oder dem Traktor auf die Alm gebracht. Das mangelnde Einschätzungsvermögen der anderen Verkehrsteilnehmer auf der Landesstraße und auch Haftungsfragen sowie der Mangel an geschulten Treibern machen für die meisten Bauern das Auftreiben auf der Straße unmöglich. Es dauert immer ein paar Tage, bis alle Tiere auf der Alm sind, aber es ist eine Vorgabe der Gemeinschaft und des Eigentümers, dass der Auftrieb innerhalb einer Woche abgeschlossen sein muss.

## Unser Almsommer

Nach dem Auftrieb ist es relativ ruhig auf der Alm. Es sind im Juni nur wenige Touristen unterwegs und die meisten Bauern sind im Tal noch mit dem ersten Schnitt beschäftigt. Eine Besonderheit dieser Alm ist es, dass bis zu 100 Kälber im Sommer oben zur Welt kommen. Früher waren es noch weit mehr, aber die Sorge vor den Großraubtieren und vor Kälberverlusten bewog viele Bauern dazu, die Kühe zum Kalben zu Hause zu behalten. Weiters sorgen zwei Stiere auf der Hochalm dafür, dass die Kühe, wenn möglich schon trächtig von der Alm nach Hause kommen. Der Grund für deren Einsatz ist, dass Kühe, die auf der Alm trächtig werden, nicht auf der Alm kalben. Von den beiden Stieren werden zirka 80 Kühe belegt.

Wenn im Juli die Sommerferien beginnen, sind deutlich mehr Menschen auf der Alm und auch viele Auftreiber nutzen die Alm zur Erholung. Im Bärntal funktioniert das Weidemanagement schon ausgezeichnet und die ca. 150 Tiere haben Anfang Juli schon alle der insgesamt sechs Koppeln einmal abgegrast, sodass möglichst viel junges Gras (meistens Borstgras) nachwachsen kann und so wenig wie möglich „überständig“ wird. Wir nehmen im Juli auch meistens am landesweiten Almpflegetag teil. Zum einen ist das eine sehr gute Möglichkeit, um öffentlichkeitswirksam darüber zu sprechen, was getan werden muss, damit die Almen nicht zuwachsen. Andererseits sieht auch das ÖPUL-Naturschutzprogramm, an dem die Weidegemeinschaft seit 2024 teilnimmt, vor, dass Almpflegemaßnahmen getroffen werden müssen. Da wird am Vormittag gearbeitet und am Nachmittag Geselligkeit gepflegt.

Auf der Hochalm verbringen die Mutterkühe den Sommer. Foto: Andrea Bund

Die Wassermenge in den Bächen ist im Juli rückläufig und in manchen Bereichen der Alm kommt es zu Wasserknappheit. Da haben sich die vier Wassertröge, die wir in den letzten Jahren errichteten, bereits sehr bewährt. Dennoch müssen wir auch weiterhin an der Verbesserung der Wasserversorgung in manchen Bereichen der Alm arbeiten.

Im August geht das Futterangebot langsam zurück und manche Tiere werden nach der in den Förderungsrichtlinien vorgesehenen 60-tägigen Almzeit bereits wieder nach Hause gebracht. Zu diesem Zeitpunkt hält der Vorstand jedes Jahr eine Sitzung ab, wo unter anderem auch darüber entschieden wird, ob die sogenannten Halbzeittiere abgetrieben werden müssen oder ob alle Tiere bis zum Ende des Sommers oben bleiben können.

## Zurück auf die Heimbetriebe

Der Abtrieb ist mit dem Grundeigentümer vertraglich spätestens für den 10. September vereinbart. Diese Abmachung ist für diese Alm sehr passend, da der Bürstling, der noch übrig geblieben ist, bereits sehr fest ist und kaum mehr junges Gras nachwächst. Den hohen Rohfasergehalt sieht man dann auch in den Kuhfladen. Diese schauen dann schon fast wie Pferdeäpfel aus und spätestens dann weiß man, dass es höchste Zeit für den Almabtrieb ist. Bei uns wird das Schmücken der Tiere zum Abtrieb nur mehr vereinzelt gemacht (die meisten Tiere werden auch hinunter mit dem Traktor oder Lastwagen transportiert) und auch der Menschenandrang der Zuseher hält sich bei uns in Grenzen.

Möglichst bald nach dem Abtrieb werden die Zäune wieder abgelegt und die zwei Halterhütten „eingewintert" (Wasser ablassen, Balken schließen etc.). Im November trifft sich der Vorstand noch einmal zur Nachbesprechung des Almsommers und auch um die Jahreshauptversammlung für das nächste Jahr vorzubereiten.

## Der Almsommer 2025 – die Almwirtschaft unter veränderten klimatischen Bedingungen

Begonnen hat noch alles relativ harmlos. Wir, die Bauern der Almgemeinschaft Hochalm, haben am Christi Himmelfahrtstag aufgetrieben. Es war der 29. Mai 2025 und die almwirtschaftliche Regel ein Drittel weiß (Schnee), ein Drittel braun und ein Drittel grün war fast erfüllt. Weiß war es leider den ganzen Winter nie. Es herrschte bereits im Frühjahr ein ordentliches Niederschlagsdefizit.

Auf der Almwirtschaftstagung hörten wir, dass die derzeitige klimatische Veränderung auch Vorteile haben könnte. Dem wage ich entschieden zu widersprechen und begründe dies folgendermaßen: Der größte Vorteil unseres bisherigen einigermaßen gemäßigten Klimas ist die Regelmäßigkeit. Wir hatten sehr wenige Wetterextreme. Natürlich war der Auftrieb später, aber den restlichen Sommer konnte man sich (vor allem auf der Alm) darauf verlassen, dass es immer wieder regnete und die Anzahl der Hitzetage überschaubar blieb. Das bedeutete in der Praxis, dass die Wachstumskurve einigermaßen gleichmäßig „dahinvegetierte".

Das ist vor allem für unsere sogenannte Bürstlingsalm von großer Bedeutung, da das Futter immer gleichmäßig abgegrast werden muss und überschüssiger Aufwuchs sehr schnell „fest" wird.

Außerdem kam heuer erschwerend hinzu, dass durch die große Anzahl an Hitzetagen das Borstgras sehr früh blühte und für die 550 Rinder nur mehr schwer bis gar nicht abzugrasen war, da auch der Morgentau fehlte.

### Auf einmal ist nichts mehr so, wie es immer war

Dies hatte in Summe zur Folge, dass der Almsommer auf der Hochalm so schlecht wie schon lange nicht mehr war. Das war für die Halter eine große Herausforderung! Bereits Ende Juni hatten wir mit Futter- und Wassermangel zu kämpfen und es war

Etwa 550 Rinder werden jährlich aufgetrieben. Foto: Alois Kiegerl

Das Borstgras war im August so trocken, dass die Rinder es nicht mehr fressen konnten.

Schon Anfang August mussten daher einige Tiere wieder zurück auf die Heimbetriebe.

Fotos: Alois Kiegerl

nicht sicher, ob die Rinder die 60-tägige Alpungsfrist auf der Alm verbringen können.

Anfang Juli hat etwas geregnet, aber auch hier ganz seltsam: Während normalerweise auf der Alm eher kein Mangel an Niederschlag herrscht, war es diesmal so, dass es an etlichen Tagen auf den Heimbetrieben regnete und auf der Alm nicht. So haben dann die ersten Tiere bereits Anfang August den Heimweg wieder angetreten und zum Ende der Weidesaison war zwangsläufig fast kein Vieh mehr auf der Alm.

Positiv ist zu erwähnen, dass es bei den Geburten (doch wieder nahe 100) kaum Ausfälle gab und auch Euterentzündungen heuer keine Rolle spielten.

## PILOTPROJEKT „HERDENSCHUTZ HOCHALM"

*Von Andrea Bund*

Die Almfläche der Weidegemeinschaft Hochalm-Bärntal, welche in Koppeln unterteilt ist, wird mit ca. 500 Stück Rindern (Stiere, Kühe, Kalbinnen und Kälber) bestoßen. Während der Weidesaison werden die Rinder von einem Hirten beaufsichtigt, welcher sich u. a. um die ca. 100 neugeborenen Kälber und deren Gesundheitszustand kümmert. Um die Behirtung einigermaßen zu erleichtern, werden jährlich ca. 30 km Elektrozaun errichtet. Dieser Zaun, bestehend aus einem oder zwei Stahldrähten bzw. Stromlitzen, dient sowohl als Außengrenze als auch zur Unterteilung in Koppeln. Die Funktion des Zaunes beschränkt sich auf die Ausbruchssicherheit der Weidetiere und dient der gelenkten Weideführung.

In den vergangenen Jahren wurden neugeborene Kälber zum wiederholten Male von Großraubtieren attackiert und verletzt bzw. getötet. Gerade in den ersten Stunden nach der Geburt ist das Risiko eines Angriffs am größten, da die Mutterkuh von der Geburt zu sehr geschwächt ist, um sich und das Kalb effektiv verteidigen zu können. Aufgrund der Ergebnisse von DNA-Untersuchungen, welche im Zuge der Rissbegutachtungen durchgeführt wurden, konnten u. a. auch einzelne Wolfs-Individuen nachgewiesen werden. Um einen größtmöglichen Schutz der Kälber zu gewährleisten, müsste der bestehende Zaun als wolfssicherer Herdenschutzzaun ausgeführt werden. Dies wäre jedoch sowohl topographisch als auch technisch eine außerordentliche Herausforderung für die Weidegemeinschaft und zudem mit enormen Kosten verbunden. Es müssten zusätzliche Weidezaungeräte und Zaunmaterial angekauft, Zwergsträucher entfernt und Gräben gesichert werden. Hinzu kommt, dass sowohl Übersprungs- als auch Durchschlupfmöglichkeiten gesondert ausgezäunt werden müssten.

Als Alternative für den Schutz der neugeborenen Kälber vor großen Beutegreifern, insbesondere dem Wolf, wurde ein Pilotprojekt, welches einen wolfssicheren Abkalbebereich vorsieht, entwickelt. Nach Vorlage bei den damaligen Landesrätinnen der Ressorts für Land- und Forstwirtschaft sowie Umwelt, Klimaschutz, Energie, Regionalentwicklung und Raumordnung und nach deren Zustimmung wurde das Projekt im Jahr 2023 zur Förderung eingereicht.

Der Abkalbebereich wurde auf einer Fläche mit übersichtlichem Gelände, ausreichender Wasserversorgung und Anbindung zur Zufahrtsstraße geplant. Um die gleichzeitige Nutzung von mehreren Tieren gewährleisten zu können, wurde (unter Berücksichtigung des geschätzten Futterertrages von ca. 4.000 kg/TM/ha) ein notwendiges Flächenausmaß von ca. 6 ha berechnet. Somit ist die durchgehende Beweidung von zugleich elf Rindern garantiert. Der ca. 1.000 m lange Zaun wurde noch vor Beginn der Weidesaison 2024 errichtet. Als Vorgabe diente die Broschüre „Empfehlungen des technischen Herdenschutzes", herausgegeben vom Österreichzentrum Bär, Wolf und Luchs. Projektbegleitend und federführend stand uns Reinhard Huber von der HBLFA Raumberg-Gumpenstein zur Seite, welcher jahrelange Erfahrung auf dem Gebiet Herdenschutz, gelenkte Weideführung und Almwirtschaft aufweist. Als Stromquelle wurde ein Weidezaungerät mit einer Solarstromversorgung und einer Ausgangsenergie von 15 Joule angekauft. Die Erdung wurde der Leistung des Weidezaungerätes angepasst (bei Kurzschluss am Zaun muss die Spannung an den Erdstäben unter 0,3 kV betragen). Als Stromleiter wurde ein aluverzinkter Stahldraht mit 2,5 mm Durchmesser verwendet und mit Stahlfedern und rotierenden Spannern ergänzt. Um die Tiere ein- und austreiben zu können, kamen zwei elektrifizierte Tore zur Anwendung. An den Ecken und als Torhalter setzte man stärkere Holzpfähle ein, für die restliche Verstärkung des

Für die Weide wurden zwei Wasserstellen angelegt. Das Überwasser des bestehenden Hauptbrunnens kann mit Schläuchen zu den neuen Wasserstellen geleitet werden. Foto: Alois Kiegerl

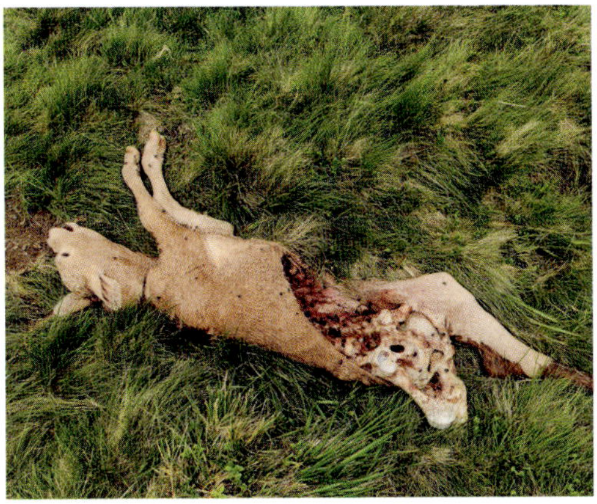

Rissbegutachtung am 18. Juli 2023: Tot aufgefundenes Kalb von der Weidegemeinschaft Hochalm-Bärntal.

Mit dem Bagger wurden die Zaunpfähle für den geschützten Abkalbebereich eingedrückt. Fotos: Andrea Bund

Begehung der Projektfläche am 22. August 2023 (von rechts nach links): Reinhard Huber (HBLFA Raumberg-Gumpenstein), Obmann der Weidegemeinschaft Alois Kiegerl, Florentina Kiegerl

Zaunes wurden übliche Kastanien-Pfähle verwendet. Die Topographie des Geländes eignete sich für die Befahrung mit einem Bagger, weshalb die Pfähle mit dem Bagger eingedrückt wurden und gleichzeitig kleine Geländekorrekturen vorgenommen werden konnten.

Vor, während und nach der Geburt ist eine genaue Tierkontrolle der hochträchtigen Mutterkühe und der neugeborenen Kälber unerlässlich. Für notwendige Untersuchungen und allfällige Behandlung der Tiere wurde innerhalb des Abkalbebereiches eine Fangvorrichtung aus Holzpfählen und Holzstangen errichtet, um die Fixierung zu erleichtern und bei gesundheitlichen Problemen rechtzeitig eingreifen zu können.

### Projektkosten* „Geschützter Abkalbebereich Hochalm"

| Kosten (einmalig, laufend) | in Euro |
|---|---|
| Zaunkosten | € 10.083,94.- |
| Wasserversorgung | € 701,82.- |
| Fangvorrichtung | € 617,50.- |
| Wartungskosten für 5 Jahre | € 4.600,00.- |
| **Gesamtkosten des Projektes** | **€ 16.013,26.-** |

* zu je 50 % gefördert aus den Mitteln der politischen Ressorts „Land- und Forstwirtschaft" und „Umwelt, Klimaschutz, Energie, Regionalentwicklung und Raumordnung"

# ENERGIEAUTARKE ALM

*Von Markus Köppl*

Die Grabneralm, gelegen im Gesäuse in der Steiermark, ist seit mehr als einem Jahrhundert eng mit der Ausbildung an der Land- und forstwirtschaftlichen Fachschule Grabnerhof verbunden. Die rund 200 Hektar große Almfläche wird genutzt, um Schülern grundlegende Fähigkeiten der Alm- und Berglandwirtschaft zu vermitteln. Ställe, Düngerlagerstätten und befestigte Almwege wurden errichtet, Milchprodukte vor Ort erzeugt und zur Schule ins Tal gebracht.

Mit dem energieautarken Betrieb des Ziegenstalls und der Schaukäserei ist es gelungen, ein einzigartiges Modellprojekt zu realisieren, das sowohl ökologisch als auch pädagogisch überzeugt. Die Energieversorgung der Grabneralm basiert auf einem dreisäuligen System, das speziell auf die geografischen und betrieblichen Anforderungen der Alm zugeschnitten ist: Wasserkraft, Photovoltaik und eine Notstromlösung sorgen gemeinsam für eine zuverlässige und nachhaltige Energieversorgung.

Im Zentrum steht dabei die konsequente Umsetzung der vier „E" der Energieautarkie:

- » Energiemanagement: Durch effiziente Technik und bewusste Nutzung wird Energieverbrauch minimiert.
- » Energieerzeugung: Strom und Wärme stammen aus lokalen, erneuerbaren Quellen – Wasserkraft, Photovoltaik und Holz.
- » Energiespeicher: Batteriesysteme sichern die Stromverfügbarkeit rund um die Uhr, auch bei Wetterextremen.
- » Energieeffizienz: Wärmeverteilung per Umwälzsystem, abgestimmte Verbrauchslasten und Insellösungen sorgen für maximale Unabhängigkeit bei minimalem Ressourceneinsatz.

Sämtliche baulichen Maßnahmen – von der Wasserkraftanlage über die Photovoltaik bis zur hygienisch sensiblen Lebensmittelproduktion – wurden im Rahmen klar definierter und ordnungsgemäß abgewickelter Genehmigungsverfahren umgesetzt. Damit erfüllt das Projekt nicht nur sämtliche umweltrechtlichen und technischen Anforderungen, sondern dient auch als rechtssicheres Vorbild für vergleichbare Vorhaben.

## Energie und Trinkwasser aus einer Quelle

Das Herzstück des autarken Energiesystems ist eine Kleinwasserkraftanlage, die unterhalb der Schutzhütte errichtet wurde. Die Anlage nutzt das Gefälle von rund 85 Metern zwischen Quellfassung und Kraftwerkshaus, um Wasser durch eine 450 Meter lange Druckrohrleitung auf eine eindüsige Pelton-Turbine zu leiten. Diese treibt einen Asynchrongenerator an, der eine elektrische Leistung von bis zu 4 kW liefert – ausreichend für den Grundbedarf von Käserei und Almgebäude im Normalbetrieb.

Das System ist clever in ein Doppelnutzungskonzept integriert: Das Wasser, das zur Energiegewinnung verwendet wird, stammt aus einer neu errichteten Quellfassung und wird zuvor in einem Sandfang gereinigt. Anschließend dient der Sammelbehälter nicht nur als Wasserschloss für den Turbinenbetrieb, sondern auch als Speicher für die tägliche Trinkwasserversorgung. Eine Tauchpumpe befördert nachts das Trinkwasser über eine UV-Anlage in einen höhergelegenen Behälter, der dann Schutzhütte und Almgebäude über Eigendruck versorgt.

Die Anlage kommt ohne hydraulische Steuerungen aus, wodurch kein Risiko von Öl- oder Hydraulikverlusten besteht. Auch auf die Gewässerökologie wurde Rücksicht genommen – eine Restwasserdotation von 0,2 Litern pro Sekunde stellt sicher, dass im Ausleitungsbereich Lebensräume erhalten bleiben.

## Sicherheit bei Sonne

In den Trockenjahren 2013 und 2015 stieß das Wasserkraftwerk an seine Grenzen. Niedrige Wasserstände führten zu zeitweiligen Stromengpässen – eine Herausforderung, die 2016 mit der erstmaligen Installation einer Photovoltaikanlage gelöst wurde. Im Jahr 2025 wurde die bestehende PV-Anlage durch ein modernes 5 kWp-System ersetzt und technisch umfassend erneuert. Die neue Anlage sorgt nun für eine stabile Grundlastversorgung und ergänzt die Wasserkraft insbesondere in den Sommermonaten, wenn der Strombedarf in der Käseproduktion hoch ist, aber weniger Wasser zur Verfügung steht.

Der erzeugte Strom wird in einem leistungsfähigen Batteriespeicher mit einer Gesamtkapazität von 24 kWh gespeichert. Das System erlaubt eine Entnahme von bis zu 3 kW pro Phase, wodurch auch größere Verbraucher wie Kühlgeräte, Pumpen oder Melkanlagen sicher und gleichmäßig versorgt werden können. Die dreiphasige Auslegung stellt sicher, dass auch bei einseitiger Lastverteilung keine Instabilitäten im System auftreten.

Dank dieser Kombination aus PV und Speicher kann die Grabneralm ihren Energiebedarf weitgehend unabhängig von Wetter und Tageszeit decken. Besonders in Kombination mit der Wasserkraftanlage ergibt sich ein robustes, nachhaltiges Versorgungssystem, das den autarken Betrieb von Stall und Schaukäserei dauerhaft ermöglicht – und gleichzeitig einen aktiven Beitrag zur Reduktion fossiler Energiequellen leistet.

## Wärme durch Scheitholz und Umwälztechnik

Die Beheizung des Almgebäudes und der Schaukäserei auf der Grabneralm erfolgt über einen wassergeführten Scheitholzofen, der als zentrale Wärmequelle dient. Dabei wird die beim Verbrennen von Stückholz erzeugte Wärme genutzt, um Wasser in einem geschlossenen Heizkreislauf zu erwärmen. Dieses warme Wasser wird anschließend durch eine stromsparende Umwälzpumpe zu den Heizkörpern in den verschiedenen Funktionsräumen transportiert.

Das System versorgt unter anderem:

» den Melkstand und die Milchkammer,
» die Käserei mit ihren empfindlichen Produktions- und Lagerräumen,
» sowie Aufenthalts- und Sanitärräume für Personal und Schülergruppen.

Die Umwälzpumpe wird durch das bestehende regenerative Energiesystem betrieben und benötigt nur minimale elektrische Leistung – ideal für den Einsatz im energieautarken Inselbetrieb.

Besonders im Frühjahr, Herbst oder an kühlen Sommertagen sorgt das System dafür, dass die in der Käserei geforderten Raumtemperaturen eingehalten werden können – eine wesentliche Voraussetzung für die sichere Herstellung von Käseprodukten. Damit stellt die Grabneralm sicher, dass auch der Wärmebedarf in sensiblen Bereichen vollständig ohne fossile Energieträger gedeckt wird.

# BIODIVERSITÄT AUF DER LITZLHOFALM

*Von Karen Huber*

Im Sommer 2020 wurde auf der Oberkärntner Litzlhofalm ein Projekt verwirklicht, das in den Jahren zuvor schon angedacht und vorbereitet worden war. Ziel des Versuchs war es, die Weideflächen geplanter, intensiver und weitreichender zu nutzen, um sie letztendlich dauerhaft und nachhaltig zu verbessern. Dazu wurden neben den traditionell auf der Litzlhofalm weidenden ca. 130 Rindern und ca. 22 Ziegen auch 12 Pferde, 58 Lamas, 6 Alpakas und zwei Zuchtsauen aufgetrieben.

Die von der Agrarmarkt Austria (AMA) anerkannte Weidefläche umfasst ca. 87 ha, die Gesamtfläche beträgt 245 ha. Die Alm ist in vier Koppeln und einen großen Anger am Hof unterteilt. Die Einzäunung erfolgt mit einem Elektro-Festzaun, der von einer Photovoltaikanlage mit Strom versorgt wird.

Die traditionelle Vorgehensweise – nämlich im Juni zunächst die unteren Weideflächen zu bestoßen, die Herden dann auf die weiter oben liegenden Weiden zu treiben und Ende August wieder auf die tiefer liegenden – wurde bewusst nicht beibehalten. Seit einigen Almsommern hat es sich für die Litzlhofalm bewährt, alle fünf Koppeln schon vom Auftrieb an beweiden zu lassen, um zu vermeiden, dass das wertvolle Futtergras für die Rinder überständig wird, wie es in den Jahren zuvor regelmäßig der Fall war. Vorteilhaft ist außerdem, wenn die Tiere der jeweiligen Bauern und Bäuerinnen den gesamten Almsommer in ihren Herden auf derselben Koppel verbleiben, auf der sie im Sommer zuvor schon waren. Sie sollten mit nur einer, maximal zwei anderen Gruppen zusammengebracht werden, im besten Fall mit den Gruppen, die sie vom Vorjahr schon kennen. Damit wird vermieden, dass beim Umtreiben der Herden Unruhe entsteht, immer wieder Rangordnungskämpfe ausgetragen werden und die Tiere die neuen Koppeln nach dem Umtrieb erst wieder erkunden müssen. Die älteren Tiere wissen noch vom Vorjahr, die Jüngeren innerhalb weniger Tage, wo die Koppel durch die Umzäunung endet, wo die Wasserstellen und Salzlecken sind, wo Futter steht und wo die Liegeflächen sind. Die Jüngeren orientieren sich immer an den Erfahreneren, damit kehrt sehr viel schneller Ruhe ein, es gibt weniger Verletzungen und das Vieh ist zufriedener.

## Pferde für bessere Weidenutzung

Trotz dieser Maßnahmen bleibt beim Bestoßen der Almflächen mit ausschließlich Rindern und Ziegen noch sehr viel Futter ungenutzt, und die Weideflächen verbuschen mit der Zeit. Deshalb konnte im Sommer 2020 die Anzahl der aufgetriebenen Pferde durch eine Herde der Landwirtschaftlichen Fachschule Stiegerhof ergänzt werden. Pferde fressen u. a. gerne die von Rindern verschmähten hartstengeligen Stollwasen (Rasenschmiele), den Bürstling und Disteln bzw. deren Blütenstände, da sie im Gegensatz zu Rindern im Ober- und Unterkiefer Schneidezähne besitzen, die sich eignen das harte Gras zu verbeißen.

## Ziegenstall bietet Mehrwert

Der Wert der Ziegen für die Weidepflege auf Almen ist bekanntermaßen unbestritten. Die seit vielen Jahren angestammte Litzlhofalmherde kümmert sich um die Grünerlen (Lutternach), die tieferhängenden Äste von Fichten und Lärchen, die hoch gelegenen kräuterreichen Weideflächen und in erheblichem Maße um die Alpenampferflächen um die Hofstelle herum. Insbesondere der Alpenampfer und seine Blütenstände werden sonst von keiner anderen Tierart in nenneswerter Menge gefressen.

Durch die Erweiterung und den Ausbau des Ziegenstalles an der Hofstelle im Sommer 2019, der zusätzlich zum höher gelegenen Schattenstall den Tieren Wetterschutz bietet, weideten die Ziegen wesentlich öfter im Bereich des Almstalles, besonders auf den Ampferflächen. Da Ziegen Regen nicht tolerieren, brauchen sie unbedingt einen überdachten Unterstand bzw. Stall, sonst wandern sie ab.

### Lamas mit GPS ausgestattet

Neu dazugekommen sind im Sommer 2019 Lamas. In ihrem ersten Sommer auf der Litzlhofalm wurde zunächst beobachtet, wie sie sich auf einer Alm verhalten, wie sie mit anderen Tierarten interagieren und v. a. welche Futterpflanzen sie fressen. Sie wurden mit einem GPS-Tracker besendert. So konnte ganz einfach ein Bewegungsprofil erstellt werden. Es zeigte sich sehr schnell, dass diese Tierart außerordentlich friedliebend ist, keine Konflikte verursacht bzw. Konflikte mit anderen Tierarten aus dem Weg geht, einfach im Umgang und äußerst genügsam und wetterfest ist. Sie lieben offenes und hoch gelegenes Gelände und meiden die Weideflächen der Rinder und Pferde. Durch eine verlängerte Magen-Darmpassage besitzen sie eine extrem effiziente Verdauung und brauchen weniger Proteine und Energie wie z. B. Schafe. Aufgrund dieser Beobachtungen wurden im Sommer 2020 eine große Herde Lamas und Alpakas aufgetrieben, insgesamt 64 Stück, diesmal auf die kargsten, unzugänglichsten und höchstgelegensten Flächen. Trotz ihrer beträchtlichen Körpergröße zählt ein Lama, bezogen auf die Großvieheinheit (GVE), nur so viel wie eine Ziege, was ihre extreme Genügsamkeit unterstreicht.

Die Lamas und Alpakas weideten intensiv auf den Schwarz-, und Rauschbeerflächen und dezimierten diese Zwergsträucher sichtbar. Außerdem ernährten sie sich auf den hoch gelegenen kräuterreichen und kargen Weiden mit harten Gräsern, sie verbissen die jungen Fichten und Lärchen, die tieferhängenden Äste der älteren Bäume und fraßen, wie die Pferde, das Bürstlingsgras. Grünerlen fraßen sie nicht.

Lamas und Alpakas sind Sohlengänger und verteilen ihr Körpergewicht damit über eine größere Fläche wie Zehenspitzengänger (Rind, Schaf, Ziege, Pferd), ihre Fußunterseiten sind geschmeidig, ihre weichen Sohlen schonen die Grasnarbe und hinterlassen keine Trittschäden, auch nicht an steileren Hängen mit weichem Untergrund.

### Ampfer mit Schweinen bekämpfen

Die aufgetriebenen Zuchtsauen der Rasse „Schwäbisch Hällische“ wurden schon im dritten Sommer gezielt auf Flächen mit nahezu 100 %-igem Alpenampferbewuchs gekoppelt. Der Alpenampfer hat, im Gegensatz zum Sauerampfer, keine Sproßwurzel, seine Wurzeln sind horizontal verzweigt, unterwandern die Grasnarbe und ein Ausstechen ist unmöglich. Den Schweinen wurden täglich Maiskörner in die gezäunte Ampferfläche geworfen, sodass sie begannen, die Ampferpflanzen im Ganzen auszuwühlen, um an den Mais zu kommen. Die ausgebuddelten Ampferpflanzen wurden händisch entfernt, die dadurch

Das Zusammenleben zwischen Rindern und Schweinen war zu keinem Zeitpunkt problematisch und führte nicht zu Konflikten zwischen den Tierarten. Foto: Karen Huber

entstandene, nahezu ampferfreie Fläche im Herbst noch mit Alpinsaatgut eingesät. Die so gepflegten Areale der beiden Jahre zuvor haben sich dadurch in ampferarme bzw. -freie Flächen verwandelt.

Das unterschiedliche Fressverhalten der Tierarten führt zu verbesserten Weideflächen und zu einer Aufwertung der Alm. Das Weidemanagement der Litzlhofalm hat sich bewährt und soll daher in den nächsten Jahren weiterverfolgt werden.

## GEMISCHTE BEWEIDUNG DER ALMFLÄCHEN DURCH VERSCHIEDENE HUFTIERARTEN

Auch im Almsommer 2022 wurde auf der Litzlhofalm die gezielte und gelenkte gemischte Beweidung der Almflächen mit verschiedenen Huftierarten praktiziert. Es wurden 102 Rinder, 95 Lamas, 2 Alpakas, 37 Ziegen und 17 Pferde aufgetrieben.

Die Alm ist 247 ha groß, hat 89 ha anerkannte Futterfläche und ist durch einen, mit einer Photovoltaikanlage betriebenen Elektrozaun, in vier Koppeln unterteilt, die sich zum Teil erheblich in ihrer Vegetation unterscheiden. Sie erstreckt sich von 1.600 m Seehöhe bis 2.100 m.

Die Arbeitshypothese ist, dass sich das Bestoßen der Almflächen mit vier verschiedenen Huftierarten günstiger auf die Vegetation auswirkt als die Beweidung durch nur eine Tierart, wie klassischerweise Rind oder Schaf. Die „Arbeitsteilung" zwischen Rind, Pferd, Ziege, Lama und Alpaka führt zu einer Pflege der Landschaft, wie sie durch die alleinige Beweidung mit Rind und Schaf nicht zu erreichen ist. Grund dafür sind die unterschiedlichen Ernährungstypen der genannten Tierarten.

### Ernährungstypen

Bei den Wiederkäuern werden drei Ernährungstypen unterschieden. Die Unterscheidung beruht auf anatomischen Merkmalen des Wiederkäuermagens. Es wird unterschieden in Selektierer, Gras- und Raufutterfresser und in Intermediär-Typen (Mischäser).

#### Selektierer – Reh und Rothirsch

Die Evolution der Wiederkäuer begann mit den sogenannten Konzentratselektierern, heute Selektierer genannt. Sie fressen selektiv leicht verdauliche Pflanzenanteile wie Kräuter, Blüten, Blätter, Knospen, Eicheln und Früchte, die reich an hochverdaulichen Zellinhaltsstoffen sind. Sie besitzen kleinere Vormägen mit geringerer Kapazität und Unterkammerung, sowie große Öffnungen zwischen den Vormägenabschnitten. Das führt zu einer schnellen Passagezeit des Futters und einer raschen Verdauung. Sie sind deshalb nicht in der Lage, langsam verdauliche Pflanzenfaseranteile wie Gras und Zellulose zu verstoffwechseln. Das Musterbeispiel eines Selektierers in Mitteleuropa ist das Reh, auch Elche und Rothirsche gehören dazu.

#### Gras- und Raufutterfresser– Rind und Schaf

Rind, Schaf, Stein-, und Muffelwild sind Gras- und Raufutterfresser. Sie sind an die Verdauung rohfaserreicher Futtermittel angepasst und können durch mikrobielle Verdauung rohfaserreiche Futtermittel sehr gut nutzen. Weiderinder haben die Fähigkeit offenbar völlig verloren, mit Hilfe ihres Speichels gerbstoffbindende Eiweiße zu bilden, deswegen können sie verholzte Pflanzenteile nicht verdauen. Das erklärt, warum Almflächen mit einem hohen Anteil an Zwergsträuchern wie z. B. Heidel-, Rausch-, Preiselbeere, Zwergwacholder und Alpenrose für Rinder und Schafe nutz- und wertlos sind.

#### Selektierer vom intermediären Ernährungstyp – Ziegen

Ziegen sind Selektierer vom intermediären Ernährungstyp und stellen eine Zwischenform der Ernährung dar. Sie besitzen einen großen und anpassungsfähigen Pansen und können sich deshalb an ändernde Futterzusammensetzungen anpassen. Im Sommer frisst dieser Ernährungstyp, zu dem z. B. auch Rot- und Gamswild gehört, leicht verdauliche Nahrung wie Kräuter und Sträucher, Knospen und Blüten. Im Winter kann die Ernährung problemlos auf faserreiche Nahrung wie Heu umgestellt werden. Diese Tiere können nur in geringem Maße gerbstoffbindende Eiweiße bilden, deshalb können sie verholzte Pflanzenteile nur bedingt verdauen. Auf den Flächen der Litzlhofalm bevorzugen Ziegen die hoch gelegenen Weiden mit Kräutern, Zwergsträuchern, Moosen und Flechten, sowie die Grünerlenbestände, deren Blätter sie gerne fressen. Um die Almhütte herum halten sie die Almampferflächen kurz. Die Weideflächen der Rinder meiden sie.

### Kameliden

Lamas und Alpakas, wie alle Camelidae, käuen wieder, gehören aber nicht zur Unterordnung der Wiederkäuer (Ruminatia), sie gehören zur Unterordnung der Schwielensohler. Das Verdauungssystem der Kameliden hat einen Bauplan, der sich von dem anderer Säuger grundlegend unterscheidet. Lamas und Alpakas sind, obwohl sie häufig mit den echten Wiederkäuern verglichen werden, in Wirklichkeit nur entfernt verwandt mit diesen. Die Vorfahren der heutigen Wiederkäuer trennten sich von den Schwielensohlern vor über 55 Millionen Jahren. Bei dieser Abspaltung entwickelten die echten Wiederkäuer, wie z. B. unsere Rinder, ein aus vier Kompartimenten bestehendes Magensystem (Pansen, Netz-, Blätter- und Labmagen), die Kameliden ein aus drei Kompartimenten bestehendes Magensystem (als C-1, C-2 und C-3 bezeichnet). Trotz dieser frühen Trennung der Entwicklungsgeschichte bestehen funktionelle Gemeinsamkeiten zwischen dem Magensystem der Kameliden und dem der Wiederkäuer. Die Futterverwertung durch Wiederkäuen ist also eine Parallelentwicklung der Evolution und mehrmals im Verlauf der Entwicklungsgeschichte aufgetreten. Die Kamelartigen mussten sich den harten Bedingungen von Wüsten, Halbwüsten und Hochgebirgen anpassen und mit den äußerst kargen Bedingungen überleben. Evolutionsbiologisch betrachtet sind die Kameliden etwas ursprünglicher als die eigentlichen Wiederkäuer. Jede der beiden Entwicklungslinien erreichte jedoch auf ihre Weise eine hervorragende Anpassung an die entsprechenden Lebensräume und Nahrungsgrundlagen.

Kameliden sind Spezialisten für hartes, trockenes Futter. Sie zerkauen mühelos rohfaserreiches, hartes und dorniges Pflanzenmaterial. Ihr Schlund und auch mehrere Magenabschnitte sondern Sekrete ab, ihr Darm ist kürzer als der anderer Nutztiere (z. B. Rind), aber die Dauer der Magen-Darmpassage ist länger als z. B. bei Rindern. Die Nahrungsbestandteile werden nicht sofort in den Pansen transportiert, sondern verbleiben eine Zeit lang in der Speiseröhre und werden dort durch Drüsensekrete befeuchtet. Die Mägen der Schwielensohler sind allesamt mit Drüsen ausgestattet, „unsere" Wiederkäuer dagegen besitzen nur im Labmagen Drüsen. Kameliden sind im Fressverhalten flexibler und in der Verwertung von rohfaserreichem Futter leistungsfähiger als Rinder, die qualitativ hochwertigere Gräser und Kräuter brauchen.

Die Lamaherde der Litzlhofalm hält sich vorwiegend auf den höchstgelegenen Almflächen auf und frisst die dort wachsenden Zwergsträucher, womit sie deren Ausbreitung eindämmen. Foto: Karen Huber

Die Lamaherde der Litzlhofalm bevorzugt die höchstgelegenen Almflächen und frisst in deutlich erkennbaren Mengen die dort fast ausschließlich wachsenden Zwergsträucher, vor allem Heidel-, Preisel- und Rauschbeeren, Moose und Flechten und zu einem geringeren Anteil auch Alpenrose und Zwergwacholder. Außerdem fressen sie die tief hängenden Äste der Lärchen und Fichten, wodurch mehr Sonnenlicht einfallen kann und unter den Bäumen Platz entsteht. So wird langfristig Futterfläche für Rinder und Schafe geschaffen.

### Pferde

Pferde sind Gras-, und Raufutterfresser, aber keine Wiederkäuer. Sie sind mithilfe ihrer Schneidezähne in Ober- und Unterkiefer in der Lage, auch harte Gräser zu verbeißen. Bürstlingsgras und Stollwasen beispielsweise werden von Rindern gemieden, die Pferde der Litzlhofalm verbeißen diese Gräser aber sehr stark. Sie sind also eine ideale Ergänzung der Rinderherden.

### Ausblick

Die Erkenntnisse aus den Beobachtungen auf der Litzlhofalm verdeutlichen, dass die Beweidung mit Rindern, Ziegen, Lamas, Alpakas und Pferden die Futterflächen eindeutig und sichtbar verbessern. Durch die zunehmend höheren Temperaturen im Alpenraum, die Verschiebung der Waldgrenze nach oben und die sich verändernden klimatischen Bedingungen für Flora und Fauna, betrachten wir es als lohnenswertes Ziel, neben Rindern auch in Zukunft Pferde, Ziegen, Lamas und Alpakas aufzutreiben.

# PFERDE AUF DER ALM

*Von Markus Vötsch*

Die Alm ist nicht nur ein idyllischer Rückzugsort für Menschen, sondern auch ein wichtiger Lebensraum. Wenn im Frühling die Schneeschmelze einsetzt und die Wiesen in frischem Grün erstrahlen, beginnt für viele Tiere der Auftrieb auf die Alm. Dieses naturnahe Leben bietet viele Vorteile für deren Wohlbefinden.

Seit Jahrhunderten werden Nutztiere wie Kühe, Schafe und Ziegen im Sommer auf die Almen getrieben. Seit in den 1950iger Jahren das Nutzpferd von Freizeit- und Zuchtpferden beinahe zur Gänze abgelöst wurde, werden auch diese sehr gerne gesömmert. Diese Tradition hat wirtschaftliche sowie ökologische Gründe. Zum einen werden die Heimweiden geschont, zum anderen werden die nährstoffreichen Almgräser bestens genutzt. Der Almauftrieb ist dabei ein kulturelles Ereignis in vielen Regionen Österreichs und oft ein eindrucksvolles Schauspiel.

## Pferde profitieren von der Alm

Pferde auf der Alm zu halten wird immer beliebter, insbesondere bei Züchtern und Besitzern von Pferderassen wie Haflinger, Noriker und Isländer, aber auch Esel, Ponys und andere Rassen finden sich auf der Alm ein. Durch ihre kräftigen Hufe, die stabilen Gelenke und das dichte Fell sind sie auch für schlechteres Wetter optimal gerüstet.

Während ihres Aufenthaltes auf der Sommerweide leben die Pferde meist in Herdenverbänden, was ihrem natürlichen Sozialverhalten entspricht. Sie bewegen sich auf großen Flächen was ihre Muskulatur und das Immunsystem fördert. Weiters tragen die frische Bergluft und das Quellwasser sowie die nährstoffreichen Almwiesen zur Gesundheit der Tiere bei. Hautprobleme spielen auf Almen beinahe keine Rolle, der ständige Bewegungsreiz durch das Berggelände hält die Pferde fit und ist eine sehr artgerecht Lebensweise.

Islandpferde auf der Alm Foto: Markus Vötsch

Pferde benötigen Kontakt zu Artgenossen da sie Herdentiere sind. Rangordnungen werden nach dem Auftrieb geklärt, Spielverhalten gefördert und Stress reduziert.

Natürlich gibt es auch Herausforderungen – Gewitter, Hagel oder Kälteeinbrüche. Zwar sind die Tiere widerstandsfähig, aber sie benötigen dennoch geschützte Bereiche wie Waldeinstände oder Einstellmöglichkeiten. Auch die Kontrolle der Tiere ist auf Almen schwieriger, da viele Gebiete riesengroß sind. Krankheiten oder Verletzungen sind so schnell wie möglich zu behandeln! Deshalb benötigt man gut ausgebildetes Almpersonal, das die täglichen Kontrollgänge absolviert. Manche Almen setzen bereits auf GPS-Halsbänder oder setzen Drohnen zum Auffinden der Almtiere ein. Auch Zäune müssen öfters kontrolliert werden, da Blitzeinschläge oder Wildtiere

Pferde profitieren auf der Alm von der naturnahen Umgebung, der Bewegung und dem sozialen Kontakt, nebenbei helfen sie unsere uralte Kulturlandschaft frei zu halten. Foto: Markus Vötsch

manchmal die Zäune beschädigen. Auch das Großraubwild wie Bär und Wolf sind im Kommen und können für Jungtiere zur Gefahr werden.

Ein besonderer Vorteil der Almhaltung zeigt sich in der Aufzucht der Jungfohlen, die einen Sommer auf der Alm verbringen und dort unter natürlichen Bedingungen aufwachsen. Sie lernen von Beginn an, sich in unebenem Gelände zu bewegen, entwickeln einen sicheren Tritt und ein gutes Körpergefühl. Das spätere Einreiten fällt da leichter. Für Zuchtstuten ist die Alm ideal, da Durchblutung und Fruchtbarkeit positiv beeinflusst werden.

Das gemeinsame Weiden aller Tierarten wir oft praktiziert. Gibt es auf der Alm viele Pferde, weiden sie auch separat und werden zum Nachweiden der anderen Weiden eingesetzt.

Almwirtschaft mit Weidevieh trägt auch zum Klimaschutz bei, da Verbuschungen verhindert werden und die Gefahr von Lawinen und Erdrutschen vermindert werden.

Zusammengefasst heißt das: Pferde auf der Alm zu halten ist mehr als eine romantische Vorstellung. Es ist artgerechte Tierhaltung, ökologische Nachhaltigkeit und kulturelles Erbe.

### Sommerurlaub auf der Rossbachalm

*Von Silvia Posch und Angelika Schön*

Vor einigen Jahren durften wir durch Zufall den Pferdeauftrieb auf der Rossbachalm kennenlernen. Seither gehört der Almauftrieb zu einem fixen Bestandteil in unserem Pferdebesitzerleben. Sprichwörtlich heißt es hier: „zurück zum Ursprung“. Die Pferde können in diesen drei Monaten einfach nur Pferd sein und das am schönsten Platz in unserer Region.

In diesen drei Monaten leben die Pferde ein richtiges Wildpferdeleben. Zu Beginn gibt es beim Auftrieb immer etwas Aktion, bis sich die Pferdegruppen gebildet haben. Aber das gehört dazu, bei auch immerhin fast 60 Pferden. Traditionell gehen wir mit unseren Vierbeinern zu Fuß auf die Alm und bringen sie auch am Ende der Saison zu Fuß hinunter. Zuerst hatten wir Sorge, sie aus ihrer gewohnten Umgebung zu reißen, aber mit den Jahren konnten wir die Erfahrung machen, dass unsere Pferde Almfreunde gefunden haben und immer freudig wiehernd begrüßt werden, wenn sie sich wiedersehen. In dieser Auszeit erfreuen sich unsere Pferde und Ponys der guten Almluft, der wertvollen Almkräuter, der vielen Bewegung und des unbezahlbar schönen Ausblicks. Da unsere Pferde immer mehr mit Ekzemen, Husten und einem „Wohlstandspummelbauch“ zu kämpfen haben, ist die Alm sozusagen wie ein Verjüngungs- und Erfrischungsurlaub. Außerdem sind unsere Pferde in der Zeit auf der Alm, in der sie nicht der extremen

Nach dem Almsommer geht es zu Fuß zurück in den Stall. Foto: Markus Vötsch

Hitze und der vielen Insekten im Heimatstall ausgesetzt sind.

So schön die Almzeit sein kann, so kann sie einem besorgten Pferdebesitzer durch ihre plötzlichen Wetterumschwünge auch einiges abverlangen. Als es im letzten September zu einem plötzlichen Wintereinbruch kam, konnten die Sorgen darüber schnell genommen werden, durch das Engagement und den Einsatz des gesamten Almteams. Der gute Zusammenhalt und Austausch unter den Pferdebesitzern sowie die gute Betreuung durch Franz Schriebl machen die Almzeit so besonders. So ist es auch als Pferdebesitzer möglich, stressfreie Sommermonate zu verbringen, mit dem Wissen, dass unsere geliebten Schätze eine pferdegerechte Zeit erleben.

## ALS SCHAFHIRTE AUF DER HAUSER-KAIBLING-ALM

*Von Franz Bergler*

Der Tag beginnt früh. Kurz nachdem der Tag erwacht ist und nach einem guten Schluck Tee geht es zur Herde. Die Schafe sind auch schon auf den Beinen, sie nützen den beginnenden Tag mit dem intensiven Abfressen der hochwertigen Almkräuter und Almgräser. Jetzt sind die Temperaturen noch angenehm und die Weidetiere fressen sehr intensiv. Nach diesem ersten Weidegang geht die Schafherde zur Wasserstelle. Wasser ist das essenziellste Element auf der Alm. Der Schafhirte kann gerade am Morgen die gesamte Herde beobachten. Kleinere „Behandlungen" werden am Weg zur Wasserstelle erledigt (hauptsächlich Klauen pflegen). Sind Tiere verhaltensauffällig, werden sie von der Herde getrennt. Ist auf der Koppel keine Wasserquelle, werden die Schafe täglich mittels Kanister mit Wasser versorgt. Das ist eine kräftezehrende und zeitintensive Arbeit.

Die Koppel wird gesamt umrundet, um den Zaun zu kontrollieren, da die Kontrolle bezüglich Stromdurchfluss mittels Kontrollgerät zu wenig aussagekräftig ist. Anschließend erfolgen meistens der Abbau der vorletzten und der Wiederaufbau der nächsten Koppel. Das Zaunmaterial wird immer am Vorabend transportiert und zum Einsatzort gebracht.

Um die Mittagszeit macht man sich auf den Rückweg zur Hütte. Kochen, essen, abwaschen, eine kurze Pause und es geht wieder zu den Weidetieren. Etwa drei Stunden vor Sonnenuntergang erfolgt der zweite Besuch der Herde. Wieder wird die Herde beobachtet, wobei es ganz wichtig ist, dass die Tiere sich nicht beobachtet fühlen. Das ist deshalb wichtig, weil Schafe gute Schauspieler sind. Fußmarode Schafe grasen unbeobachtet gerne auf den Vorderknien. So schonen sie die schmerzenden Klauen. Sehen kranke Schafe den Schafhirten, so weiden sie wie gesunde Schafe und täuschen so den Beobachter.

Ein Umtrieb erfolgt immer am Abend. Je nach Distanz der beiden Koppeln sind der Berufskollege und der Hirtenhund Jim mit dabei. Ein Schafhirte leitet die Gruppe, wobei die „Wandergeschwindigkeit“ an die jüngsten Mitglieder der Gruppe angepasst werden muss, damit die Kolonne nicht abreißt. Der Hirtenkollege mit Jim ist dafür verantwortlich, dass kein Schaf verloren geht. Die „Nachhut“ kontrolliert die Herde von hinten.

Nach der Abendkontrolle wird das Material für den nächsten Tag vorbereitet und kontrolliert. Auch der „Schafler“-Rucksack wird wieder mit Salz und Lockfutter (Futterpellets, sogenannte „Stopperln“) und Wasser sowie einer kleineren Jause für den Hirten aufgefüllt.

Die letzte Tätigkeit des Schafhirten ist die Dokumentation des Tages. Dazu gehören das Registrieren der verletzten Tiere, die Beschreibung der Tagesarbeiten, die Berichterstattung an die Auftreiber (bei Verlust von Tieren oder bei Abholung von kranken Tieren), die Benachrichtigung an den Almobmann über Zugang oder Abgang (Geburt, Tod) von Tieren. Das Abendessen und die Körperpflege beenden den Hirtenalltag.

Fehlen Weidetiere, ist eine intensive Nachsuche erforderlich. Je nach Gelände und Möglichkeiten zum Entkommen (die sind immer vorhanden) dauert die Nachsuche oft stundenlang.

Das rasche Zurückbringen der „Ausbüxer“ ist wichtig, weil die Tiere sehr schnell „verwildern“ und dann sehr schwierig wieder einzufangen und in die Gruppe zu integrieren sind. Das Leittier pfeift bereits nach einigen Tagen wie ein Gams und stampft mit den Vorderfüßen, um den Hirten zu vertreiben. Auch mit dem Hirtenhund ist Vorsicht geboten. Die ausgewilderte Gruppe steigt meistens in eine steile Wand, sodass der Hirtenhund schwierig bis gar nicht über die Gruppe kommt. Schafft er es trotzdem, so versucht das Leittier den Hirtenhund mit dem Kopf aus der Wand zu stürzen. Das Leittier stellt den Hund, das heißt, dass sie den Hirtenhund frontal angreift. Im steilen Gelände ist das sehr gefährlich für den Hund.

## WIEDERBELEBUNG DER MÜLLERALM

*Von Johann Jenewein*

Der „Lange Grund“ ist ein südlich der Kelchsau abzweigendes Tal in der Gemeinde Hopfgarten im Brixental. Dieses, im Bezirk Kitzbühel gelegene Tal, beherbergt eine große Zahl an Almen, unter ihnen auch die Mülleralm, die sich zwischen 1.280 und 1.750 m Seehöhe erstreckt. Die Alm steht im Eigentum von Annelore Rieder, die im Herbst 1999 das besondere Erbe ihrer Mutter antreten konnte. Die Mülleralm wurde, so ist es im Tiroler Almbuch nachzulesen, letztmalig im Jahr 1972 als Sennalm bewirtschaftet. Von dieser Zeit an war sie ihrem Schicksal überlassen – bis zum Jahr 1999.

Plötzlich Almbesitzer! Als sich Annelore und ihr Ehemann Josef „Sepp“ Rieder dessen klar wurden, waren in ihnen Begeisterung und Tatendrang geweckt. Noch im selben Jahr, knapp vor Weihnachten, wurde Sepp von seinem Schwiegervater aus der Ferne in die Grundgrenzen der Alm eingeweiht: „Schau, die Grenze liegt oberhalb des Waldes bis dort hinauf. Die linke Grenze liegt bei diesem Graben, auch rechts ist es ein Graben; und hier unten gehört auch noch ein Stück dazu." So lautete in etwa die Beschreibung des Almgebietes, erinnern sich die beiden. Annelore, die in Innsbruck Betriebswirtschaft studiert hatte, und Sepp, der Oberarzt an der Universitätsklinik für Anästhesie und Intensivmedizin in Innsbruck ist. Sie leben mit ihren drei Söhnen Georg, Lorenz und Maximilian „Maxi" in Innsbruck Mühlau. Die Alm war durch mehrere Schicksalsschläge in der Familie seit Anfang der 1970er-Jahre nicht mehr bewirtschaftet worden.

## Erste Schritte der Wiederbelebung

Gleich im Frühjahr des Jahres 2000 holte Sepp erste Erkundigungen für die Wiederbelebung der Alm ein. Anhand des Luftbildes und einer Grenzbeschreibung gelang es ihm, einen Großteil der Grenzsteine ausfindig zu machen. Bald darauf erfolgte der Kontakt zur Abteilung Almwirtschaft beim Amt der Tiroler Landesregierung. Der zuständige Alminspektor Johann Jenewein (Anm. der Redaktion: der Verfasser dieses Beitrages) erstellte eine Potenzialstudie zur Reaktivierung der Weideflächen. Dabei wurde insbesondere auf die noch in Resten vorhandenen Weideflächen Bedacht genommen.

Die Alm besteht aus Nieder- und Hochleger mit einer Gesamtalmfläche von 66,76 ha. Am Niederleger war durch die vielen Jahre der Nicht-Nutzung nur mehr eine „offene" Fläche von ca. einem halben Hektar verblieben, der Großteil war dicht mit Bäumen bewachsen. Die Almgebäude, bestehend aus Stall und Sennhütte, waren – zum Teil durch mutwillige Zerstörung – zu Ruinen verfallen. Am Hochleger waren es vor allem Alpenrose und andere Zwergsträucher, die den ehemaligen Futterflächen zugesetzt hatten. Die ursprünglich am Hochleger befindlichen Almgebäude waren bereits im Jahr 1952 durch einen Lawinenabgang vollständig zerstört und nicht mehr aufgebaut worden.

## Konsens und Widerstand

Mit den ehemaligen Leitern der Bezirksforstinspektion Kitzbühel und der Wildbach- und Lawinenverbauung Unteres Inntal, Josef Fuchs und Andreas Haas, wurde Kontakt aufgenommen. Fragen zur Rodung, zur Erschließung mit einem Zufahrtsweg und zum „Einkauf" in die vorgelagerten Weganlagen mussten geklärt werden. Für das neue Almzentrum mit Senngebäude und Stall war es notwendig, einen lawinensicheren Standort zu finden. Mit den Behörden wurde ein gemeinsamer Konsens für die Reaktivierung der seit vielen Jahren nicht mehr bewirtschafteten Alm gefunden. Trotzdem traf die Verwirklichung des Projekts auf zum Teil heftige Widerstände, deren Lösung sich über viele Jahre hinzog.

## Ausbildung in Land- und Almwirtschaft

Diese mühevollen und unsicheren Jahre wurden von den Eheleuten für die land- und almwirtschaftliche Ausbildung genutzt. Annelore war im landwirtschaftlichen Umfeld aufgewachsen und hatte als Kind und Jugendliche auf dem Bauernhof der Verwandtschaft mitgearbeitet. Von Beginn an war nicht die Verpachtung der reaktivierten Almflächen vorgesehen, sondern die Selbstbewirtschaftung mit Lehnvieh. Annelore absolvierte daher zur Vorbereitung den Facharbeiterkurs für Landwirtschaft mit dem Spezialbereich „Kleine Wiederkäuer" und den Zertifikatslehrgang für Almwirtschaft am Ländlichen Fortbildungsinstitut. Daneben wurde von ihr auch die Jagdprüfung erfolgreich abgelegt. Sie engagiert sich zudem in der bäuerlichen Vertretung als Ortsbäuerin-Stellvertreterin der Ortsgruppe Mühlau, Pradl, Wilten und Saggen in Innsbruck, wozu sie den Kurs ZAMm (Zukunftsorientierte Agrarische Motivation) der österreichischen Bäuerinnen belegte. Sepp machte in Tirol und Oberösterreich den Almführerkurs und gemeinsam absolvierten sie einen Sennkurs in Vorarlberg.

### Beginn der geplanten Maßnahmen

Da der Niederleger nahezu vollständig „verwaldet" war, sollte das neue Almzentrum auf dem Hochleger entstehen. Die verschiedenen Widerstände waren endlich bereinigt, womit zwischen 2016 und 2018 das neu gewählte Almzentrum mit einem LKW-tauglichen Weg erschlossen werden konnte. Im Jahr 2020 waren dann erstmals 68 Tauernschecken-Ziegen auf der Alm. Diese robuste, hoch gefährdete Rasse wurde aufgrund des fehlenden Unterstands und der vielfach mit Zwergsträuchern bewachsenen Weideflächen gewählt. Das weitere Ziel war, die Anzahl der aufgetriebenen Ziegen in den folgenden Jahren stetig zu erhöhen, um die Almrosenbestände Schritt für Schritt zu reduzieren. Dies stellte sich jedoch als Problem heraus, denn durch das Auftauchen des Wolfes und der damit einhergehenden Angst der Ziegenhalter um ihre Tiere, war es nicht möglich diese angestrebte Zahl zu erreichen. Im Jahr 2025 waren es 48 Ziegen, die die Alm beweideten. Der Erfolg blieb dennoch nicht aus. Auf mehreren Flächen konnten in der Zwischenzeit die Almrosen zurückgedrängt und ein weidetauglicher Futterbestand etabliert werden.

Der nächste Schritt folgte im Oktober 2021 mit der Rodung von 2,5 ha im Bereich der geplanten Almgebäude. Die Rodung war durch die Bezirkshauptmannschaft Kitzbühel mit einem positiven Gutachten der Bezirksforstinspektion genehmigt worden. Die Aufräumungsarbeiten der gerodeten Fläche wurden im Jahr darauf in Eigenregie mit der Familie und Freunden der Söhne durchgeführt. Sogleich erfolgte die Einsaat der Rodefläche mit einer geeigneten Saatgutmischung. Damit war auch der Platz für die geplanten Almgebäude geschaffen, an denen die Bauarbeiten im Jahr 2023 begannen. Die Sennhütte und der Almstall sind in der Zwischenzeit nahezu fertiggestellt, womit weitere Ziele in Angriff genommen werden können. Die Rodung einer zusätzlichen, bereits genehmigten Fläche ist geplant.

### Zukünftige Pläne

Als zukünftige Pläne nennen Annelore und Sepp, den Ziegenbestand zu erhöhen. Deshalb wird, in der Hoffnung, dass er einen gewissen Schutz bietet, ein „wolfsabweisender" Zaun errichtet. Bereits für Sommer 2026 ist der Auftrieb von fünf bis zehn Kalbinnen der Rasse Tiroler Grauvieh vorgesehen. Sie werden die rekultivierten Rodeflächen und die von den Ziegen wiederhergestellten Weideflächen nutzen. Zusätzlich zu den Mutterziegen werden in Zukunft auch Milchziegen aufgetrieben und die Milch auf der Alm verarbeitet. Die Räumlichkeiten für die Sennerei sind im neuen Almgebäude bereits vorhanden. Der Absatz der Ziegenmilch-Produkte sollte über die örtliche Gastronomie gelingen. Für die Einstellung der Milchziegen während der Wintermonate ist eine Kooperation mit einem Ziegenhalter vorgesehen.

Eine weite Strecke auf dem oftmals mühevollen Weg zur Wiederbelebung der Mülleralm konnte durch den unermüdlichen Einsatz von Annelore und Sepp Rieder, mit Unterstützung ihrer Söhne auf der Alm, bereits zurückgelegt werden. Dafür gilt der Familie großer Respekt. Nun heißt es, dieses ehrgeizige Projekt in die Zukunft zu führen.

Die neu errichteten Almgebäude inmitten der Rodefläche. Fotos: Johann Jenewein

Durch den Verbiss der Ziegen sterben die Almrosen ab.

Mithilfe der Tauernschecken-Ziegen wurde auf mehreren Flächen ein weidetauglicher Pflanzenbestand etabliert.

# ALMLEBEN ERLEBBAR MACHEN

## DIE VERMARKTUNG VON (ALP-)ALMPRODUKTEN

*Von Alois Kiegerl*

Vorab drei kritische Anmerkungen: Am besten vermarktet von den ganzen Alm- oder Alpprodukten wird der Name selbst. Von sehr vielen wird dieser Begriff missbräuchlich verwendet und auf den Schutz dieses Begriffes für die bäuerliche Landwirtschaft müsste noch viel mehr Augenmerk gerichtet werden. Leider ist es auch in diesem Bereich so, dass an der Almwirtschaft wesentlich mehr Menschen Geld verdienen als mit der Almwirtschaft.

Nichtsdestotrotz gibt es sehr viele Almwirtschaftsbetriebe, die eine hervorragende Vermarktung ihrer Produkte etabliert haben. Ich denke an die vielen Alpkäsehersteller oder die Almhütten, wo die bäuerlichen Produkte über den Almausschank veredelt werden. Ich sehe in der Vermarktung noch ein sehr hohes Potenzial, wenn es gelingt, den Mehrwert der Produkte aus der Alm- und Weidewirtschaft noch besser hervorzukehren. Diese sind neben der Erhaltung dieses Kulturgutes, der hohe ernährungsphysiologische Wert des Lebensmittels, das Tierwohl, die ressourcenschonende Produktion und der Geschmack.

**Es gibt viele Menschen die den „industriellen Einheitsbrei" satthaben und die Produkte aus der bäuerlichen Landwirtschaft suchen. Um aber langfristige Beziehungen zu diesen Kundinnen und Kunden aufzubauen, sind einige Punkte zu beachten:**

- Diese Käuferschicht möchte informiert werden. Es ist erforderlich im persönlichen Gespräch, über Informationsmaterial, soziale Medien etc. den laufenden Kontakt herzustellen.
- Bei diesen Premiumprodukten ist umfassende Transparenz erforderlich. Es darf keine Frage unbeantwortet bleiben und in keinem Bereich ein Zweifel entstehen.
- Die Sauberkeit hat höchste Priorität.
- Die Produkte können nur verkauft werden, wenn sie gut schmecken. Da ist es erforderlich, den Geschmacksinn der Menschen zu schulen. Wie viele wissen noch, wie eine echte Rührmilch schmeckt?

Mir wird sehr oft gesagt, dass die Konsumierenden nicht gewillt sind, die (vermutlich) höheren Preise für diese hochwertigen

Lebensmittel zu bezahlen, aber ich kann aus meiner dreißigjährigen Erfahrung aus der Direktvermarktung sagen, dass diese Produkte mit Mehrwert sehr wohl ihre Fans haben.

Das klingt alles nach viel Aufwand, aber ich glaube, dass sich dieser Aufwand lohnen kann und dass am Markt noch viel Platz für Almbutter, Alpkäse, Alpschweine, Almochsen, Almhütten, Urlaub auf der Alm und die vielen weiteren Produkte ist, die noch entstehen können.

## VON ALMEN UND TOURISTEN

*Von Franz Bergler*

Der Tourismus ist derzeit der ertragsreichste Betriebszweig der Almwirtschaft. Die Almwirtschaft lebt mit und vom Tourismus. Die Produktion von hochwertigen Lebensmitteln auf der Alm steht im direkten Zusammenhang mit der Direktvermarktung. Der Gast kommt zum Ort der Produktion und verzehrt das Lebensmittel vor Ort. Einen kleineren ökologischen Fußabdruck gibt es nicht. Die Landwirtschaft spricht von Nachhaltigkeit.

Alm ist ein „Wohlfühl-Raum“, jeder Gast verbindet mit Alm Sorglosigkeit, Ruhe, reine Luft und reines Wasser, gesunde Lebensmittel, Erholung, Gesundheit und vieles mehr. Almen sind ein beliebtes Ausflugsziel, Wandergebiet, Ort für Freizeitvergnügen und Erholungsraum. Die Vielfalt der Nutzungen braucht daher Regeln, Gebote und vor allem Rücksicht auf die Eigentümer und die Mitnutzer.

Almen sind wahre Kraftorte. Foto: Franz Bergler

In erster Linie ist die Alm Arbeitsbereich für den Besitzer oder Eigentümer der Alm. Das ist der wesentlichste Punkt in Zusammenhang mit der Nutzung des Almgebietes. Es gibt einen Besitzer und die Nutzer sind die Gäste und haben sich wie Gäste zu verhalten. „Die Alm gehört allen und ich kann tun und lassen was ich will“ ist ein ganz großer Irrtum. Jeder Almhirte kann ein Lied davon singen, wenn er stundenlang nach seinen Tieren sucht, nur weil jemand das Weide-Tor offengelassen hat und die Weidetiere die Chance nutzen und sofort das Weite suchen. Oder ich selber beobachten musste, wie eine Gruppe um 5 Uhr beim „Sunrise Morning“, also beim Sonnenaufgangsbeobachten auf dem Hauser Kaibling meine Gruppe Schafe regelrecht vom Gipfel wegtrieb und dann die ganze

Herde den Wanderweg aus Spaß herunter jagte. Als ich den Gruppen-Leiter darauf hinwies, dass die Schafe hier ihre Ruhestätte am Gipfel haben und ich die Schafe wieder mühsam hinauftreiben muss, fragte er nur, was ich will? Hier geht ein öffentlicher Wanderweg zum Gipfel und die Schafe seien „im Weg gewesen" und den Schafen hätte es auch gefallen einen Morgensport zu haben. Da gegen die Dummheit und vor allem die Respektlosigkeit kein Kraut und auch kein Gesetz gewachsen ist, mussten wir als Schutz-Maßnahme einen zusätzlichen Zaun aufstellen. Wir zäunen also die Wanderer von unseren Schafen aus. Ein Zaun für die Gäste, damit unsere Schafe ihre Ruhe haben!

## Tore im Weidegebiet sind immer zu schließen

Ein Tor in einem Weidegebiet ist immer zu schließen. Ein Tor wird nur für die Wanderer gemacht, da wir unsere Weidetiere auf den Weidekoppeln einzäunen. Geht ein Wanderweg durch, so gibt es Weidetore. Für unsere Weidetiere brauchen wir keine Tore, da beim Verlassen der Koppel nur der Weide-Zaun geöffnet wird und wir mit unserer Herde einen ganz anderen Weg gehen.

Werden Weidetore nicht mehr benötigt, werden sie abmontiert oder offen befestigt. Das heißt, dass das Tor nicht mehr bewegt werden kann. Dazu auch eine Begebenheit: Ich sah wie ein junger Wanderer an einem meiner Holzweidetore wie ein Irrer herumriss. Ein lauter Schrei von mir, ob er überhaupt von allen Sinnen sei, veranlasste die Mutter mich zu fragen, warum ich ihren Sohn so anschreie. Ich sagte, er soll sein Gehirn einschalten und schauen, auf welcher Seite die Scharniere sind

Lieber Wanderer, schließe das Weide-Tor auf der Alm immer! Es ermöglicht dir die Benutzung des Weges trotz Weidetierhaltung. Foto: Franz Bergler

und dass das Tor auf der anderen Seite zu öffnen ist. „Irgendwann wäre er schon draufgekommen", so die Antwort der Mutter, die ich jedoch nicht teilen kann. Ich muss jedes Weide-Tor mindestens einmal pro Weidesaison generalsanieren. Durch einen einfachen Trick schließen sich meine Weidetore von selber (ohne Gummiband). Ich schlage die Zaunpfosten schräg zum Hang ein, dadurch genügt das Gewicht des „Türl`s", um sich selber zu schließen. Es lebe der Hausverstand!

## Besucherlenkung: Bleib am Weg

Egal ob zu Fuß oder mit dem Rad, bleibt bitte am Weg. Leider kommt es immer wieder zu Zwischenfällen von Wanderern und Weidetieren. Auslöser ist immer der Gast und Wanderer durch Fehleinschätzung der Situation oder durch fehlendes Wissen über Weidetiere.

### Mehr Freizeit, weniger Geld und zu warm in Tal

Der Zulauf („Run") auf die Alm hat mehrere Gründe und begann während der Corona-Zeit. Viele Urlauber konnten nicht ins Ausland und so entdeckten wieder viele Einheimische und auch Gäste unsere Alm- und Bergregionen als Urlaubsdestination. Ein weiterer Grund ist derzeit die sinkende Kaufkraft, die Leute sparen als erstes beim Urlaub. Während in der Fremde alles was kostet wie Parkplatz, Hotel, Schwimmbad – im Prinzip jede Aktivität – ist eine Wanderung, eine Bergtour, ein Bad im Bergsee kostenlos. Dazu kommen noch die angenehmen Temperaturen am Tag in den Bergen bei erfrischenden Wassertemperaturen. In der Nacht kühlt es in der Bergregion ab, was einen guten und erholsamen Schlaf garantiert.

### Alm als Gesundbrunnen

Namhafte Experten bestätigen den „Gesundbrunnen" Alm. Was unsere Spitzensportler schon sehr lange wissen und auch ausüben, hoch oben zu trainieren und damit ihr Blut durch die erhöhte Anzahl der roten Blutkörper mit mehr Sauerstoff zu versorgen und damit eine bessere Leistung zu erzielen, gilt natürlich auch für die Allgemeinheit.

Dr. Ewald Tödt, ein Integrativ-Mediziner im Steirischen Salzkammergut klärt in Seminaren auf seiner „Licht-Quell-Alm" in Kainisch bei Bad Mitterndorf die Teilnehmer über die vielen Vorteile bezüglich Gesunderhaltung unseres Körpers in der Alm- und Bergregion auf.

Im Projekt „Alm und Gesundheit" wurde an der Universität Salzburg und an der Paracelsus Medizinischen Privatuniversität untersucht, ob sich ein Aufenthalt auf der Alm bei Stadtbewohnern positiv auswirkt. Das Ergebnis zeigt, dass die reine Luft, der Vitamin D-Aufbau, die Höhenlage und Bewegungsförderung in Verbindung mit dem Alm-Mikrobium entzündungshemmend und gesundheitsfördernd wirkt. Prim. Dr. Georg Lexer, Mediziner und Gesundheitsexperte aus Kärnten sagt: „Unsere Almen wirken vor allem in Verbindung mit unseren Bächen und Wäldern gesundheitsfördernd. Unsere Almen wirken antidepressiv, angstlösend, pulssenkend, blutdrucksenkend und laut einer neuen Studie auch luststeigernd." In einer gepflegten Kultur-Landschaft wie auf der Alm könnten 50 % der Zivilkrankheiten reduziert werden.

### Problem Besucherlenkung – sanfter Tourismus

In Wirklichkeit können Besucher nur bedingt gelenkt werden. Das geht bei Anlagen wie Liften mit Eingangstoren, die ich anhalten und versperren kann. In der freien Natur und in der alpinen Region gibt es keine Besucherlenkung und daher auch keinen sanften Tourismus. Eine einzige Limitierung ist im Talbereich durch die Regelung der Parkplätze. Auch hier gibt es immer mehr Probleme, die leider sehr oft im Zivilprozess „Besitzstörung" enden. Das ist für alle Beteiligte kein angestrebtes Ziel und führt zwangsläufig zu Streitereien. Gerade die Besitzer der Talflächen, die keinerlei wirtschaftlichen Zusammenhang mit der Alm- und Bergregion haben, können ein Lied davon singen. Sämtliche Bemühungen von gastronomischen Betrieben in der Alm- und Bergregion für ihren Betrieb einen Parkplatz im Tal zu bekommen, scheitern kläglich. Es liegt gar nicht am Geld, sondern an den örtlichen Begebenheiten, wie Tal-Ende und Tal-Enge. Dort kann man durch die geografische Lage und der Steilheit der Hänge gar keine Parkmöglichkeit schaffen. Die anderen vorgelagerten Flächen (mögliche Parkflächen) sind überwiegend Grünlandflächen und werden zur Futtergewinnung für den landwirtschaftlichen Betrieb benötigt.

### Besucherlenkung mittels Park-App

Eine Regulierung der Besucher mittels Online-Anwendungen (z. B. einer Park-App) ist zwar eine gute Idee, aber in der alpinen Freizeitgesellschaft funktioniert dieses Instrument nicht. Warum ich das erwähne? Weil sich einige Touristiker sehr wohl um eine Lösung bemühen und schon mehrere Projekte bezüglich Freizeit-App vorgeschlagen haben. Die Park-App, die im Verkehrsbereich relativ gut funktioniert, kann leider nicht im alpinen Gelände umgesetzt werden. Einige findige Touristiker hatten sogar die Idee, ankommende Besucher früh genug zu einer anderen Destination umzulenken. Das kann nicht funktionieren, weil der Gast sehr früh (also vor der Taleinfahrt) zu einem von ihm nicht gewünschten Ersatzziel umgelenkt werden müsste mit der Unsicherheit, auch dort keinen Platz mehr zu finden. Mittlerweile wissen viele Besucher der Alm- und Bergregion, dass ohne vorherige Reservierung bei Aufstiegshilfen eine Auffahrt unmöglich ist.

### Kapazitätsgrenzen der Almhütten und Gastronomie

Der „Besucher-Sturm" auf unsere Almen löste ein ganz anderes Problem aus. Unsere Almhütten und unsere Gastronomiebetriebe in der Alm- und Bergregion haben eine bestimmte Größe. Sowohl räumlich, also auch personell, d. h. man ist auf eine bestimmte Zahl an Besuchern „eingestellt". Langjährige Erfahrungen mussten in der Corona-Zeit über Nacht verworfen werden, da plötzlich doppelt so viele Gäste die Almen besuchten. Es fehlt nicht nur an Räumlichkeiten, sondern auch am Personal, Vorräten und Geschirr.

### Sommertourismus – Wintertourismus

Sie können jetzt berechtigt die Frage stellen, was hat ein Almpraxisbuch mit Wintertourismus zu tun? Die Tourismusbranche hat den Trend in Richtung Natur und Freizeit-Erlebnis im Gebirge schon lange erkannt und die Sommerangebote kontinuierlich ausgebaut. Mittlerweile ist in vielen Tourismusgebieten der Sommertourismus dem Wintertourismus ebenbürtig. Es gibt sehr viele Freizeitaktivitäten, die in der alpinen Region ausgeübt werden können. Diese werden gut beworben und von den Gästen gern angenommen. Der Gast kommt zu uns, wenn er „seine Bedürfnisse" zu 100 % ausleben und erleben kann.

### Auswirkungen des Tourismus auf den Weidebetrieb

„Zuerst war das Vieh da und dann kamen die Touristen", lautet eine Aussage eines Almbesitzers. Stimmt, aber wir brauchen eine Lösung für beide Nutzer der Alm- und Bergregion. Wichtig dabei ist der gegenseitige Respekt und der Versuch, den „Partner" verstehen zu wollen. Das ist ja auch unser wesentlichstes Anliegen dieses Buches!

Auf unseren Berg führt eine Seilbahn und das lockt viele Paragleit-Sportler an. Das Startfeld ist eingezäunt, daher dürfte es keine Komplikationen geben. Die Realität ist eine andere. Ich selber war 1994 Staatsmeister im Paragleiten und bin der erste Mensch, der von einem Sechstausender in Nepal gestartet und bis ins Tal geflogen ist. Ich startete als Wettkampf-Pilot an den unmöglichsten Stellen, wie beim „Dolomitenmann“ in den Lienzer Dolomiten von einer Felsklippe. Am Startplatz von unserem Berg starten viele Flugschüler mit unterschiedlichster Praxiserfahrung. Der Startplatz ist perfekt, wir haben ein Tor von der Weide zum Startplatz errichtet.

Mehrmals wurde der Zaun von den Besuchern umgelegt, niedergetreten und sogar durchgeschnitten. Die Folgen dieser Aktionen waren für beide Seiten unbefriedigend. Die Schafe belagerten sofort diese neue Weide und wenn das Gras vorne hineinkommt, kommt hinten die „Alpenpizza“ heraus. Also war der saubere Startplatz voller Kothäuflein, ich musste die Schafe suchen, die ja in der Zwischenzeit ganz wo anders waren, sie wieder in die Koppel treiben, den Zaun reparieren und wieder aufstellen. Der Flugschulbesitzer beschwerte sich beim Seilbahnbetreiber, da er für den Startplatz genug Geld bezahle und sich einen sauberen Startplatz erwarte. Der Seilbahnbetreiber ist Kooperationspartner mit dem Schafzuchtverein, da die Schafe die Pisten perfekt abweiden und somit einen sehr wertvollen Beitrag für eine ökologische Bewirtschaftung leisten. Schuld ist der Hirte, er hat seine Herde nicht im Griff und erledigt anscheinend seine Arbeit nicht? „Hurra, die Gams!“, hätte mein Großvater gesagt (oder „Wer nicht hören will, muss fühlen!“) und seinen besten Widder zum Startplatz für das Grasen gebracht. Ich sehe in Gedanken sein Gesicht mit seinem Schmunzeln, wenn er sehen würde, wie schnell die Paragleiter laufen können, wenn sein Widder im Ansturm ist.

## Abfall auf den Weiden – Auswirkungen

Unsere Tiere (Wiederkäuer und Pferde) sind die einzigen Verwerter von Gräsern und Kräutern. Es gibt keine Alternative dazu. Sie verwandeln die saftigen Gräser und Kräuter von der Alm in Milch oder in hochwertiges Fleisch, ein gesundes Lebensmittel. Die Tiere nehmen mit ihrer Zunge (Rindvieh) oder mit ihren Zähnen (Pferde, Ziegen und Schafe) ihre Nahrung auf. Das Selektionsvermögen ist bei den Tieren viel geringer als beim Menschen. Die Aufnahme von Fremdköpern wie Plastik, Münzen oder Alu-Dosen-Resten bedeutet für die Tiere nicht nur Schmerzen, sondern kann sogar bis zum Tod führen. Auch Klauen- und Hufverletzungen durch Metallstifte, Glasscherben, Aludosen und andere scharfe Gegenstände müssen veterinärmedizinisch versorgt werden. Auch Kot von Hunden wird beim Fressen mitaufgenommen. Die darin enthaltenen Erreger (*Neospora caninum)* führen zu Fehlgeburten *(Aborte).* Clostridien, die ebenfalls im Hundekot enthalten sind, führen zu einer Fleischvergiftung bei den Tieren, die auch tödlich *(letal)* enden kann!

## Freilaufende Hunde auf der Weide

„Ich fahre ja gerade deshalb in die Berge, damit mein Hund die Freiheit ausleben kann“, erzählte mir ein Gast aus Deutschland, nachdem ich seinen Hund mit unserem Hirtenhund eingefangen hatte. Der Hund streunte bellend auf unsere Herde von Mutterschafen zu. „Alle haben doch Spaß“, versuchte der Gast seinen freilaufenden Hund zu verteidigen, aber es half ihm nichts. Ich zeigte ihm die Tafel, dass er mit seinem Hund hier nicht unterwegs sein darf. Die Almbesitzer haben genau wegen solchen unverantwortlichen Gästen die Alm für Hunde gesperrt. Alles selbst verursacht. Nicht die vielen Gäste, die ordnungsgerecht ihren Hund anleinen und gemeinsam den Ausflug in den Bergen genießen, sondern diese „Freigeister" veranlassen Almeigentümer zu solchen Sperrmaßnahmen. Schade, aber das ist die Realität!

Dabei hatte dieser Gast Glück, dass wir (Hirte und Hirtenhund) seinen Hund einfingen. Der kleine Kläffer wäre sonst in der Mutterherde mit großer Wahrscheinlichkeit im wahrsten Sinn des Wortes „drunter gekommen". Mutterschafe verteidigen ihre Lämmer mit aller Vehemenz und können kleinere Hunde mit ihren Klauen ziemlich verletzen. Da wirkt der Herdenschutz der Muttertiere.

Hundeverbotszonen auf Almen sind Vorsichtsmaßnahmen, um Vorfälle mit Weidevieh zu verhindern. Foto: Franz Bergler

## Die Alm ist kein Streichelzoo

Wenn der Gast zu uns auf die Alm kommt, ruhen sich die Tiere vom morgendlichen Grasen aus. Sie liegen auf Kuppen (dort vertreibt der Wind die Mücken und Fliegen) oder in Bachnähe, dort ist es ebenfalls kühler oder es weht ebenfalls der Wind. Auch der Wanderweg oder die Straße ist ein beliebter Liegeplatz (eben und kühl). Liegende, ruhende Weidetiere verleiten wirklich zum Streicheln, aber dafür gibt es einen Streichelzoo! Die Kuh sieht direkt vor ihrer Nase nichts und versucht mit der Zunge dieses Manko auszugleichen. Die Zunge

Tafeln wie diese weisen auf Almen darauf hin, wie sich Almbesucher richtig verhalten.

Quelle: Bundesministerium für Land- und Forstwirtschaft, Klima- und Umweltschutz, Regionen und Wasserwirtschaft

ist ein Tastwerkzeug. Nimmt das Weidetier die Wanderer in unmittelbarer Nähe wahr, steht es auf, weil es der Meinung ist, dass es Lockfutter (dieses Verhalten ist sie vom Hirten gewohnt) bekommt und verfolgt den Eindringling.

### Kommentar

*Von Alois Kiegerl*

Ich bin jetzt doch schon seit ich denken kann auf der Alm und habe schon vieles mit anderen Almnutzern erlebt. Am meisten schmerzen und machen mich Aussagen von Touristen betroffen (im konkreten Fall war es eine Touristin mit Hund), die ganz deutlich machen, welchen Stellenwert wir Bäuerinnen und Bauern für sie haben. Sie hat zum Beispiel gesagt: „Ich bin schon so froh, wenn diese … Rinder wieder weg von der Alm sind, damit ich endlich wieder mit meinem Hund über die Alm gehen kann." Oder auch die Begegnungen am Zwinger, der direkt am Almweg liegt und wo immer wieder Wanderer vorbegehen, wenn ich gerade meine Tiere behandle. Da heißt es dann des Öfteren (ohne sich vorher über die Umstände erkundigt zu haben): „Diese armen Tiere"! Natürlich gibt es auch sehr viele positive Begegnungen auf der Alm und unsere vielen Kundinnen und Kunden in der Direktvermarktung bestärken uns täglich in unserem Tun, aber es braucht viel positives Denken und Idealismus, um mit diesen an Ignoranz kaum zu überbietenden Aussagen fertig zu werden. Ob da unsere Ressourcen für Öffentlichkeitsarbeit ausreichen werden, um diese Umstände zu verbessern, bin ich mir nicht immer ganz sicher.

## ALMEN ERZÄHLEN – ABER WER HÖRT ZU?

*Von Peter Fuchs*

Wer heute in den Alpen wandert, spaziert oder radelt, bewegt sich meist ganz selbstverständlich durch eine Kulturlandschaft, die über Jahrhunderte geformt wurde – durch Arbeit, durch Wissen, durch Viehhaltung. Und doch wird diese Selbstverständlichkeit zunehmend zur Gefahr: Denn das Bewusstsein über die Rolle, Funktion und Leistung der bewirtschafteten Almen für Natur, Tourismus und Gesellschaft ist in der breiten Bevölkerung drastisch geschwunden. Gerade weil das Almbild allgegenwärtig ist – als Kulisse, Fotomotiv oder Urlaubstraum – wird oft vergessen, dass es gepflegt, erhalten und erarbeitet werden muss.

Die österreichische Almwirtschaft steht demzufolge heute nicht nur vor ökonomischen und ökologischen Herausforderungen, sondern vor allem auch vor einer kulturellen: Das Verständnis über ihre Funktion, Bedeutung und Notwendigkeit ist vielen Menschen – sowohl Gästen als auch Einheimischen – verloren gegangen. Die Alm wird als Naturraum verstanden, nicht als bewirtschafteter Kulturraum. In einer Zeit, in der nur mehr 3 % der Bevölkerung einen landwirtschaftlichen Hintergrund haben, ist das ein gefährlicher Verlust an kollektivem Wissen. Mit anderen Worten: Zwischen der zunehmenden Attraktivität unserer Almen für breite Bevölkerungsschichten und dem abnehmenden Bewusstsein für die fundamentalen Zusammenhänge in diesem alpinen Kulturraum herrscht ein krasses Missverhältnis.

## Bewusstsein schaffen

Um diesem Missverhältnis entgegenzuwirken, braucht es gezielte Bewusstseinsarbeit. Eine der ambitioniertesten Initiativen ist die Plattform unsere.almen.at. Beauftragt vom Almwirtschaftlichen Verein, finanziert aus Bundes- und Ländermitteln und umgesetzt von der Agrarmarketing Tirol und einer Innsbrucker Partneragentur. Ihr Ziel: Das Wissen über Almen, ihre Leistungen und Herausforderungen wieder stärker in die Mitte der Gesellschaft zu rücken. Durch Reportagen, Interviews mit prominenten Almfans, Beiträgen aus der Welt der Wissenschaft und vor allem Erfahrungsberichten von Sennerinnen und Hirten wird eine Brücke geschlagen zwischen Almwirtschaft und Gesellschaft.

Die Kampagne verbindet emotionale Ansprache mit fundierten Informationen, gibt Einblicke in den Almalltag und vereint Stimmen aus Praxis und Forschung. Mit der Kunstfigur „Almfuchs“ alias Peter Fuchs, einem erfahrenen Almhirten, wird die Alm erlebbar gemacht – aus erster Hand und auf Augenhöhe. Das Ziel: Nicht über Almen reden, sondern mit den Menschen, die sie bewirtschaften. Nicht nur Fakten liefern, sondern Erlebnisse und Verständnis erzeugen. Die Initiative versteht sich nicht als reine PR-Kampagne, sondern als moderierte Plattform für den Dialog zwischen Landwirtschaft, Tourismus und Freizeitwirtschaft, Naturschutz und Wissenschaft.

Almhirte Peter Fuchs macht als „Almfuchs“ die Alm erlebbar. Foto: inpublic

Herzstück der Kampagne „Unsere Almen“ ist die gleichnamige Website mit einem breiten Angebot für die definierten Zielgruppen. Breitenwirksamkeit erreichen die Kernbotschaften über die angeschlossenen Social-Media-Kanäle – Facebook, Instagram und Youtube. Parallel dazu werden auch Kooperationen mit analogen Medien angestrebt und umgesetzt.

## Thematische Schwerpunkte

### Die Alm als Grundlage für Tourismus und Freizeitnutzung

Wie Tourismusforscherin Theresa Mitterer-Leitner festhält, ist die Alm funktionale Grundlage vieler touristischer Aktivitäten – von Wanderungen über Bike-Trails bis zu Skipisten, von denen rund die Hälfte in Tirol über Almgebiet führen. Ohne Almwirtschaft drohen Erosion, Verbuschung und Einschränkungen. Statt offener Landschaften blieben künstlich geschaffene Hotspots – die freie Bewegung in den Bergen ginge verloren.

### Almen als Gesundheitslandschaft der Zukunft

Mediziner wie Georg Lexer und Arnulf Hartl verweisen auf die gesundheitsfördernde Wirkung der Alm: Sie wirkt antidepressiv, blutdrucksenkend und liefert hochwertige Lebensmittel. Hartl spricht gar von „Almen auf Krankenschein“.

### Die Alm – kein Naturidyll, sondern artenreiche Kulturlandschaft

Almen sind keine „unberührte Natur“, sondern gepflegte Kulturlandschaften. Sie existieren nur durch regelmäßige Nutzung mit Weidetieren. Ohne Kühe, Schafe oder Ziegen verschwinden Offenheit, Artenvielfalt und damit auch touristische Attraktivität. Biologin Susanne Aigner bringt es auf den Punkt: „Ohne Weidetiere gibt es keine Alm."

### Die Alm als wirtschaftliches Sorgenkind

Die Rentabilität der Almwirtschaft ist gering, der Arbeitsaufwand hoch. Professor Matthias Gauly schlägt eine Tourismusabgabe („Grüner Euro") vor, die direkt den Almbetrieben zugutekommt. Ohne finanzielle Anerkennung ihrer Leistungen droht der Rückzug aus der Bewirtschaftung.

### Großraubtiere als Herausforderung

Die Rückkehr von Wolf und Bär verschärft die Lage. Gauly rechnet für flächendeckenden Herdenschutz mit immensen Kosten. Psychiater Reinhard Haller betont den Verlust an Freiheitsempfinden durch Wolfsrisse, während Forscherinnen wie Michaela Skuban und Christine Miller auf die Gefahren für Biodiversität und Kulturlandschaft hinweisen. Auch eigehende Blicke in die Schweiz zeigen: Fragen rund um Herdenschutz und jagdliche Regulierung bleiben ein politischer und kommunikativer Balanceakt.

### Fehlendes Wissen als Ursache für Konflikte

Viele Menschen begegnen auf der Alm erstmals tierhaltender Landwirtschaft. Konflikte entstehen durch Unwissen und Ignoranz – etwa im Umgang mit Weidetieren oder Infrastruktur. Überraschenderweise sind es oft Einheimische, die Ansprüche stellen und Regeln missachten.

### Almen als Schnittstelle gesellschaftlicher Interessen

Almen liegen im Spannungsfeld von Naturschutz, Tourismus, Tierwohl, Wildtiermanagement und Landwirtschaft. Die Kommunikationsstrategie von unsere.almen.at versteht sich als Moderation dieser Interessen. Nur ein breites gesellschaftliches Bündnis kann die Almwirtschaft als multifunktionalen Lebensraum sichern.

## Wissenschaftliche Fundamentierung der Kernbotschaften

Ein zentrales Element der Kampagnenarbeit besteht in der Einbeziehung führender Stimmen aus der Wissenschaft, die sich zu Aspekten der Almwirtschaft äußern. Neben der bereits erwähnten Tourismusforscherin Mitterer-Leitner, den beiden Medizinern Lexer und Hartl, den Wildbiologinnen Miller und Skuban, dem Veterinär und Nutztierforscher Gauly und dem Psychiater Haller finden sich deshalb eine ganze Reihe weiterer Hochkaräter aus verschiedenen Wissenschaftsdisziplinen auf der Plattform.

### Die Alm als Zukunftsort

Ein zukunftsfähiger Umgang mit den Almen muss über die reine Flächenbewirtschaftung hinausdenken. Die Almwirtschaft verkörpert in ihrer besten Form ein Wirtschaftsmodell, das ökologisch verträglich, sozial eingebettet und kulturell tief verwurzelt ist. Sie ist weder bloß romantisches Erbe noch museale Idylle. Wie der Doyen der Alpenforschung und Bestsellerautor, Werner Bätzing in einem Interview auf der Plattform klarstellt (BÄTZING, 2024), liegt ihre Bedeutung gerade darin, „dass sie ein Wirtschaftsmodell darstellt, das in einem schwierig zu nutzenden Naturraum gute Erträge erwirtschaftet und dabei seine ökologischen und sozialen Voraussetzungen nicht zerstört, sondern pflegt."

Diese ökologische, kulturelle und ökonomische Verschränkung macht die Almwirtschaft zu einem Beispiel für resiliente Landnutzung. Ihr Fortbestand ist jedoch keineswegs selbstverständlich. Die Rentabilität ist niedrig, der Arbeitsaufwand hoch, die politischen Rahmenbedingungen oft unklar. Dazu treten neue Herausforderungen wie der steigende Freizeitdruck oder die Rückkehr der Großraubtiere. Für Bätzing ist deshalb klar (BÄTZING, 2024): „Aus rein wirtschaftlicher Sicht hat die Almwirtschaft keine Zukunft." Sie benötigt vielmehr eine breite gesellschaftliche Allianz, die ihre Leistungen erkennt, unterstützt und aktiv verteidigt – nicht zuletzt auch in der Forschung.

Auch Österreichs Wissenschaftlerin des Jahres 2023, Andrea Fischer, fordert ein Umdenken in der Wissenschaft. Die Glaziologin sieht in den Almen keine Relikte, sondern Zukunftsorte (FISCHER, 2024): „Die Wissenschaft kann die Alm erforschen als Ort der 'nature based solutions' gegen Naturgefahren und als Schatzgrube der Biodiversität – und so deren Wert aufzeigen, damit uns die Almen wieder mehr wert sind." Sie betont: Almwirtschaft kann als naturnaher Erosionsschutz dienen, als Lawinenbremse, als klimawirksamer $CO_2$-Speicher – aber nur, wenn sie auch betrieben wird.

## Prominente Almfans kommen zu Wort

Neben der Einbindung von wissenschaftlicher Exzellenz finden sich seit Bestehen auch Prominente mit klarem Almbezug auf der Plattform. So erklärt in einem Video-Interview kein Geringerer als „Bergsteiger-Papst" Reinhold Messner den Wolf zur „Überlebensfrage der Almen in den Alpen generell" (MESSNER, 2022). Das Video-Interview, das der „Almfuchs" mit dem Bestellerautor und spätberufenen Almbauern auf dessen Schloss Juval geführt hat, wird auf der Plattform in insgesamt vier Tranchen serviert.

Mit Schauspieler und Kabarettist Herbert Steinböck und Erfolgsregisseur Adrian Goiginger bekennen zwei heimische Kulturgrößen unumwunden ihre Almliebe. Und mit dem ehemaligen Slalom-Ass Kathrin Zettel kommt eines der zahlreichen Bauernkinder zu Wort, die es auf den Bretteln, die die Welt bedeuten, in die Weltspitze geschafft haben. Auch ihr Weg wurde ganz entscheidend von ihrer bergbäuerlichen Herkunft und ihrer Liebe zur Alm geprägt, wie sie im Video-Interview betont.

## Bewusstseinsbildung als Überlebensstrategie

Der Erhalt der Almwirtschaft ist keine nostalgische Rückbesinnung auf alte Zeiten, sondern eine Zukunftsfrage. Bewusstseinsbildung darf dabei nicht als nettes Beiwerk verstanden werden, sondern als zentrale strategische Maßnahme – für Politik, Tourismus, Bildung und Medienarbeit. Wenn die Bevölkerung erkennt, dass ihre Freizeitvergnügen, ihre Urlaubslandschaft, ihre regionalen Lebensmittel, ihr „Arten-Reich" und die damit verbundene Lebensqualität direkt mit der Bewirtschaftung der Almen zusammenhängen, dann entsteht echte Verantwortung.

Wer die Alm als Kulturgut erhalten will, muss sie in ihrer Ganzheit verstehen: als Wirtschaftsraum, als Lebenswelt, als Naturraum und als Identitätsanker. Die Zeit, in der Almen romantisch verklärt wurden, ist vorbei. Foto: Karin Ch. Taferner

### Wert ist, was wir als Gesellschaft dazu machen

Die Zukunft der Almen entscheidet sich nicht allein auf dem Berg, sondern in den Tälern, in den Städten, in den Klassenzimmern, im Tourismusmarketing, in den Förderbudgets, in den Forschungsvorhaben – und nicht zuletzt in der Art, wie wir über sie sprechen. Es geht um mehr als Nostalgie oder Landschaftspflege. Es geht um eine Grundsatzfrage: Was ist uns etwas wert?

Klimawissenschaftlerin Andrea Fischer bringt es auf den Punkt (FISCHER, 2024): „Warum sollten uns die Almen und die Landwirtschaft etwas wert sein? Weil man Computer nicht essen kann und weil uns Computer nicht vor Muren schützen werden."

Bewusstseinsbildung heißt, solche Sätze nicht nur zu zitieren, sondern zum Ausgangspunkt politischen und gesellschaftlichen Handelns zu machen. Denn die Almen erzählen uns viel – wenn wir bereit sind, hinzuhören.

## SCHULE AUF DER ALM

*Von Elisabeth Obweger*

„Schule auf der Alm" ist ein Projekt zur Vermittlung der Hintergründe der Almbewirtschaftung und des vielfältigen Wertes der Bewirtschaftung von Almen. Die ursprüngliche Initiative dazu stammt von Siegfried Ellmauer aus Oberösterreich. In Kärnten werden „Almerlebnistage" für Schulklassen schon seit mittlerweile 20 Jahren erfolgreich angeboten. Derzeit sind vier Almen aktiv am Projekt beteiligt, das vom Kärntner Almwirtschaftsverein, der Landwirtschaftsabteilung des Landes Kärnten und der Kärntner Landwirtschaftskammer im Projekt „Land- und Forstwirtschaft und Schule“ unterstützt wird.

Almbauern und -bäuerinnen können durch „Schule auf der Alm“ ein neues wirtschaftliches Standbein für den Betrieb schaffen. Dazu müssen sie einen Zertifikatslehrgang zum/zur Almführer/in am Ländlichen Fortbildungsinstitut (LFI) absolviert haben.

**„Erlebnis Alm“ will ...**

» ... einen Einblick in den vielseitigen Lebens- und Kulturraum „Alm“ ermöglichen.
» ... die Vielfalt der Pflanzen-, Tier- und Gesteinswelt aufzeigen.
» ... die Arbeitswelt der Almbauern/-bäuerinnen und der Hirten und Senner näherbringen.
» ... Produktionsabläufe in der Almkäserei aufzeigen
» ... ein realistisches Bild der Almwirtschaft vermitteln – „Was steckt alles hinter der Bewirtschaftung einer Alm?“
» ... aktives Tun und lebensnahes Lernen fördern.
» ... Vernetzungen aufzeigen und Zusammenhänge herstellen.
» ... die Förderung der Biodiversität durch die Bewirtschaftung der Almen vermitteln.
» ... spannende Erlebnisse mit allen Sinnen bieten.
» ... Forschergeist und Neugier wecken.

Ziel dieser Almerlebnistage ist es, Bewusstseinsbildung zu betreiben, Interesse und Verständnis für den Lebensraum Alm und die Almwirtschaft zu wecken und die Schüler und Schülerinnen für die Bedeutung gesunder, natürlicher und im Einklang mit der Natur hergestellter Lebensmittel zu sensibilisieren. Durch spielerische Aktivitäten werden den Jugendlichen die Almwirtschaft und ökologische Zusammenhänge vor Ort nähergebracht. Sie erforschen die Natur, die Tiere und Pflanzen der alpinen Lebensräume und setzen sich intensiv mit verschiedenen Aspekten des Themas „Alm“ auseinander. Das Programm der „Schule auf der Alm“-Tage wird möglichst abwechslungsreich, erlebnisorientiert und auf die jeweilige Klasse abgestimmt aufgebaut.

### Ablauf eines Almerlebnistages (Beispiel)

Bevor das eigentliche Almerlebnis beginnt, wird die geographische Lage erkundet. Besonderes Augenmerk legen wir auf das gegenseitige Kennenlernen – es ist von Vorteil, die Schüler mit den Namen ansprechen zu können, gleichzeitig wird der erste Bezug zur Alm hergestellt.

Bei großen Gruppen hat sich, wenn genügend Betreuer vorhanden sind, der Stationenbetrieb bewährt. Bei diesem wechseln die Kinder in Kleingruppen beispielsweise von der „Sennerei“ zur Almökologie, d. h. über die „Almwiese“, das „Leben im Gebirgsbach“ bis zur „Kuhbeobachtung“. Mit vielen, teils eigens kreierten Spielen („Gummiliesl“, Käsespiel, Tastkästchen), wird auf die Arbeit der Bauern und Sennleute näher eingegangen.

Neben einer Stall- und Käsereiführung ist es auch wichtig, den Gaumen in Form von Milch- und Käsekostproben anzuregen.

Ein großer Schwerpunkt ist sicher die Almbotanik. Wissenswertes über Futter- und Heilpflanzen spielerisch erarbeiten und Erlerntes überprüfen, haben sich bewährt und sind bei den Schülern sehr beliebt.

### Spielerisches Lernen

Hat man längere Wegstrecken zu bewältigen, empfiehlt es sich, immer wieder Stopps einzubauen bei denen verschiedene Aufgaben zu lösen sind oder Themen bearbeitet werden. Besonders gut eignen sich auch Sammel- oder Suchaufgaben entlang eines Wegstückes, mit denen auch die etwas „gehfauleren" Kinder motiviert werden können.

Unsere Alm, die Lammersdorferalm, ist auch bekannt für das große Vorkommen von Granatsteinen, die zu Schmucksteinen geschliffen werden können. Kinder sind davon fasziniert und schleppen den Rucksack voller verschiedenster Steine nach Hause.

Befindet man sich in einem abgegrenzten Areal, eignen sich Rätselrallyes, besonders bei den 12–14-jährigen, gut zur Vermittlung von Inhalten. Der Vorteil hierbei ist, dass die Schüler aktiv dabei sind, in Kleingruppen eigenständig arbeiten und man den Schwierigkeitsgrad der zu lösenden Aufgaben gut an die Altersgruppe anpassen kann.

Zwischendurch hat es sich bewährt, das Programm immer wieder mit kurzen Spielen (z. B. Laufspiele, Wahrnehmungsspiele, Wiedererkennungsspiele, Wettmelken usw.) aufzulockern, damit die Kinder ihren natürlichen Bewegungsdrang ausleben können.

> Egal welches Alter, es wird gerne gespielt und wirkt ansteckend auf alle.

### Hautnaher Kontakt zu den Tieren, Produktionsabläufe

Die Schüler und Lehrer erwarten sich insbesondere einen möglichst engen Kontakt zu den Almtieren (Kühe streicheln, melken, etc.). Hier bietet sich den Almbauern und Almbäuerinnen auch die Möglichkeit, auf die Gefahren im Umgang mit den Weidetieren hinzuweisen. Eine Alm ist eben kein Streichelzoo und eine Mutterkuh wird ihr Kalb immer instinktiv schützen. D .h. gemolken wird nur am Gummieuter, um nachzuvollziehen, wie so ein Melkvorgang stattfindet.

Das aktive Dabeisein bei der Herstellung der Lebensmittel (Buttern, Käsen...) bzw. Produktionsabläufe zu erlernen, ist ebenso ein wichtiger Erlebnisfaktor. Ein Aha-Erlebnis ist sicher für die Kinder ein Stück selbst „gemodelte" Butter zu verkosten oder Rahm zu Butter zu „shaken". Nach viel Erlerntem gibt es mancherorts zur Belohnung typische Almkost wie, „Essen in freier Natur" d. h. Frigga (Käse, Eier, Speck) wird auf offenem Feuer zubereitet. Almluft macht hungrig und gemeinsam zubereitet schmeckt es doppelt so gut!

### Rückmeldung

Als Abschluss eines Almerlebnistages sollte den Kindern unbedingt die Möglichkeit einer Rückmeldung eingeräumt werden – Kinder sind sehr ehrlich und offen; sie zeigen sowohl Begeisterung als auch Ablehnung. Dadurch kann man das Almerlebnisprogramm ständig weiterentwickeln, sich aber auch viel Motivation für die Arbeit auf der Alm holen.

Prinzipiell ist die Zeit (vier Stunden) meistens zu kurz. Die Kinder sind meist aktiv und bereichern das Almerlebnis. Auch für mich persönlich ist es eine große Herausforderung und ich lerne jedes Mal dazu.

Auf der Alm zu sein, das ist etwas ganz Besonderes und das spüren wir als Erwachsene, aber noch viel mehr die Kleinsten mit ihrem Naturinstinkt. Eine positive Erfahrung ist zweifellos die Tatsache, dass verhaltensauffällige (z. B. hyperaktive) Kinder im Laufe des Almerlebnistages zu ihrer Ruhe finden und sehr mitteilungsbedürftig und dankbar für den erlebten Tag sind.

Jeder Almerlebnistag ist auch für erfahrene Almpädagogen immer wieder eine neue Herausforderung (z. B. Individualität jeder Klasse, Witterung) – Flexibilität und Spontanität sind sehr gefragt! Eine große Hilfe stellt dabei eine eigens für „Schule auf der Alm“ entwickelte und von den Almbauern auch praktisch erprobte Spiele- und Methodensammlung dar.

### Positive Einstellung zur Almwirtschaft

Mein größtes Geschenk ist es, wenn die Kinder eine positive Einstellung zur Almwirtschaft (aber auch über die Mühen Bescheid wissen) mitnehmen und die Alm wieder besuchen.

Viele Jahre boten wir auch Almerlebnis für Urlauberfamilien an. Diese wurden gerne gebucht und für die Zukunft gäbe es diesbezüglich noch viel Potenzial. Derzeit gibt es einen zunehmenden Trend, dass junge Menschen die Almen aufsuchen, mit dabei sind sicher auch viele ehemalige Teilnehmer an den Almerlebnistagen.

Wesentlich für den Erfolg von „Schule auf der Alm“ sind neben der gelungenen Durchführung der Almtage die Öffentlichkeitsarbeit und die Bewerbung des Projektes. Die Information der Lehrer über soziale Medien, Schulbesuche oder Lehrerfortbildungen sind wichtig. Sehr bewährt hat es sich, einen eigenen Almerlebnistag ausschließlich für interessierte Lehrer durchzuführen. Die teilnehmenden Pädagogen kommen dann mit sehr großer Wahrscheinlichkeit mit ihrer Klasse auf die Alm. Es ist aber auch von Bedeutung, für eine breite Öffentlichkeit über die Medien (Artikel, Radio- und Fernsehsendungen) präsent zu sein.

Hauptprobleme stellen nach wie vor die hohen Buskosten und oftmals langen Anfahrtswege auf die Almen sowie die durch die Transportkosten bedingten großen Teilnehmerzahlen und der damit verbundene hohe personelle Aufwand für die Gruppenbetreuung dar.

Abhilfe lässt sich beispielsweise durch eine finanzielle Unterstützung bei der Anreise, wie das in Kärnten praktiziert wird, leisten. Eine Möglichkeit, Anfahrtszeiten und Buskosten zu relativieren, stellt das Angebot von Mehrtagesprogrammen dar, bei denen der Erlebniswert für die Kinder und der bleibende Eindruck besonders stark ist und die Almwirtschaft sich viel besser vermitteln lässt. Allerdings steigt dabei auch der Mehraufwand für die Almbauern erheblich. In Kärnten steht den Almbetrieben bei der Durchführung der Schulaktivitäten daher im Bedarfsfall eine Almpädagogin oder

Kein Almtag gleicht dem anderen und der Rucksack der Almpädagogen ist mit verschiedensten Methoden und Materialien vollgepackt, um individuell agieren zu können. Foto: Elisabeth Obweger

ein Almpädagoge zur Seite, aber auch die gegenseitige Aushilfe der „Schule auf der Alm-Bauern“ und teilweise mit Rangern aus dem Biosphärenpark untereinander wird praktiziert.

„Schule auf der Alm“ ist ein langfristig angelegtes Projekt und ist sicherlich noch ausbaubar. Es gibt viele Ideen für die Weiterentwicklung, wobei die zentralen Punkte für deren Realisierung das Engagement vieler Almbetriebe sowie das Vorhandensein einer ausreichenden Finanzierung sind.

Insgesamt zeigt das rege Interesse der Schulen die Bedeutung und den Stellenwert der bei „Schule auf der Alm“ gebotenen Themen. Obwohl es in Österreich vergleichsweise noch sehr viel traditionelle alpine Landwirtschaft gibt, haben die Kinder und Jugendlichen heute in der Regel relativ wenig direkten Kontakt zur Landwirtschaft, zu Nutztieren und zur Natur. Jedenfalls möchte ich alle Almbesitzer zur Teilnahme an diesem Projekt motivieren, probiert es aus. Niemand kann die Almbewirtschaftung so authentisch vermitteln wie wir Almbäuerinnen und Almbauern selbst! Vor allem aber sollte man auf eines nicht vergessen: „Die Kinder von heute sind die Almbesucher von morgen!“

## ALM RADIO: DIE MAGIE DER ALMEN IM ENNSTAL

*Von Ernst Nussbaumer*

Almen sind Sehnsuchtsorte – fernab vom hektischen Alltag, tief eingebettet in die Natur, voller Geschichten, Geheimnisse und erlebter Erinnerungen. Es sind Orte, an denen Mensch und Landschaft in stiller Harmonie miteinander verschmelzen.

In der Sendung „Alm Radio“ im Freien Radio im Ennstal erzählt Ernst Nussbaumer von diesen besonderen Orten. Er berichtet von Sennerinnen und Sennern, vom harten, aber erfüllenden Leben auf der Alm, von der Schönheit der Natur und von den kleinen, stillen Momenten fernab der Welt. Begleitet wird die Sendung von Musik aus den Alpen – ehrlich, kraftvoll und nah am Herzschlag der Berge.

### Ein Leben im Rhythmus der Natur

Wer einmal eine Alm betritt, spürt es sofort: Die Zeit scheint stillzustehen. Der Duft der Bergluft, das leise Klingen der Glocken, das Spiel von Licht und Schatten – all das trägt einen fort aus dem Alltag. Auf den Almen leben Menschen, die mit und in der Natur arbeiten. Sennerinnen und Senner, die alte Traditionen bewahren, Käse herstellen, Tiere hüten und in der Stille des Hochsommers Kraft finden.

Ihre Geschichten sind leise und stark zugleich. Sie handeln vom Aufstehen vor Sonnenaufgang, vom Wandel der Jahreszeiten, von Stille, Einsamkeit – und von der tiefen Verbundenheit mit ihrer Umgebung.

### Herbst auf der Alm – Zwischen Magie und Melancholie

Wenn der Herbst ins Land zieht, verändern sich die Almen. Die Tiere sind zurück im Tal, die Zäune liegen brach, und über allem liegt eine fast unheimliche Ruhe. Und doch: Die Alm lebt weiter. Der Wind trägt das Laub über Wiesen und Pfade, es raschelt leise, fast so, als würden die Blätter miteinander lachen.

Es ist ein eigenartiges Gefühl, in dieser Zeit auf die Alm zurückzukehren. Die Leere wirkt fremd – und doch vertraut. Der Blick schweift über das goldene Gras, das sich weich um dunkle Moorflächen legt. Hier, wo der Nebel in der Dämmerung Gestalten annimmt, wo Schatten flackern und das Wasser seltsam ruhig ist, scheint die Grenze zwischen Realität und Fantasie zu verschwimmen.

> „Man ist nie wirklich allein auf der Alm – niemals. Auch wenn man niemanden sieht, hat man doch das Gefühl, selbst gesehen zu werden."

### Ein Ort für die Fantasie

Gerade im Herbst, wenn Nebel über die Gipfel zieht und Krähen mit heiserem Krächzen durch die Lüfte gleiten, entfaltet die Alm eine fast mystische Anziehungskraft. Der Nebel hebt sich plötzlich, formt Gesichter und Silhouetten, als würde die Natur selbst Geschichten erzählen. Das gilt besonders für die verlassenen Almen, die im Herbst eine fast unheimliche Schönheit ausstrahlen. Keine Tiere sind mehr zu sehen, die Zäune sind zerbrochen und von der Zeit zerzaust, die Einsamkeit herrscht hier. Dennoch spürt man, dass man nie wirklich allein ist. Es ist ein tiefes Gefühl – das Wissen, dass die Natur und die versteckten Geschichten der Berge ein unsichtbares Band knüpfen. In dieser Stille fühlt man sich beobachtet, nicht mit Blicken, sondern mit der Erinnerung an vergangene Zeiten. Das Geheimnisvolle, das Unbekannte, das die Alm im Herbst umgibt, lässt die Fantasie aufblühen.

Wer in dieser Kulisse wandert, spürt eine besondere Art von Präsenz – eine Verbindung zu früheren Zeiten, zu jenen, die hier gelebt, gearbeitet, geträumt haben. Jeder Ton, jedes Geräusch wirkt bedeutungsvoller. Das Knarren eines Astes, das Rauschen des Windes, das leise Tropfen am Bach – alles scheint eine Geschichte in sich zu tragen.

### Zwischen Stille, Sehnsucht und Staunen

Die Almen sind mehr als bloß Orte der Arbeit. Sie sind Stätten des Rückzugs, der Erinnerung, der Inspiration. Wer früh morgens aus dem Fenster einer Almhütte blickt und sieht, wie das Licht über die Hügel streicht, der wird selbst zum Erzähler. Es ist, als würde die Alm im eigenen Inneren ein Echo erzeugen – und plötzlich entsteht daraus ein ganz persönlicher Gruselkrimi, eine Liebeserklärung an die Stille oder ein poetischer Gedanke über das Leben. Denn genau das ist die Kraft der Alm: Sie spiegelt uns selbst. Sie zeigt uns, wie klein wir sind – und wie groß unsere Vorstellungskraft.

„Alm Radio" lädt dazu ein, in diese besondere Welt einzutauchen. In eine Welt, in der jeder Baum ein Gedicht erzählt, jeder Nebelschwaden eine Erinnerung weckt, und in der selbst die Stille voller Geschichten steckt.

## Kommentar

*Von Alois Kiegerl*

Viel diskutiert wird die Kommerzialisierung der Almen. Auch ich möchte meinen „Senf" zu diesem kontroversen Thema abgeben. Unbestritten ist, dass der „Run auf die Alm" in den vergangenen Jahren extrem zugenommen hat – vor allem der Tagestourismus ist explodiert! Das betrifft mich persönlich in zweifacher Hinsicht: Erstens durch die Mobilität und zweitens wegen der Menschen.

Schon der Verkehr, der an unserem Hof vorbei auf die Alm führt, ist eine große Belastung für uns. Es fährt alles, was Räder hat: Autos, Oldtimer, Oldtimer Traktoren, Rennwagen, Motorräder, alte, stinkende Mopeds, Fahrräder, E-Bikes. Das wichtigste ist: Es soll möglichst laut sein und Geschwindigkeitsbegrenzungen sind unbekannt! Unser Wunsch nach einer Lärmschutzwand wurde unter anderem mit den Argumenten: „Das ist viel zu teuer!" und „Dann sieht man ja gar nicht mehr auf die Alm hinauf!" abgetan.

Auch diese enorme Masse an Menschen ist für die Alm – wie schon vielfach beschrieben – eine große Belastung. Über die Hunde habe ich schon an einer anderen Stelle geschrieben.

Jetzt könnte man behaupten, dass mehr Menschen auch mehr Wertschöpfung auf die Alm bringen, aber das entspricht nicht der Realität. Denn das ist die Kundenschicht, die nicht ihr Geld auf der Alm lässt, sondern maximal ihr Jausenpapier! Auf diese Problematik angesprochen, bekommt man von manchem verständnisvollem Mitbürger die Auskunft (Achtung Sarkasmus!): „Das musst du ertragen, du bekommst eh so viel Förderung"! Das sind für mich sogenannte Totschlagargumente (und der Name kommt nicht davon, dass man sein Gegenüber gerne totschlagen würde), denn sie ersticken jeden Gedanken an einen Kompromiss im Keim!

Es bräuchte hier dringend dämpfende Maßnahmen, wie zum Beispiel eine zweckgebundene Maut für diese Bergstraßen. Damit könnte man einerseits bereits im Tal die Anzahl der Fahrzeuge, die auf den Berg kommen, kontingentieren, außerdem würde dies dringend benötigtes Geld für die marode ländliche Infrastruktur bringen.

# ALMWIRTSCHAFT UND JAGD

*Von Franz Bergler*

Sämtliche Almflächen sind Jagdflächen. Das Jagdrecht ist mit Grund und Boden verbunden. Wer in Österreich einen Privatbesitz von über 115 ha land- und forstwirtschaftlichen Flächen hat, ist Eigenjagdbesitzer. Die Almwirtschaft und die Jagd bewirtschaften also dasselbe Gebiet. Dabei gibt es neben vielen Synergien natürlich auch Gegensätze. Sowohl die Tiere des Landwirtes (Pferde, Rinder, Ziegen und Schafe) als auch die Tiere des Jagdwirtes (Hirsch, Gams, Reh) sind Raufutterverzehrer. Sie fressen gemeinsam auf der Alm die vorhandenen Gräser und Kräuter. Es ist genug für alle da, obwohl das manche einfach nicht wahrhaben wollen. Die Konkurrenz dieser beiden Nutzer der Almregion gibt es nur in den Köpfen der jeweiligen Betrachter (Jäger und Almwirt). Die Tiere haben untereinander keine Probleme. Die Tiere liegen auf der Alm nicht nur nebeneinander, sondern auch durcheinander. Natürlich gibt es Berührungspunkte, vor allem beim Zaun. Daher ist es ganz wichtig, dass sich beide Nutzer der Alm- und Bergregion erstens respektieren und zweitens absprechen. Auf einen Wechsel, das ist der tägliche Gangbereich einer Wildart, ist beim Zäunen besonders Rücksicht zu nehmen. Wild erkennt den Strom genauso wie unsere Weidetiere. Daher sollte das Almpersonal auf dem gewohnten täglichen Weg am Zaun ein Windband (wenn möglich blau, das sieht das Wild sehr gut) anbringen. Das Wild ist sehr lernfähig und wird den Weidezaun in einem hohen Bogen überspringen, ohne den Zaun zu zerstören. Die Wendigkeit und Begabung, die ein Hirsch bei der Überwindung eines Stacheldrahtzauns zeigt, lässt jeden Akrobaten erbleichen. Die Wildtiere müssen den Zaun einfach nur wahrnehmen können, was bei einem herkömmlichen Elektrozaun (Band) immer der Fall ist.

Wild gewöhnt sich auch schnell an Personen. Die Person, die täglich auf der Alm ist und über bekannte Wege geht, wird sofort als „keine Gefahr" erkannt. Als Halter begegnet man täglich Reh, Hirsch und Gams – das ist keine große Sensation. Ich habe als Hirte immer gewusst, wann der Jäger oder der Jagdpächter im Revier war. Wild, das ich täglich sah und mit dem ich auch redete, gab ich Namen. So hieß der Haus-Gams bei der Rinnerhütte im Toten Gebirge „Sepp", so wie der Hüttenwirt. War Sepp nicht oberhalb des Latschenfeldes über der Hütte oder auf seinem Wandl-Platz, wusste ich, dass der Jäger wieder einmal mit einem Jagdgast in Bereich der Rinnerhütte und Rinneralm war. Ein Blickkontakt mit der Wirtin Inge bestätigte meine Annahme.

## TIERE BRAUCHEN IHRE RUHEZONE

Die Tiere auf der Alm brauchen ihren Ruheraum, so wie wir Menschen auf unseren geschützten Raum für Ruhe beharren. Das ist einer der größten Reibungspunkte in unserer heutigen Gesellschaft. Viele Personen der heutigen Freizeitgesellschaft kennen leider keine Grenzen. Es gibt keine Tages- und auch keine Nachtzeit, in der nicht ein Freizeitsportler, ein Natursuchender oder Sternenanbeter auf der Alm herumkreuzt. Die heutige „No-Risk-no-Fun"-Generation zerstört mit diesem Verhalten die Natur bzw. das Zusammenleben. Daher ist es nicht verwunderlich, dass manche Almgebiete für Hunde bereits gesperrt sind. Auch die Fahrerlaubnis für die Almbewirtschafter wird durch solche Personen gefährdet. Mittlerweile ist es schon ortsübliche Praxis, dass die Almen selbst von den Almbewirtschaftern zwei Stunden vor der Dämmerung und zwei Stunden nach dem Sonnenaufgang nicht mehr befahren oder begangen werden (dürfen). Diese Regelung wird akzeptiert, um den Jagdausübenden ihre benötigte Zeit zur Verfügung zu stellen. Regulativ ist hier der Jagdpacht. Kann der Jagdausübende nicht seine Jagd in der herkömmlichen Form ausüben, ist er aus verständlichen Gründen nicht bereit, eine dementsprechend hohe Summe an Jagdpacht zu zahlen. Da die Jagd eine nicht unwesentliche Einnahmequelle für den Besitzer der Alm ist, ist hier der Spielraum sehr klein.

## KEINE NAHRUNGSKONKURRENTEN

Die Wildtiere sind keine Nahrungskonkurrenten zu unseren Almtieren. Es ist genug an Futtervorrat für alle Lebewesen auf der Alm da. Außerdem wandern mit Ausnahme vom Gams, der ganzjährig in der Alm- und Bergregion bleibt, sowohl unsere Almtiere als auch die Wildtiere im Herbst ins Tal. Zwar etwas zeitversetzt, da die Wildtiere etwas länger auf der Alm bleiben und auch früher im Frühjahr auf die Alm ziehen. Während unsere Tiere das erste feine Gras noch im Tal fressen, ziehen die Rehe und das Rotwild sehr bald im Frühjahr weg von der Winterfütterung auf die Alm. Genauso verhält es sich im Herbst. Der letzte Schnitt unserer Talwiesen gehört unseren Almtieren, während die Wildtiere noch das letzte Grün von unseren Almen abfressen oder wie es in der Jagdsprache heißt: „abäsen".

## SYMBIOSE WILD UND WEIDESANIERUNG

Ein umsichtiger Almbewirtschafter redet mit dem Jagdausübenden über die notwendigen Biotope für die Wildtiere auf der Alm. Vor allem für eine Raufußhühnerart, dem Kleinen Hahn (auch Schildhahn genannt), ist eine verzahnte Bodenvegetation als Deckung erforderlich. Daher ist es sinnvoll, mit dem Jäger die Entfernung von Zwergwacholder, Farn und anderen Niedrigsträuchern zu besprechen. Der Kleine Hahn braucht eine schützende Bodenvegetation, um seinen Nachwuchs gesichert in den Sommer zu bringen.

Das gemeinsame Salztragen vom Jäger mit dem Almbauern erhöht das Verständnis zu einander.

## SCHÄDEN AN DER WEIDE DURCH WILDSCHWEINE

Tauchen auf der Alm Wildschweine auf, kommt es zum Teil zu starken Schäden an den Weideflächen. Die Wildschweine graben die eiweißreichen Engerlinge und Wurzeln der Krokusse aus und zerstören so die Alm- und Weideflächen. Hier gilt es, einen hohen Jagddruck auszuüben und natürlich muss der Jagdausübende diesen Schaden beheben. Meistens können bei der Sanierung keine Maschinen eingesetzt werden und es ist manuelle Arbeit erforderlich. Wichtig ist aber die zeitgemäße Sanierung, sodass dem Weidevieh im Folgejahr wieder eine gute Weide zu Verfügung steht.

## DER VERBISS – KEIN VERDRUSS

Da auch unsere Almtiere am Verbiss der Nadel und Laubbäume beteiligt sind, ist es schwierig, einen Hauptverantwortlichen zu suchen. Im Prinzip ist es egal, da diese „Kollerbüsche" schöne Landschaftselemente im Übergangsbereich von der Waldgrenze zur Baumgrenze sind. Diese wie Zuckerhüte aussehenden Fichtenbäume spenden allen Tieren nahrhafte Nadeln. Einerseits enthalten sie Mineralstoffe, andererseits hat das enthaltene Harz eine antiseptische Wirkung und ist daher gesundheitsfördernd. Die Wild- und Weidetiere holen sich also die Mineralration direkt vom Baum, die sie sonst im Stall vorgelegt bekommen.

## WÖLFE AUF DER ALM

*Von Josef Obweger*

Der Almauftrieb hat in Österreich – bezogen auf die aufgetriebenen Großvieheinheiten (GVE) – in den letzten 15 Jahren aus mehreren Gründen um ca. 10 % abgenommen. Die zunehmende Wiederansiedelung von Wölfen stellt die Alm- und Weidewirtschaft nunmehr seit einigen Jahren vor große, zusätzliche Herausforderungen. Der europaweit strenge Schutz von Wölfen, festgelegt in der Berner Konvention und der Flora-Fauna-Habitat-Richtlinie (FFH-RL) der Europäischen Union, ermöglichte wenig Spielraum für eine jagdliche Regulierung. Als wichtigster Lösungsansatz wird den betroffenen Almbewirtschaftern von mehreren Organisationen (z. B. WWF, Österreichischer Naturschutzbund, Verein gegen Tierfabriken) und Personen empfohlen, ihre Nutztiere durch Herdenschutzmaßnahmen zu schützen. Selbstverständlich müsse man die Bewirtschafter dabei finanziell unterstützen.

### Almstruktur in Österreich

Wenn man sich die Struktur der Almwirtschaft in Österreich ansieht, lässt sich bereits erkennen, dass Theorie und Praxis in dieser Frage weit auseinanderklaffen.

Auf 33 % der Almen in Österreich werden weniger als 10 GVE aufgetrieben, auf 62 % der Almen weniger als 25 GVE. Von den 869 Schafalmen in Österreich werden lediglich auf 108 Almen mehr als 300 Schafe aufgetrieben. Zudem bewirtschaften mehr als zwei Drittel der Almbäuerinnen und

Almbauern ihre landwirtschaftlichen Betriebe im Nebenerwerb. Es ist daher nicht einmal ansatzweise realistisch, dass in einer Almregion flächendeckend Herdenschutzmaßnahmen umgesetzt werden. Dem Großteil der Almbewirtschafter könnte man Zäune und Herdenschutzhunde gratis zur Verfügung stellen, sie würden trotzdem keine Maßnahmen umsetzen, da ihnen schlicht und einfach die zeitlichen Ressourcen dafür fehlen. Wenn lediglich eine einzelne Alm mit größtem finanziellem und zeitlichem Aufwand geschützt wird, ist das Problem damit nicht gelöst. Es verlagert sich nur auf die Nachbaralmen. So wurde zum Beispiel im Juni 2021 auf der Kirchbacher Wipfelalm im Kärntner Gailtal nach mehreren Wolfsrissen an Schafen ein aufwändiger Nachtpferch errichtet. Wenige Tage später hat derselbe Wolf (durch DNA-Untersuchungen nachgewiesen) Schafe auf der wenige Kilometer entfernten Poludnigalm gerissen.

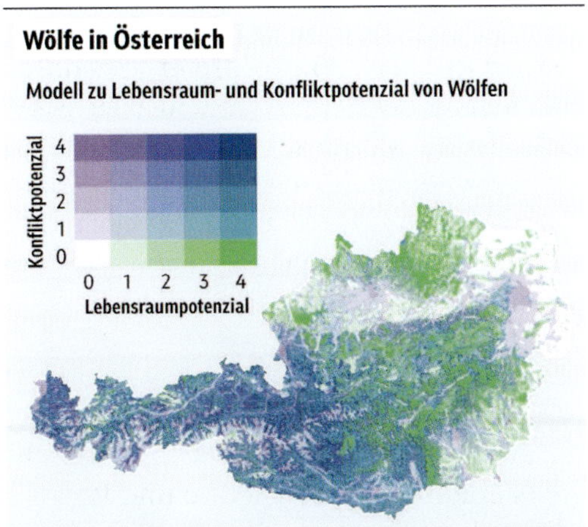


Matrix Lebensraum- und Konfliktpotenzial für Wölfe in Österreich: Das Konftliktpotenzial zwischen den Wölfen einerseits und der Alm- und Freizeitwirtschaft ist in Kärnten im Österreichvergleich besonders hoch.
Quelle: nach Endbericht Lebensraum- und Konfliktpotential für den Wolf (*Canis lupus*) in Österreich, Universität für Bodenkultur, Institut für Wildbiologie und Jagdwirtschaft, 2025

Das „Projekt Lebensraum- und Konfliktpotential für den Wolf (*Canis lupus*) in Österreich" untersuchte nicht nur potenzielle Lebensräume, sondern auch Regionen mit besonders hohem Konfliktpotenzial durch das Auftreten von Wölfen. Dabei kommt die Studie zum Schluss, dass das Konfliktpotenzial mit Nutztierhalten, Almwirtschaft und Tourismus- bzw. Freizeitwirtschaft in Kärnten im Österreichvergleich besonders hoch ist (siehe Karte).

### Kleinere Almen nicht erhaltenswert?

Häufig gibt es auch den Ansatz, Nutztiere zu größeren Herden auf großen Almregionen zusammenzufassen und dort professionell zu behirten. Es wird in diesem Zusammenhang aber nicht erwähnt, dass dann jene kleinstrukturierteren Almen, auf denen die Tiere vorher immer geweidet haben, durch die Nichtnutzung verstrauchen und verbuschen. Sogar der häufig als Herdenschutzexperte genannte Max Rossberg (European Wilderness Society) bestätigte im Juni 2024 beim Alpengipfel in der Wildschönau/Tirol, dass es für kleinstrukturierte Almen keine praxistauglichen Herdenschutzlösungen gibt. In Österreich gibt es derzeit noch eine weitgehend flächendeckende Bewirtschaftung der Almen. Für gealpte Nutztiere nur auf Herdenschutz zu setzen und weiterhin den strengen Schutz für Wölfe gesetzlich aufrecht zu erhalten, hieße also, dass mittelfristig die überwiegende Anzahl der österreichischen Almen nicht mehr bewirtschaftet werden.

### Herdenschutzhunde und Tourismus bzw. Freizeitnutzung

Österreich ist ein Tourismusland, bewirtschaftete Almen sind ein wesentlicher Faktor für den hohen Beliebtheitsgrad als Urlaubsdestination. Ich darf nur in Erinnerung rufen, dass es 2019 nach dem sog. „Tiroler Kuhurteil“ in Österreich eine breite und sehr emotional geführte Diskussion über Haftungsfragen nach Zwischenfällen zwischen Wanderern und Weidetieren gab, insbesondere in Verbindung mit dem Mitführen von Hunden. Wenn man sich nun zusätzlich noch verbreitet Herdenschutzhunde auf unseren Almen vorstellt, deren Aufgabe es ist, die Herde gegen Eindringlinge zu beschützen, wird diese ohnehin höchst brisante Thematik noch zusätzlich wesentlich verschärft. Es häufen sich auch Augenzeugenberichte, dass Rinderherden – offensichtlich nach einem Kontakt mit Großraubwild – in ihrem Verhalten plötzlich nicht mehr wiederzuerkennen sind und damit auch für Almbesucher zunehmend unberechenbar werden.

### Behirtung – Herdenschutz

Forderungen nach Herdenschutzmaßnahmen kommen oft von Personen aus dem städtischen Bereich, denen jeder Bezug zur Praxis auf den Almen fehlt. Sehr oft zielen empfohlene Herdenschutzmaßnahmen auf eine ständige Behirtung (24 Stunden/Tag) in Verbindung mit Herdenschutzhunden und einem Nachtpferch ab. Es gibt aber nur sehr wenige Personen in Österreich, die fachlich und körperlich in der Lage sind, diese Arbeit einen ganzen Almsommer lang durchzuführen. Dabei gilt es auch die aktuellen arbeitsrechtlichen Bestimmungen zu beachten. Für eine ständige Behirtung (24 Stunden/Tag) benötigt es dann mindestens drei Hirten/Alm. Eine erfreuliche Tendenz ist es, dass in Österreich die Anzahl der Hirten auf den Almen in den letzten Jahren kontinuierlich zugenommen hat (von 6.911 Hirten im Jahr 2014 auf 7.732 Hirten im Jahr 2025). Ein Hirte ist immer eine Bereicherung für eine Alm. Auch bringt eine gelenkte Weideführung sehr viele Vorteile für die Bewirtschaftung einer

Herdenschutzhunde sind Wachhunde – daher sollten Almnutzer mit Warntafeln darauf aufmerksam gemacht werden, wenn solche auf Almen im Einsatz sind.

Foto: Karin Ch. Taferner

Zur Wolfsabwehr werden ein Nachtpferch und der Einsatz von Herdenschutzhunden empfohlen – Risikopotenzial und täglicher Aufwand dafür sind sehr hoch.

Foto: Josef Obweger

Alm. Aber es gibt einen ganz wesentlichen Unterschied zwischen einer Behirtung und Herdenschutz, das wird in der Wolfsdiskussion leider zu oft verwechselt.

### Kosten für Herdenschutz

Abgesehen von der praktischen (Un-)Durchführbarkeit sind auch die Kosten für Herdenschutzmaßnahmen extrem hoch. In Kärnten wurde bereits im Jahr 2014 auf der St. Jober Alm in der Gemeinde Finkenstein ein solches Projekt für ein Jahr seitens des Landes unterstützt. Auf dieser Alm wurden über mehrere Jahre hintereinander bis zu 40 % der aufgetriebenen Schafe gerissen. Als Verursacher wurden Bären und Wölfe nachgewiesen. Für dieses Projekt wurde ein professioneller Hirte, der auch bereits beim Beweidungsprojekt am Hauser Kaibling im Einsatz war, engagiert. Es erfolgte eine ständige Behirtung, mit Hilfe eines Hirtenhundes wurden die Schafe jede Nacht in einen Pferch neben der Almhütte gebracht. Die Kosten für diese Maßnahme betrugen für insgesamt dreieinhalb Monate 195 € pro aufgetriebenem Schaf und überstiegen damit den tatsächlichen Wert der Tiere! Ähnliche Ergebnisse gibt es bei den Herdenschutzprojekten des Landes Tirol auf insgesamt drei Almen im Bezirk Landeck. Hier betrugen die Kosten im Jahr 2024 190 €/Schaf. Es stellt sich daher wohl berechtigt die Frage, wer auf Dauer für solche Kosten aufkommt – ich bin davon überzeugt, dass mittelfristig wiederum die betroffenen Almbäuerinnen und Almbauern auf zumindest einem wesentlichen Teil der Kosten sitzen bleiben.

Herdenschutzhunde verteidigen die Herde gegenüber Angreifern. Wer als Angreifer gilt, entscheiden die Hunde selbst.

Foto: Josef Obweger

### Wenn der Wolf zurückkehrt

Die Rückkehr von Wölfen wird von Wolfsbefürwortern häufig auch als großer Erfolg für die Biodiversität verkündet. Tatsächlich ist es aber so, dass auf einer beweideten Almfläche ca. 30–50 unterschiedliche Pflanzenarten/50 m² vorkommen. Wenn bedingt durch Wolfsrisse weniger oder keine Tiere mehr auf eine Alm aufgetrieben werden, verbuschen diese ökologisch wertvollen Flächen und die hohe Pflanzenvielfalt nimmt rasch ab. Zudem bietet jede einzelne Pflanzenart auch Lebensraum für mehrere unterschiedliche Tierarten.

Die Erfahrungen aus Kärnten haben gezeigt, dass auf Almen mit mehreren Rissereignissen der Auftrieb – vor allem jener von Schafen – stark rückläufig ist. Vor allem kleinere Schafhaltungsbetriebe lassen die Tiere im Tal – was bedingt durch die Hitze in den Sommermonaten gesundheitliche Probleme mit sich bringt. Einige geben die Schafhaltung überhaupt auf. So gibt es im Gail- und Lesachtal, im Oberen Drautal, Möll- und Liesertal und auf der Hochrindl bereits Almen, auf die gar keine Schafe mehr aufgetrieben werden. Und das, obwohl die betroffenen Landwirte ihre nachweislich gerissenen Tiere entschädigt bekommen. Vor allem kleinstrukturierte

Betriebe haben einen ausgeprägten Bezug zu ihren Tieren, dieser kann nicht mit Geld entschädigt werden. Auch klagen Schafhalter mit kleinen Herdengrößen nicht über fehlende Unterstützungsleistungen für Herdenschutzmaßnahmen, sondern sind enttäuscht darüber, dass die europäische Politik über viele Jahre das Leben von Wölfen über jenes von Nutztieren gestellt hat. Zunehmend zeigen auch Persönlichkeiten aus dem Naturschutz auf, dass durch den bedingungslosen Schutz von Wölfen in Europa wesentliche Naturschutzziele, die durch eine wertvolle extensive Beweidung erreicht werden, zunehmend auf der Strecke bleiben. So haben unter anderem der anerkannte Alpenforscher Dr. Werner Bätzing sowie der Schweizer Biologe Marcel Züger die „Maienfelder Erklärung" unterzeichnet und drücken damit ihren Protest aus.

## Regulierung zeigt Erfolg

Von sogenannten Wolfsexperten wird sehr oft die These verbreitet, dass Abschüsse nichts bringen, da „wenn ein Wolf erlegt wird, sofort zwei andere nachkommen". Es wäre aus ihrer Sicht für betroffene Nutztierhalter besser, wenn sich Rudel ansiedeln, dann gäbe es sogar weniger Nutztierrisse. Diese These wurde in den letzten Jahren im Bundesland Kärnten widerlegt. 2022 gab es insgesamt 399 Nutztierrisse, in den Jahren 2023–2025 konnte die Anzahl der Risse durch geschaffene gesetzliche Regulierungsmöglichkeiten durchschnittlich um 75 % reduziert werden. Und dies, obwohl die Anzahl der nachgewiesenen Wölfe im selben Zeitraum von 27 auf 43 Individuen angestiegen ist. Über die Kärntner Wolfsverordnung bzw. seit 2024 zusätzlich über das Kärntner Alm- und Weideschutzgesetz wurden bisher in Kärnten 32 Wölfe erlegt. Wölfe gelten als sehr intelligente Tiere und offensichtlich hat sich die Bejagung auf ihr Verhalten ausgewirkt. Ähnliche Erfahrungen gab es in den letzten Jahren auch in Tirol und in der Schweiz. Die Schweiz wird von zahlreichen Organisationen oft als Vorzeigebeispiel in punkto Herdenschutz erwähnt. In den Wintermonaten der letzten drei Jahre wurde nun durch gezielte Bejagung massiv in die Wolfspopulation eingegriffen.

Die Behauptung, die Landwirtschaft hat das Miteinander mit Wölfen nur verlernt, früher hätte es ja auch funktioniert, stimmt so einfach nicht. Wölfe wurden in der Vergangenheit immer bejagt. Im Oberkärntner Mölltal gibt es heute noch Gedenkstätten (Marterln), die aus Dankbarkeit errichtet wurden, wenn ein Wolf erlegt wurde. In der Gemeinde Mörtschach wurde aus demselben Grund sogar eigens eine Kapelle errichtet (Moaskapelle im Wangenitztal), zu der noch immer jeweils am Pfingstsonntag eine Wallfahrt stattfindet. Bei der Bejagung erhielten die von Nutztierrissen betroffenen Tierbesitzer zudem eine sehr breite Unterstützung von großen Teilen der ansässigen Bevölkerung.

## Schutzstatus endlich gelockert

Nach unzähligen Gesprächen, Diskussionen und Resolutionen über viele Jahre kam in letzter Zeit endlich auch auf europäischer Ebene Bewegung in die doch sehr restriktive Wolfspolitik. Am 3. Dezember 2024 wurde der Schutz von Wölfen in der Berner Konvention von „streng geschützt" auf „geschützt" herabgestuft. Am 8. Mai 2025 wurde auch in der FFH-Richtlinie der Europäischen Union der Schutzstatus für Wölfe von „streng geschützt" auf „geschützt" gelockert, was nun den Mitgliedsstaaten mehr

Freiraum zu Managementmaßnahmen ermöglicht. Außerdem können sie Maßnahmen an regionale Besonderheiten anpassen. Diese beiden doch sehr wesentlichen und für die Almbewirtschaftung positiven Beschlüsse wären noch vor zwei Jahren absolut undenkbar gewesen. Steter Tropfen höhlt den Stein – und Österreich hat dazu einen sehr wesentlichen Beitrag geleistet!

Mit über 60.000 Exemplaren europaweit sind die Wölfe längst nicht mehr vom Aussterben bedroht. Die Absenkung des Schutzstatus durch die EU war daher ein logischer Schritt. Die EU-Judikatur weist folgerichtig auch in einer ihrer jüngsten Entscheidungen darauf hin, dass der günstige Erhaltungszustand einer Art nicht allein anhand einer nationalen Gesamtpopulation zu bewerten ist. Dies gilt in besonderem Maße für die Wölfe, die bekanntermaßen große Strecken zurücklegen und sich nicht an Ländergrenzen halten.

## Bejagung als Ziel

Aus almwirtschaftlicher Sicht ist eine Bejagung von Wölfen, so wie das ja auch bei anderen Wildtieren üblich ist, ein zentraler Lösungsansatz. Es ist jedenfalls derzeit nicht nachvollziehbar, dass eine Großraubtierart, die keinen natürlichen Feind hat und auch nicht auf der Roten Liste bedrohter Tierarten steht, mit so einem bedingungslosen Schutz auf die Alm- und Weidetiere losgelassen wird. Professor Friedrich Reimoser von der Universität für Bodenkultur hat vor einigen Jahren bei einer Wolfsveranstaltung in Salzburg im Zusammenhang mit der Rückkehr von Wölfen in unsere Kulturlandschaft in Anspielung auf den strengen Schutz von Wölfen in Europa sehr treffend gesagt: „Gesetze sollen den Menschen dienen und nicht der Mensch den Gesetzen.“ Wenn Gesetze offensichtlich nicht mehr den Menschen dienen, sollte man darüber nachdenken, sie entsprechend anzupassen.

Im Zusammenhang mit tierischen Lebensmitteln wird sehr häufig der Begriff „Tierwohl“ verwendet. Alpung ist jene Form der Tierhaltung, die unseren Nutztieren die größtmögliche Bewegungsfreiheit und ein Maximum an Tierwohl bietet. Wolfsrudel und eine flächendeckende Almbewirtschaftung gehen jedoch nicht zusammen. Leider ist dies vielen selbsternannten Experten, die sich berufen fühlen, den Nutztierhaltern Tipps für ein „gedeihliches Miteinander“ von Wölfen und landwirtschaftlichen Nutztieren zu geben, nicht bewusst!

## Kommentar

*Von Alois Kiegerl*

Unmittelbar nachdem ich 2016 Obmann der Weidegemeinschaft Hochalm-Bärntal wurde, holte uns das Thema Wolf ein. Wir hatten in den Jahren 2017 und 2018 bestätigte Wolfsrisse auf der Alm und die Wogen gingen hoch!

Wir versuchten damals auf die Problematik aufmerksam zu machen und es versuchten relativ schnell die verschiedensten Gruppierungen uns „für ihre Sache“ zu vereinnahmen. Eine Zeitlang spielte ich dieses perfide Spiel mit, lernte aber hier sehr schnell, mit meiner Meinung auf eigenen Füßen zu stehen und möchte hier ein paar Aspekte vorbringen, die in der täglichen Diskussion meiner Meinung nach nicht oder nur wenig berücksichtigt werden.

Vorweg gesagt: Ich hege keinen Groll gegen den Wolf und ich bin der Letzte, der sagt: „Wir müssen dieses Tier unbedingt abschießen". Im Gegenteil: Ich liebe alle Tiere. Dennoch will ich mich nicht dafür rechtfertigen müssen, dass ich verlange, dass meine Tiere und meine Kinder in Sicherheit leben wollen. Deshalb bin ich nicht für den Abschuss, sondern dagegen, dass man eine Verbreitung dieses Tieres zulässt – das ist aus meiner Sicht ein wesentlicher Unterschied. Ich habe in meiner Kindheit oft ganze Tage allein im Wald verbringen können und ich verlange nicht mehr und nicht weniger, als dass das auch in Zukunft für meine Enkelkinder so bleibt!

Sehr oft heißt es in den Diskussionen, dass der hohe Schutzstatus des Wolfes eine demokratische Entscheidung ist, die zu akzeptieren ist. Die (berg)bäuerliche Bevölkerung und ihre Lebensweise stellen in Österreich inzwischen eine Minderheit dar, die es zu schützen gilt. Es gibt darüber Auskunft, wie gut eine Gesellschaft funktioniert, wenn man sich anschaut, wie sie mit Minderheitenrechten umgeht. Noch dazu mit einer Minderheit, die alle anderen ernährt!

Für unseren Betrieb würde die Rückkehr des Wolfes das Aus für unsere Alm- und Weidebewirtschaftung bedeuten. Wir bestoßen im Sommer bis zu sieben verschiedene Weiden und es wäre für unseren Betrieb weder zeitlich noch wirtschaftlich noch technisch möglich, all diese „wolfdicht" abzusichern.

Des Weiteren stellt sich mir auch sehr oft die Frage, inwieweit Ideologien dieses Thema beeinflussen. Zum einen wäre da der historische Konflikt zwischen Besitzenden und Besitzlosen, welcher bei uns als Klassenkampf bezeichnet wird und der aus meiner Sicht noch immer nicht ganz

Es obliegt uns Bauern über die Bedrohungen durch den Wolf zu informieren – das erledigt sonst niemand für uns! Dieses Plakat hing an gut sichtbarer Stelle einen Sommer lang auf der Bärntal Alm.
Foto: LK Steiermark/Foto Fischer

ausgestanden ist. Andererseits kann ich nur schwer beurteilen, wie hoch der Einfluss der sogenannten Tierbefreiungs- oder Tierrechtsbewegung ist. Diese Gruppierung sieht jegliche Art der Nutztierhaltung als Ausbeutungsverhältnis an und lehnt auch den traditionellen Tierschutz ab.

Summa summarum muss ich immer wieder an die Aussage meines Freundes Franz Bergler denken, der gesagt hat: „Der Wolf ist der Krebsschaden für die Almwirtschaft. Er kommt still und heimlich und wenn man nichts dagegen tut, bringt er sie um!"

## DER WOLF ALS BIODIVERSITÄTSKILLER

*Von Marcel Züger*

Der Alpenraum ist seit 1.000 Jahren flächendeckend besiedelt und wird genutzt. Die Leute mussten alle Lebensmittel vor Ort herstellen und Bau- und Brennholz gewinnen. Und es waren nicht wenige Ein-

Arten- und strukturreiche Alpweide Foto: Marcel Züger

wohner: Nicht in den heutigen Zentren, aber an der Peripherie, in den Talschaften, am Berg lebten vor 500 Jahren mehr Menschen als heute.

Die Nutzungen waren jahrhundertelang bedeutend intensiver als heute und reichten weiter hinauf in die Hochlagen. Selbst Felsbänder wurden noch gemäht, Laubstreu im Wald zusammengerecht, jeder Zweig genutzt. Das ging nur, weil man sich den Wolf vom Hals hielt.

Der Wolf war ja auch nicht „nur" 150 Jahre weg. Im deutschsprachigen Alpenraum gab es seit 500 Jahren nur mehr wenige Wölfe. Nach grossen Kriegen waren es etwas mehr, aber sie wurden stets intensiv verfolgt und eliminiert.

Es wurde überall geweidet und gemäht – wirklich überall, außer auf hochalpinen Felsköpfen und Gletschern. Die Böden wurden über die Jahrhunderte ausgezehrt. Eine solche Landschaft war zweifellos ein Paradies für Insekten, v. a. Schmetterlinge, Wildbienen und Heuschrecken. Und es gab eine immense Pflanzenvielfalt und einen schier unerschöpflichen Blütenreichtum. Allerdings waren auch die meisten größeren Tierarten ganz oder fast ausgerottet: Steinbock, Rothirsch, Gämse und Reh, Steinadler, Bartgeier, Wanderfalke und die anderen Greifvögel, vielfach sogar Krähen, und noch viele, viele mehr.

Die Leute hatten Hunger: Was Nahrungskonkurrent, Schädling oder Nahrung war, wurde getötet. Auch Schlangen, Igel und sogar Spechte wurden verfolgt.

Wir können uns gar nicht vorstellen, wie karg und entbehrungsreich das Leben damals war. Die Böden waren mager, das Vieh war mager und auch die Leute waren mager.

Heute ist der Wohlstand eingekehrt. Die Landschaft ist nicht mehr übernutzt, aber im Alpenraum immer noch artenreich. Die Hungerkünstler sind weniger geworden, mittelgroße und große Tiere haben zugenommen. Natürlich gibt es auch Problemzonen, aber insgesamt ist das Berggebiet ein echtes Naturparadies.

Österreich war eine Zeitlang weltweit führend im Bergbau. Ab etwa 1400 wurden riesige Bergwerke angelegt. Rerobichl bei Kitzbühel war eines der größten. Die Schächte reichten fast 900 Meter in die Tiefe. Der Grubenboden lag also unter dem Meeresspiegel. Die Gruben verschlangen gigantische Holzmengen. Ganze Hänge wurden kahlgeschlagen. Die Hirten freute es. Das gab neues Weideland.

Die Waldfläche im österreichischen Alpenraum hat innert 200 Jahren um ein Viertel zugenommen. Der Wald ist dichter, älter und es gibt mehr Totholz. Viele einst seltene oder ausgestorbene Arten sind zurückgekommen. Es gibt im Alpenraum schlicht keine Arten, die auf großflächige Urwälder angewiesen sind. Alle anderen sind da, angefangen bei Steinbock und Gämse, über Waldschnepfe und Auerhahn bis hin zu Baumschläfer oder Schlingnatter. Selbst sogenannte Urwaldrelikte, also Käfer, die auf besonders naturnahe Wälder angewiesen sind, nehmen zu. Auch die großen „Raubvögel" wie Steinadler, Uhu und Bartgeier sind zurück, ohne dass es Probleme gäbe. Da freuen sich alle dran. Bloß: Bär und Wolf, die gehen einfach nicht.

Die Großraubtiere werden als Ökosystem-Manager oder Schlüsselarten bezeichnet. Untersuchungen im amerikanischen Yellowstone-Nationalpark hätten das doch belegt.

Die seltene Wulfenia, auch als Kärntner Kuhtritt bekannt, kommt in Österreich und Nord-Italien sowie in Montenegro, Kosovo und Albanien vor. Foto: Andreas Bohner

Ein Blick in die Originalstudien aus dem Yellowstone zeigt anderes. Dass der Wolf eine Schlüsselfunktion innehat, stimmt einfach nicht. Kurz zur Story wie sie erzählt wird: Im Nationalpark kam bis etwa 1990 eine große Anzahl Wapitis vor, weil die Wölfe verdrängt waren. Wapitis sind Hirsche, die doppelt so schwer werden wie der bei uns heimische Rothirsch. Im Nationalpark hatten sie die Bäume und Sträucher geschädigt. Nachdem Wölfe ausgewildert wurden, ging der Wapitibestand zurück und an den Flussufern wuchsen wieder Pappeln und Weiden. Weil sie nun wieder Futter fanden, konnten sich Biber ansiedeln. Die Realität ist genau umgekehrt. Tatsächlich wurden ab 1995 Wölfe ausgewildert, Biber waren aber ab 1986 ausgesetzt worden. Die Biber haben gestaut. Weiden und Pappeln mögen durchnässten Boden. Ihre Ausbreitung war also eine Folge der Biberaktivitäten, und nicht die Ursache.

## Gefühle und Emotionen

Den Tierhaltern wird oft Emotionalität vorgeworfen. Sie reagieren emotional, wenn ihre Tiere gerissen werden. Kunststück, es geht schliesslich um ihre Tiere! Mehr noch: Es geht um ihre Existenz, um ihre Art zu leben. Ihre Handlungen und Lagebeurteilung sind jedoch weitgehend rational.

Naturschutzorganisationen und Wolfsforscher wirken gefangen in ihren Gefühlen. Zu viel emotionale Nähe zum Forschungsobjekt verstellt die Sicht auf die Realität. Das fängt schon bei den biologischen Grundlagen an, wie z. B. die Rudelstrukturen. Man hört oft von festgefügten Familienverbänden. Da werden harmonische Bilder heraufbeschworen, fast wie ein gemütlicher Sonntagsbrunch im trauten Familienkreis. Die Rudel sind einfach hocheffiziente Fressgemeinschaften und sie sind sehr dynamisch. Es wurde schon festgestellt, dass Rudelmitglieder während der Phase der Jungenaufzucht das Rudel gewechselt haben. Es werden manchmal fremde Wölfe ins Rudel aufgenommen und teilweise werden Einzelwölfe im Territorium geduldet. Zudem sind Wolfsrudel extrem resilient. Selbst wenn die Leitfähe zu Tode kommt, können die meisten Welpen hochgebracht werden.

Die Umweltorganisationen haben aus dem Wolf ein großes PR-Projekt gemacht. Dann wird auch gerne einfach mal behauptet, der Wolf sei ein „Ökosystem-Ingenieur". Das stimmt in der Wildnis nicht und in der Kulturlandschaft erst recht nicht. Hier gibt es schlicht keine Gewinne für die Artenvielfalt.

## Herdenschutz

Wölfe töten Nutztiere – nicht nur Schafe, auch Lamas, Esel, Pferde und Rinder. Das ist unbestritten. Das Patentrezept lautet stets gleich: Herdenschutz.

Herdenschutzmaßnahmen, ob Zäune oder Wachhunde, sind extrem aufwändig – im Berggebiet erst recht. Zudem sind sie fehleranfällig, z. B. wegen abgehender Steine, Schneefall oder Wildtiere, die z. B. Zäune umdrücken. Außerdem werden auch umfangreiche Abwehrdispositive von den Wölfen umgangen. Bis 150 cm hohe, stromführende Zäune wurden erwiesenermaßen übersprungen, es gab Angriffe auf Schafe trotz anwesender Herdenschutzhunde und Hirten.

Für jeden Naturfreund wiegt ein weiterer Grund besonders schwer: die Auswirkungen auf die Wildtiere. Je stärker der Herdenschutz ausgebaut wird, umso größer sind die Kollateralschäden. Eigentlich müsste man die Herdenschutzmaßnahmen in Naturparks und überall dort, wo Hasen, Schnee- und Birkhühner und andere, sensible Tierarten vorkommen, verbieten.

Die Schafnetze sind eine Katastrophe. Die gibt es schon lange. Wo es nicht anders

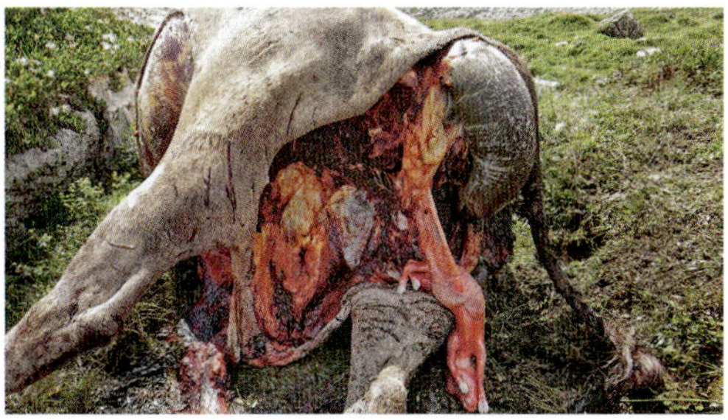

Von Wölfen getötete Mutterkuh mit ungeborenem Kalb. Foto: Marcel Züger

geht, sollen sie eingesetzt werden. Es werden aber immer mehr. In der Schweiz werden sie schon kilometerweise auf den Alpweiden errichtet. Und weil die Wölfe auch auf Rinder und Mutterkühe losgehen, gibt es Ideen auch diese mit dichten Zäunen einzuhagen. Statt einem oder zwei Drähten gibt es dann bis zu 120 cm hohe Netzzäune. Die Stromstärken werden laufend erhöht, empfohlen werden bis zu 10.000 Volt. Die Zäune sind Wanderhindernisse. Führende Gämsen oder Rehe können vielleicht noch drüberspringen, nicht aber die Kitze. Alttiere sowie Hasen, Füchse und Greifvögel verheddern sich in den Zäunen. Arten, die durchzuschlüpfen versuchen, können einen tödlichen Stromschlag erleiden. Betroffen sind Frösche, Schlangen und einige Kleinvogelarten, in Tieflagen auch Igel. Küken von Schnee- oder Birkhuhn können zu Tode kommen, oder Haselhühner und Waldschnepfen, die sonst durch die Vegetation schlüpfen.

Keine Lösung sind die Hunde. Während der Brut- und Setzzeit herrscht generell eine Leinenpflicht, in Schutzgebieten ganzjährig. Und nun geht man hin und bringt urtümliche Hunde mit einem starken Jagdtrieb in die letzten ruhigen Landschaften. Selbst wenn sie nicht direkt jagen, ihre Anwesenheit ist per se eine Störung und verdrängt Wildtiere.

Todesfalle Weidezaun. Je mehr Zäune, umso größer ist die Gefahr.

Foto: Nico Leibundgut

Behirtung, die so oft gefordert wird, ist kein Herdenschutz. Es gab in der Schweiz mehrere Fälle, wo tagsüber trotz Anwesenheit von Hirten Schafe weggeschleppt wurden.

## Kulturlandschaft oder Wolf

Ein Zusammenleben mit großen Raubtieren hat im Alpenraum noch nie funktioniert. In der Schweiz werden jährlich um die 100 Wölfe legal erlegt. Die gesamten Kosten für die Wölfe belaufen sich auf über 20 Millionen Euro pro Jahr. Eine Entschärfung ist nicht in Sicht. Immer mehr Schafhalter resignieren und geben auf.

In den Alpen kann ein Zusammenleben auch heute nicht funktionieren. Das ist auch gar nicht nötig. Europa hat mindestens 60.000 Wölfe. Meist werden nur die 23.000 in West- und Mitteleuropa genannt, bis zum Ural sind es aber fast dreimal so viele. Da kommt es auf ein paar Exemplare im Alpenraum nicht an. Hier gibt es aber hunderte gefährdete und zum Teil streng geschützte Arten, die auf die Bewirtschaftung angewiesen sind. Dazu gehören zum Beispiel so auffällige Arten wie der Apollofalter, die Frauenschuhorchidee oder das Braunkehlchen. Diese Arten stehen in direkter Opposition mit dem Wolf. Wir müssen uns entscheiden. Für das eine oder andere. Beides zusammen geht nicht. Kurzum: Es braucht eine wolfsfreie Zone im ganzen Alpenraum. Alles andere zerstört die jahrhundertealte, artenreiche und nachhaltige Kulturlandschaft.

# DAS ALMPERSONAL

## ANFORDERUNG AN DAS ALMPERSONAL

*Von Franz Bergler*

Grundsätzlich kann jede Person als Almhirte tätig werden. Der wichtigste Punkt ist eine Akzeptanz für die jeweilige Gattung der zu betreuenden Tiere. Wenn jemand Angst vor Rindvieh hat, soll er/sie auf einer Schaf-, Ziegen- oder Pferdealm arbeiten. Der Kontakt mit den Tieren ist essentiell auf der Alm. Gerade auf Mutterkuh-Almen ist größte Vorsicht geboten, da die Mutterkuh-Kalb-Bindung sehr stark ausgeprägt sein kann.

Das Almpersonal sollte ein guter Beobachter sein. Gesundes Vieh erkennt jede Person, es bewegt sich normal, frisst und trinkt und macht einen gesunden Eindruck. Abnormales Verhalten wie längeres Liegenbleiben, Humpeln, Krümmung, Husten, Absonderung von der Herde, auffälliges Kratzen deutet auf eine Verletzung oder eine Krankheit hin.

Der Hirte muss kleinere Verletzungen selbst verarzten, genau wissen, ab wann er in welcher Situation welche Personen verständigen muss. Je nach Vereinbarung kann das der Almbesitzer oder der Tierbesitzer sein. Eine klare Dokumentation über Wahrnehmungen wie Art der Verletzung des Tieres, wann hat der Hirte welche Person informiert, wann wurde eine Aktion gestartet (wie Tierarzt verständigt) oder hat der Besitzer das Tier selber begutachtet und welche Maßnahme hat er durchgeführt, hilft bei später möglich auftretenden Schadensforderungen.

Ein Beispiel aus der Praxis: Ein Hirte entdeckt beim Viehgang am Vormittag, dass ein Pferd von der Herde im Bach steht und sich nicht mehr von der Stelle bewegt. Er beobachtet das Tier, das ganz stoisch im Wasser steht. Er versucht, das Tier mit Lockfutter aus dem Bach zu bekommen. Nachdem ihm das nicht gelingt, informiert er den Obmann nach einem nochmaligen Besuch des Pferdes am Nachmittag über diese Beobachtung. Der Obmann ruft am Abend den Tierbesitzer an und spricht ihm die Nachricht über den Zustand des Pferdes auf die Mail-Box. Am nächsten Tag in der Früh erreicht der Almbesitzer den Pferdebesitzer telefonisch und teilt ihm noch einmal mit, dass das Pferd krank ist. Der Almhirte sieht an diesem Tag das Pferd direkt am Ufer liegend und versucht es zum Aufstehen zu animieren, was ihm nicht gelingt. Er ruft noch einmal beim Obmann an, dieser bestätigt ihm die Verständigung des Besitzers, der auf die Alm kommen soll. Der Hirte wartet an diesem Tag vergeblich auf die Ankunft des Pferdebesitzers. Der Hirte entdeckt beim Morgengang, dass das Pferd verendet ist. Er informiert den Obmann und der Besitzer kommt zu Mittag auf die Alm (also am 3. Tag nach der Erstbeobachtung durch den Hirten und der telefonischen Information des Tierbesitzers durch den Obmann). Der Besitzer klagt sowohl den Hirten als auch den Almbesitzer auf Schadensersatz des angeblich sehr wertvollen Pferdes, weil sie als Tierhalter ihre Sorgfaltspflicht (Tierhalterhaftung) verletzt hätten. Das Gericht stellte fest, dass der Almbesitzer der Tierhalter ist, weil er das Pferd als Zinsvieh aufnahm. Der Hirte hatte keinen Vertrag, sondern hielt nur Nachschau bei den Weidetieren und war daher nicht Tierhalter. Der Almbesitzer als Tierhalter konnte beweisen, dass er seine Sorgfaltspflicht durch den Anruf am ersten Tag am Abend erfüllt hat (Beweislastumkehr).

## Kenner der Alm

Eine gute Kenntnis des Almgebietes ist sehr wichtig und gehört auch zu den Vorbereitungen vor der Almsaison. Der Almbesitzer sollte sich genug Zeit nehmen und das Almpersonal über die zu erledigenden Arbeiten und auch über das Almgebiet genau informieren. Auch über die Weideführung sollte der künftige Hirte Bescheid wissen. Auffällige Tiere, egal in welcher Form, müssen sofort dem Almbesitzer gemeldet werden und, wenn erforderlich, von der Alm abgetrieben werden. Es gibt immer wieder Tiere, die einfach nicht „almtauglich" sind, so wie es auch Menschen gibt, die auf der Alm nichts verloren haben.

Resi Lenz war von 1990 bis 1996 Halterin auf der Hochalm – sie hat die 350 Rinder gehütet, als wären es ihre eigenen.
Foto: Hannes Lenz

## Belastbarkeit

Der Hirte braucht auch eine relativ gute Konstitution, sowohl körperlich als auch geistig. Je nach Größe, Struktur und Höhenlage ist der Hirte viel auf den Füssen unterwegs. Täglich muss das Vieh, jedes einzelne Tier beobachtet und begutachtet werden. Dazu kommt noch die Vorlage von Lockfutter, Kleie oder Salz bzw. Kraftfutter. Die Kontrolle der Wasserstelle und auch die Beobachtung, ob alle Tiere die Tränke besuchen, gehört zu den Aufgaben des Hirten. Ein stabiles Nervenkostüm ist von Vorteil. Tiere sind neugierig, im Rudel unberechenbar und manchmal einfach nicht zu verstehen. Aus eigener Erfahrung weiß ich, wie schwierig es ist, ein Alttier von der geplanten Route abzubringen und in das vorgesehene Weidegebiet zu leiten. Die Lenkung der Tiere sollte immer mit Lockfutter und dem Hirten als „Leitfigur" erfolgen. Dabei ist zu achten, dass die Gruppe nicht abreißt, also die Geschwindigkeit des Triebes muss so gewählt werden, dass das langsamste Tier noch folgen kann. Daher muss der Hirte die vordere Gruppe bremsen. Da ist ein Gehilfe von

Vorteil, der die kleineren und jüngeren Tiere (nach der Rangordnung) im hinteren Bereich etwas antreibt. So wird ein gefahrloser Umtrieb zum Vergnügen. Die Lenkung der Tiere ist die Hauptaufgabe des Hirten. Er muss sie immer zur optimalen Weidekoppel bringen, erkennen, wie lange das Vieh noch zu fressen hat und dann zum richtigen Zeitpunkt, die Herde auf die nächste Weide bringen. Den Zaun, die Salz- und Wasserstelle wurde selbstverständlich schon vorher geprüft bzw. errichtet. Der Hirte ist auch verantwortlich, dass genug Futter auf der Alm vorhanden ist. Daher ist die Almvorbereitung wichtig. Ich habe mir die einzelnen Weideflächen auf einer Karte eingezeichnet und vom Almobmann auch in etwa den Zeithorizont sagen lassen, wann und wo ich wie viele Tiere hintreiben kann. Heute können solche Koppelkarten als Luftbild erstellt werden. Das ist sehr hilfreich. Auf alle Fälle den Obmann einmal mehr fragen, als eine falsche Entscheidung zu treffen.

Im Rucksack des Hirten befindet sich eine Jause, etwas zum Trinken, Erste-Hilfe-Paket, Notfall- oder Isolationsdecke, Regen- und Kälteschutz, Taschenlampe, Klauenschere, Lockfutter, ein Leatherman oder anderes Universalwerkzeug, Reservematerial für Zaunreparatur, ein Desinfektionsspray (z. B. Blau-Spray), Leinentücher und Kabelbinder (um kleinere Verletzungen an Klauen vor weiterer Verschmutzung abdecken zu können) und ein Seil.

Beim täglichen Kontrollbesuch überprüft der Hirte, ob alle Tiere gesund sind.
Foto: Karin Ch. Taferner

## ERIKA, DIE „ALM-MAM"

*Von Franz Bergler*

Wenn Erika Gamsjäger von ihrem Lebenstraum spricht, sprudelt es gerade so heraus, wie frisches Wasser aus einem Gebirgsbach. Sie hat ihr Almleben auf der Augstwiesenalm im Toten Gebirge mit vielen Bildern, Texten und Gedichten dokumentiert. „Lieber Franz, ich wollte nichts mehr mit Presse, Fernsehen und anderen Medien zu tun haben, aber du warst auch immer für die Almwirtschaft und für die Almleute da, daher mache ich heute eine Ausnahme“, so das Originalzitat von Erika, als ich sie zum Gespräch traf.

„Wann hast du mit den Reimen begonnen?“, frage ich Erika. „In der Schule bei der Rechenschularbeit, hat es geschneit und ich habe meinen ersten Reim über die Schneeflocke geschrieben“, antwortet sie ohne lange nachdenken zu müssen. Erika erzählt mir dieses Gedicht aus dem Stegreif, gerade so, als säße sie noch auf der Schulbank. Auf der Alm kam diese Freude am Dichten bei ihr wieder zu Tage. Sie fügt hinzu: „Heute fällt mir nichts anderes mehr ein – das hat alles mit der Alm zu tun.“

Erika sagt über sich: „Vom Kinofratz über die Frau Wurst zur Alm-Mam – ja, das war mein Weg. Mein Leben hat genau so sein müssen, sonst hätte ich nie meinen Lebenstraum, als Almhirtin auf einer Alm im Salzkammergut zu arbeiten, umsetzen können."

Sie ist eine echte Salzkammergutlerin – die Mutter war Ausseerin, wurde Erika in Ischl geboren und wuchs in Hallstatt auf; ihr Mann war aus Gosau.

Jedes Jahr entstand ein Ordner voller Bilder und Geschichten. Eine Dokumentation, die viel Freude, Erinnerungen und natürlich Emotionen hervorruft. Erika blättert in ihrem Foto-Ordner und beginnt über ihre Jahre als Almhirtin, nein als „Alm-Mam", zu erzählen. „Zwanzig Jahre ist eine lange Zeit, aber wo ist die Zeit hingekommen? Viel erlebt und alles in meinem Hirn gespeichert", sagt sie. Erika wird in unserem Gespräch mehrmals sehr emotional, egal ob Freude oder Trauer. Sie ist gefühlsmäßig noch ganz auf ihrer Alm.

Beginnen wir aber von ganz vorne – mit der Trennung ihrer Eltern. Ihr Vater hat die Mutter verlassen, weil statt einem Sohn eine zweite Tochter auf die Welt kam. Sie sind daher von Bad Ischl aufs Land gezogen, in die Gegend von Ohlsdorf. Dort lebten sie bei den Bauern. Ihren Mann lernte sie in der Gosau bei ihrer Tätigkeit als Kellnerin kennen. Der Bäcker Friedl, der ihr täglich die Brotwaren zu ihrer Würstlbude (Würstlstand) in Goisern lieferte, hat sie daran erinnert, dass ihr Wunsch immer war, in der Pension auf eine Alm zu gehen. „Die Steinegger Ness aus Lupitsch hat zu mir beim Milchbankerl beim Bachwirt in Lupitsch gesagt: Erika, du wärst die richtige Almdirn für unsere Augstwiesenalm", erzählt sie. „Als Kind war ich oft auf der Alm, weil meine Mutter Köchin auf einer Jagdhütte für den Jagdherrn war und ich als Kind mithelfen durfte, in der Klaus-Alm war eine Sennerin bei der durfte ich manchmal im Heu übernachten", fügt sie hinzu. Im Jahr 1942 war ihre Großmutter Sennerin auf der Viehbergalm.

Mit 57 Jahren hat Erika Gamsjäger der Pensionsversicherungsanstalt geschrieben und angefragt, wie es ausschaut mit ihrer Pension. Die Antwort war, dass sie genug Versicherungsjahre habe und in die Pension gehen kann. Sie erinnert sich: „Mitte Juni 2001 erhielt ich den Pensionsbescheid und am 1. Juli 2001 machte ich meinen ersten Viehgang auf der Augstwiesenalm, unter Tränen vor lauter Freude, dass mein Lebenstraum in Erfüllung ging." 2003 ist sie von Goisern zu Fuß auf die Augstwiesenalm gegangen. Den ersten Sommer war sie in der Hütte von Alois Loitzl vlg. Moser und er sagte zu ihr: „Erika, heute bin ich da und am Tag des Almabtriebes – bis dahin ist die Hütte dein." Es war eine Vertrauenssache. Da es auf der Augstwiesenalm keine eigene Halterhütte gab, musste sie jedes Jahr mit ihrem ganzen Haushalt von einer Almhütte zu anderen siedeln. 2011 war sie dann noch einmal in seiner Hütte. Ihm ist es auch zu verdanken, dass 2013/14 eine Halterhütte gebaut wurde.

„Die Augstwiesenalm ist noch eine richtige Alm, weil eine Alm, wo die Autos oben stehen, ist für mich keine Alm" – ein originaler Erika-Sager. Das Leben auf einer nicht erschlossenen Alm ist wirklich ganz anders, viel schwieriger, aber auch viel schöner.

„Enta und hiaz, wia die Scheutzn Miaz" (Früher und heute wie die Scheutzn Maria) steht auf einem Bierzelt-Herz, welches Erika von König Hermann bekam. Ein kleiner Hinweis, dass Erika manchmal gerne ein Schnapserl trinkt. Die Scheutzn Miaz war die Großmutter von Erikas Lebensgefährten Hans Moser und war auch Sennerin auf der Augstwiesenalm und natürlich auch dem Schnaps zugetan, um es in der Sprache von Erzherzog Johann zu sagen. Das sagt unser Prinz über das Volk im Sölktal.

„Weißt, dein Schnaps tut zum Einreiben, aber nicht zum Trinken", das sagte Erika zu einer alten Sennerin. „Viele haben zuerst den schlechten Schnaps hergestellt, aber ich habe es ihnen immer gesagt", gibt Erika ohne viel Umschweife preis.

Erika, die Alm-Mam, scheute sich nie, die Dinge beim Namen zu nennen. „Ich bin ein Hirt und kein Wirt", sagte Erika oft zu den Besuchern, die der Meinung waren, in ihre Hütte länger einkehren zu wollen.

„Schlacher Fred, der Halter von der Nachbaralm Wildensee war unser „Vater". Wir trafen uns jeden Dienstag beim Haltertreffen im Appelhaus. Da war der beste Zusammenhalt", erinnert sich Erika. „Da Brunnwieshalter", ein Aussteiger und akademischer Orgelspieler, hatte drei Ziegen auf seiner Alm. Er roch beim Haltertreffen manchmal, was Erika veranlasste, mit der Seilbahn eine Badewanne zur Brunnwiesalm zu bringen. „Kaiser-Villa" wurde seine Hütte fortan genannt, angelehnt an Kaiser, seinen Familiennamen.

Florian, ein junger Wirt vom Appelhaus, zeigte sich wenig bei den Gästen. Erika erzählte ihm, dass ihr viele Leute sagen, dass auf dem Appelhaus alles super wäre, nur sie hätten den Wirt noch nie gesehen. Seit damals kommt der Appelhauswirt zu seinen Gästen und ist der beliebteste Wirt im ganzen Toten Gebirge.

Es war zwischenmenschlich nicht immer einfach. Erika berichtet: „Mit Lydia, einer alte Sennerin, habe ich drei Jahre gebraucht, dass ich mit ihr warm geworden bin, weil ich auch so ein Besen bin. Ich versteh das, denn diese Frauen haben alle sehr früh ihren Mann verloren und müssten sich auf die Füße stellen, dann werden sie einfach so."

Das Mähen des Almangers und das Entfernen der Blüten vom Weißen Germer war eine Tätigkeit, die sie jedes Jahr freiwillig machte, berichtet Erika. Sie ergänzt: „Vertrauen war auf der Alm immer da. So hatte ich von einem Bauern den Schlüssel von seiner Hütte und ich konnte meine Freunde jederzeit unterbringen."

1996 war Erika Gamsjäger das erste Mal mit Hans Moser auf der Augstwiesenalm. „Zehn Sommer waren geplant, zwanzig Jahre sind es geworden", erzählt sie. „Beim Jahrhundert-Hochwasser im Jahr 2002 ist das Wasser beim Renner heruntergeronnen wie ein Bach und hat die Weide verwüstet. Durch das Unwetter entstand ein richtiger See auf der Wies'n und ich habe auf der anderen Seite eine hochträchtige Kalbin gesehen. Ich bin bis zum Bauch durch das Wasser vorgegangen – nur so kamen wir gemeinsam zu den anderen Tieren."

Am 21. August 2005 hat sich Erika das Wadenbein gebrochen. Trotz Schüttelfrost ist sie mit zwei Almstöcken zum Viehgang ausgerückt. In der Nacht legte sie saure Tonerde auf den Bruch. Sie berichtet: „Ein Gast hat mir Schmerztabletten gegeben und so konnte ich meine Almsaison fertig machen.

Im Herbst ging ich zum Arzt, dieser machte ein Röntgen und da hat er festgestellt, dass mein Wadenbein gebrochen war und schräg zusammengewachsen ist." Das Wadenbein sei nicht so wichtig, sagte der Arzt zu Erika und sie erwiderte: „Genau das habe ich mir auf der Alm auch gedacht"!

Ein Bauer fragte Erika einmal, wie sie weiß, dass alle ihre Almtiere da sind? „Ich weiß, wie viele Bauern ich habe und wenn ich alle Tiere von den Bauern gesehen habe, dann habe ich alle." So einfach erklärt Erika das Viehzählen. „Meine Rindvieher habe ich alle gekannt, bei den Leuten stehe ich daneben, weil sie mich nicht interessieren", sinniert sie.

„2010 habe ich vier Tiere nicht nach Hause gebracht. 14 Tage habe ich sie gesucht", erzählt Erika mit Wehmut. Es gibt viele Gründe für den Verlust von Tieren auf der Alm. Erika sucht nach Erklärungen: „Vor allem zugekaufte Tiere, die kurz vor der Alm zur Herde eines Bauern kamen, waren auf der Alm immer Außenseiter und sind nicht bei der Gruppe gewesen. Die sind dann immer abseits der Gruppe auf den steilsten Flächen herumgestiegen. Dort ist natürlich die Gefahr einer Verletzung oder Absturzes am größten. Mit der Mutterkuhhaltung hat sich auch einiges verändert. Jede Mama passt auf ihr Kind auf und jede Kuh auf ihr Kalb!"

Tiere heilte Erika mit selbstgemachtem Arnika-Schnaps und mit Heilkräutern. „Die Tiere sind nachher zu mir gekommen, als würden sie danke sagen", sagt sie. Einmal wurde ein Kalb krank und mit dem Hubschrauber ins Tal geflogen. Erika hörte Kuh Mira muhen und sah, dass sie ihr Kalb suchte. „Ich habe ihr erklärt, dass ihr Kalb nicht mehr kommt. Da sah ich, wie der Kuh die Tränen herunter kullerten. Aber Mira hat mich verstanden, sie hat nicht mehr nach ihrem Kalb gesucht", erzählt sie.

Erika Gamsjäger (li.) verbrachte zwanzig Sommer auf der Augstwiesenalm bei Altaussee in der Steiermark.

Foto: Erika Gamsjäger

Am 8. August 2016 war Erika das einzige Mal in den zwanzig Sommern nicht auf der Alm. Das weiß sie noch ganz genau, denn da heiratete ihr jüngerer Sohn Manfred. „Na Oma, dass du wegen dem von der Alm heruntergehst?“, wunderte sich sogar ihre Enkelin Tanja. Dabei muss Erika schmunzeln.

Die zwei Stunden bei Erika vergingen wie im Flug und ich könnte ihr noch Stunden lang zuhören, weil sie mit so viel Liebe, Emotion und Leidenschaft als „Alm-Mam“ von ihrer Alm erzählt, als würde sie vor ihrer Almhütte sitzen und wir hörten gemeinsam das Bimmeln der Glocken der Weidetiere.

## ALMAUSBILDUNG IN ÖSTERREICH

*Von Markus Fischer*

Die Almwirtschaft prägt seit Jahrhunderten die Kulturlandschaft des österreichischen Alpenraums und ist unter anderem für Biodiversität, Landschaftspflege, artgerechte Tierhaltung und regionale Wertschöpfung von zentraler Bedeutung. Angesichts von rund 8.000 Almen und mehr als 24.000 Betrieben mit Almauftrieb besteht ein hoher Qualifizierungsbedarf. Die Almwirtschaft steht vor wachsenden Herausforderungen, die qualifiziertes Fachwissen, praxisorientierte Ausbildung und ein breites gesellschaftliches Verständnis erfordern.

### Almwirtschaft im landwirtschaftlichen Schulwesen

Die Almwirtschaft ist ein zentraler Bestandteil der österreichischen Berglandwirtschaft, wird jedoch im landwirtschaftlichen Schulwesen oft kaum oder nur untergeordnet behandelt. Die meisten der über 70 land- und forstwirtschaftlichen Fachschulen sowie die zehn höheren landwirtschaftlichen Schulen (HBLA/HBLFA/HLFS) integrieren Almwirtschaft in bestehende Unterrichtsfächer wie Tierhaltung oder Pflanzenbau – häufig mit wenigen Unterrichtseinheiten. Erfreulicherweise findet an einzelnen Schulstandorten eine vertiefte, systematische Behandlung statt. Einer aktuellen Erhebung nach ist Almwirtschaft an weniger als zehn Schulen ein eigener Gegenstand im Lehrplan.

Ob und wie intensiv Almwirtschaft unterrichtet wird, hängt häufig von engagierten Lehrpersonen oder der Direktion ab, die aufgrund persönlicher Interessen oder fachlicher Spezialisierung dieses Thema im Unterricht verstärkt einbringen, (Alm-)Exkursionen organisieren oder Praxismodule anbieten. In vielen Fällen ist dieses individuelle Engagement einzelner Lehrerinnen oder Lehrer bzw. der Direktion entscheidend für die Intensität und Qualität des Almwirtschaftsunterrichts. Vor allem für den praktischen Unterricht ist die Infrastruktur der Schulen von hoher Bedeutung. Zwar verfügen die meisten Fachschulen über einen eigenen landwirtschaftlichen Schulbetrieb, doch nur zu sehr wenigen Schulen gehört auch eine eigene Schulalm, die entweder im Landesbesitz ist oder auf welcher die Schulen Triebrechte haben. Zu diesen Fachschulen zählen etwa die LFS Grabnerhof (Steiermark), das Bildungszentrum Litzlhof (Kärnten), die LFS Bruck an der Glocknerstraße (Salzburg) oder die LLA Weitau (Tirol). An diesen Bildungsorten sind die besten Voraussetzungen vorhanden, um die Schülerinnen und Schülern, die meist zwischen 14 und 17 Jahre alt sind, mit hoher Praxisnähe über das Thema

Almwirtschaft zu unterrichten. Teilweise erfolgt darüber hinaus die Einbindung von externen Experten, was einen besonderen Mehrwert mit sich bringt.

Eine Besonderheit bietet die LFS Grabnerhof in der Steiermark. Seit dem Schuljahr 2022/2023 wird dort als Spezialzweig eine Landwirtschaftliche Facharbeiter Ausbildung mit Schwerpunkt Alpung und Behirtung angeboten. Diese dreijährige Facharbeiterausbildung umfasst in 370 Unterrichtseinheiten (UE) sowohl theoretische als auch stark praxisorientierte Module zur Almwirtschaft inklusive Pflichtpraktika (100 UE).

Die Almwirtschaft hat zahlreiche Besonderheiten, die meist in den allgemeinen Inhalten landwirtschaftlicher Ausbildung nicht abgedeckt sind. Gerade Schulen in alpinen Regionen, in denen die Almwirtschaft historisch wie aktuell eine hohe Bedeutung hat, profitieren von einer intensiveren Behandlung dieses Themenfelds. Im Idealfall geschieht dies entweder in Form eines eigenen Faches oder als bewusst gestaltetes Querschnittsthema, das fächerübergreifend vermittelt wird. Viele Schülerinnen und Schüler aus diesen Regionen sind bereits während ihrer Ausbildung in die Almwirtschaft ihrer Herkunftsbetriebe eingebunden und werden künftig Verantwortung auf Almen übernehmen. Eine solide theoretische und praktische Ausbildung im schulischen Kontext bildet daher eine wichtige Grundlage für die nachhaltige Bewirtschaftung der österreichischen Almen. Wünschenswert wäre, dass das Thema breitflächig im österreichischen landwirtschaftlichen Schulwesen einen hohen Stellenwert hat. Insbesondere in den höheren landwirtschaftlichen Schulen, die mit der Matura abgeschlossen werden, wäre eine intensivere Behandlung im Unterricht wünschenswert.

### Fortbildung für Lehrpersonen aus dem Bereich Almwirtschaft

Seit vielen Jahren findet über den Fortbildungsplan der Hochschule für Agrar- und Umweltpädagogik eine zweitägige Schulung für Lehrerinnen und Lehrer sowie Beratungskräfte aus dem Bereich Almwirtschaft statt. Diese Veranstaltung wird federführend vom LFI Österreich organisiert. Dabei werden in wechselnden Bundesländern almwirtschaftliche Themen in Theorie und Praxis behandelt. Durchschnittlich etwa 20 Lehrpersonen – hauptsächlich von österreichischen Landwirtschaftsschulen kommend – haben über diese Weiterbildung die Möglichkeit, sich über aktuelle Almwirtschaftsthemen zu informieren und sich über den Schulalltag bundesländerübergreifend auszutauschen. Diese Veranstaltung ist hinsichtlich einer stärkeren Verankerung des Themas im landwirtschaftlichen Schulwesen sehr wertvoll und wird planmäßig auch zukünftig einmal jährlich stattfinden.

### Hochschulische Angebote

Auch auf tertiärer Ebene gibt es Bildungsangebote. An der Universität für Bodenkultur in Wien (BOKU) wird im Wintersemester das freie Wahlfach „Alpwirtschaft“ mit zwei Wochenstunden gelehrt. Es richtet sich an Studierende mit Interesse an diesem speziellen Thema und ist grundsätzlich für angehende Akademikerinnen und Akademiker aller Studienrichtungen der Universität zugänglich.

## Almwirtschaft in der Erwachsenenbildung

Die Ländlichen Fortbildungsinstitute (LFI) der Bundesländer sowie das LFI Österreich bieten ein breites Angebot an Kursen mit Almbezug an. Im Rahmen der rund 15 Jahre laufenden „Bildungsoffensive multifunktionale Almwirtschaft" entstanden unter anderem insgesamt 13 Fachunterlagen zu unterschiedlichen Spezialthemen, Fachfilme, digitale Lernangebote wie der Online-Kurs „Grundlagen einer professionellen Almbewirtschaftung" und ein jährliches, bundesweit abgestimmtes Kursprogramm. Viele der daraus entstandenen Bildungsmaterialien sind unter www.almwirtschaft.com frei und kostenlos verfügbar. Die Themen reichen von Weidemanagement, Tierhaltung und Recht, Lebensmittelproduktion bis hin zu Naturschutz und dem Sennereiwesen.

Der aktuell umfassendste Alm-Lehrgang im Bereich der Erwachsenenbildung ist der LFI-Zertifikatslehrgang Almpersonal mit 120 Unterrichtseinheiten, der speziell Quereinsteiger für eine Tätigkeit als Almpersonal qualifizieren sollte. Trotz öffentlich geförderter Kursbeiträge wird der Lehrgang aufgrund geringer Nachfrage aktuell nicht angeboten. Gleiches gilt für den Zertifikatslehrgang Almpädagogik (80 UE), der für das Programm „Schule auf der Alm" erforderlich wäre. Trotz rund 200 Absolventen und Absolventinnen besteht nur ein sehr eingeschränktes Angebot, weshalb auch dieser Lehrgang aktuell nicht durchgeführt wird. Nichtsdestotrotz werden jährlich österreichweit von den Ländlichen Fortbildungsinstituten rund 50–80 Kurse, die thematisch einen direkten oder indirekten Bezug zur Almwirtschaft haben, angeboten. Somit besteht insbesondere für die Zielgruppe Bäuerinnen und Bauern ein breites Bildungsangebot.

Darüber hinaus bieten auch andere Organisationen Weiterbildungen an, etwa das Österreichische Kuratorium für Landtechnik und Landentwicklung (ÖKL), das unter anderem Schulungen zu Almwirtschaft mit besonderem Fokus auf Naturschutz und Biodiversität durchführt, sowie die HBLFA Raumberg-Gumpenstein, die den spezialisierten Lehrgang für Schaf- und Ziegenhirten organisiert, der auch für Quereinsteiger geeignet ist.

Auch einige Naturschutzorganisationen (NGOs) versuchen Bildungsangebote mit dem Schwerpunkt Herdenschutz zu etablieren, erzielen jedoch bislang nur mäßigen Erfolg, da die Akzeptanz seitens der bäuerlichen Bevölkerung gering ist.

Im Rahmen des Agrar-Umweltprogrammes ÖPUL war in der Maßnahme „Alpung und Behirtung" in der Periode 2014–2020 eine verpflichtende Weiterbildung für Antragstellende, sprich Almbewirtschafterinnen und Almbewirtschafter vorgesehen. Mehrere Tausend Almverantwortliche wurden aus diesem Grund in Großteils speziell dafür angebotenen vierstündigen Kursen zu verschiedenen almrelevanten Bereichen geschult. In der neuen Förderperiode ab 2025 wurde in der freiwilligen Zusatzmaßnahme „Almweideplan" erneut eine Schulungsverpflichtung eingeführt. Bisher nahmen rund 1.600 Personen an diesen Kursen mit Schwerpunkt Almweidemanagement und Biodiversität teil und beschäftigten sich dabei und in weiterer Folge intensiv mit der eigenen Alm.

### Bewusstseinsbildung

Die Bewusstseinsbildung gewinnt angesichts der vielfältigen Anforderungen an die Almwirtschaft zunehmend an Bedeutung. Viele Menschen in der allgemeinen Bevölkerung wissen wenig über die Arbeit auf der Alm, die Verantwortung der Bewirtschafterinnen und Bewirtschafter oder die ökologischen und gesellschaftlichen Leistungen der Almwirtschaft. Um dem entgegenzuwirken, wird seit einigen Jahren die österreichweite Kampagne „Unsere Almen" umgesetzt, die von Almwirtschaft Österreich – dem Dachverband der Almwirtschaftsvereine der Bundesländer – federführend abgewickelt wird. Über die Plattform www.unsere-almen.at sowie begleitende Medienmaßnahmen werden Inhalte zum Leben und Arbeiten auf der Alm, zu Biodiversität, Almprodukten, Tourismus und aktuellen Herausforderungen vermittelt. Ein wesentliches Thema ist dabei auch der Umgang mit Großraubtieren, insbesondere dem Wolf, und die möglichen Auswirkungen auf die Bewirtschaftung.

Die Bewusstseinsbildung steht in engem Zusammenhang mit der Aus- und Weiterbildung an landwirtschaftlichen Schulen und in der Erwachsenenbildung, fokussiert sich jedoch auf eine andere Zielgruppe, nämlich nicht die bäuerliche Struktur, sondern die oft wenig informierte Allgemeinheit.

Zukünftig sollen verstärkt auch jüngere Zielgruppen erreicht werden. Angedacht ist, durch Initiativen wie „Seminarbäuerinnen", „Schule am Bauernhof" *oder eine mögliche* Reaktivierung des Programms „Schule auf der Alm" grundlegende Alm-Kompetenzen bereits im Kindesalter zu vermitteln. Hierbei sollen speziell Volks- und Mittelschulen adressiert werden. Dadurch soll der Zugang zur Almwirtschaft vereinfacht werden, während gleichzeitig Wertschätzung und Wissen in der breiten Bevölkerung gefördert werden.

### Ausblick

Die Almwirtschaft ist ein vielschichtiges Querschnittsthema, das zahlreiche Fachbereiche wie Tierhaltung, Weidemanagement, Ökologie, Pflanzenkunde, Recht und Infrastruktur vereint. Gerade weil sie so breit gefächert ist, wäre es wünschenswert, dass in der Ausbildung an Landwirtschaftsschulen das Thema nicht nur punktuell in bestehende Unterrichtsfächer integriert wird. Oft ist auch das nicht der Fall. Eine vertiefte und systematische Behandlung im Rahmen eines eigenen Faches bleibt derzeit auf wenige Schulstandorte beschränkt.

Besondere Relevanz hat eine intensivere Verankerung der Almwirtschaft in jenen Schulen, die in alpinen Regionen liegen. Dort ist die Almwirtschaft historisch und aktuell von großer Bedeutung und viele Schülerinnen und Schüler sind bereits während ihrer Ausbildung auf Almen, die mit dem Herkunftsbetrieb verbunden sind tätig. Sie werden häufig später Verantwortung in der Bewirtschaftung übernehmen. Für diese Zielgruppe ist eine solide theoretische und praktische Grundlage von zentraler Bedeutung. Eine Behandlung als eigenes Fach oder als bewusst gestaltetes, fächerübergreifendes Querschnittsthema wäre daher besonders zielführend und einer zukunftsfähigen Almwirtschaft dienlich.

In der Erwachsenenbildung stehen grundsätzlich ein breites Kursangebot und vielseitige Fachmaterialien zur Verfügung,

Almwirtschaft ist sowohl in landwirtschaftlichen Fachschulen und in Hochschulen als auch in der Erwachsenenbildung verankert. Foto: Josef Obweger

insbesondere durch die Ländlichen Fortbildungsinstitute (LFI) sowie weitere Organisationen wie das Österreichische Kuratorium für Landtechnik (ÖKL) oder die HBLFA Raumberg-Gumpenstein. Dennoch zeigt sich, dass gerade die umfassenderen Zertifikatslehrgänge – wie Almpersonal oder Almpädagogik – derzeit nicht angeboten werden, da sie trotz geförderter Kursbeiträge nur begrenzt nachgefragt wurden oder die Ziele nicht erreicht haben. Gleichzeitig profitieren sowohl Quereinsteigerinnen und -einsteiger als auch erfahrenes Almpersonal erheblich von fundierter Aus- und Weiterbildung, da die Almwirtschaft ein breit gefächertes Querschnittsthema mit zahlreichen Spezialbereichen darstellt. Verpflichtende Weiterbildungen im Rahmen agrarischer Fördermaßnahmen haben in der Vergangenheit mehrere Tausend Almbewirtschaftende erreicht und zeigen, dass gezielte Qualifizierungsimpulse wirksam sein können.

Der Bedarf an zusätzlichem, qualifiziertem Almpersonal ist grundsätzlich hoch, da nur etwas mehr als die Hälfte der österreichischen Almen behirtet wird. Allerdings ist diese Anstellung durch strukturelle Herausforderungen geprägt. Die Bezahlung gilt vielfach als gering, es handelt sich meist um saisonale Tätigkeiten, die Anforderungen sind vielfältig, die Verantwortung ist groß und körperliche Fitness unerlässlich. Dazu kommt, dass die Strukturen in der österreichischen Almwirtschaft oft sehr klein sind, wodurch eine Anstellung von Personal wirtschaftlich nicht tragbar ist. Diese Faktoren erschweren die Rekrutierung von geeignetem Personal und wirken sich auf die Nachfrage nach umfangreichen Qualifikationslehrgängen aus.

## VON DER STADT AUF DIE ALM

*Von Sylvia Siegler*

Wer träumt nicht als Kind von einem beschaulichen und glücklichen Leben auf einer Alm? Wer hat sich nicht schon einmal gewünscht, wie Heidi beim Alm-Öhi einen Sommer lang das einfache, naturnahe Leben in den Bergen zu erleben?

Ich habe mir diesen Kindheitstraum nach meinem Arbeitsleben als zahnärztliche Assistentin mit 60 Jahren erfüllt. Angeregt durch meine Liebe zu Tieren und zur Natur wollte ich mich dieser Herausforderung als Quereinsteigerin stellen. Mitten in der Corona-Zeit startete ich den Kurs zur Almerin am LFI Graz, dessen theoretischer Teil pandemiebedingt als Webinar abgehalten wurde. Nach einem Jahr war das Grundwissen erreicht, das Fundament für das „Abenteuer Alm“ gelegt und ich schloss den Kurs mit einer Prüfung ab. Im darauf folgenden Sommer ging es auf die Alm zum dreimonatigen praktischen Teil. Jetzt begann für mich das Almleben mit allen Facetten, die es bieten kann: Entbehrung,

Enttäuschung, Erschöpfung, aber auch dem Gefühl der Erfüllung und Glückseligkeit. Endlich konnte ich meine Liebe zu den Tieren und zur Natur ausleben. Durch eine erfahrene Sennerin an der Seite fiel der Einstig leicht, wenngleich die Arbeit einer sportlichen Höchstleistung glich. Das Auftreiben von 20 Stück Jungvieh war eine Herausforderung, zumal immer wieder ein Jungtier ausbüxte und es sehr anstrengend war, dieses wieder in die Gruppe zu treiben. Aber der Aufwand hat sich gelohnt, wenn man sah, wie sich das Tier freute, wieder das saftige Gras der Weide fressen zu können. Auf einer Alm mit Kühen dreht sich der Tagesablauf sehr um die Verarbeitung von Milch. In den frühen Morgenstunden so gegen vier Uhr holte ich die Kühe von der Weide, wobei mich die Sennerin begleitete und mich auch den Hirtenruf lehrte. Da Milchkühe Menschen gewohnt sind, gewann ich in ein paar Tagen das Vertrauen der Tiere und es war unglaublich zu beobachten, dass jede Kuh einen anderen Charakter hat; auch deren sehr soziales Verhalten hat mich fasziniert. Das tägliche Holen der Tiere in der Früh bescherte mir durch die klare kühle Sommerluft und das Geläute der Glocken unbeschreiblich sinnliche Momente. Auch viele Tätigkeiten sind mittlerweile auf der Alm mechanisiert, so erfolgt auch das Melken maschinell, indem unter Wahrung von Hygienevorschriften ein Melkeimer an die gereinigten Euter gehängt wird. Eine Zentrifuge für die weitere Verarbeitung von Milch erleichtert die Arbeit der Sennerinnen auf der Alm. Neben der Herstellung von klassischen Milchprodukten, wobei das wertvolle Nebenprodukt der Molke aus Haltbarkeitsgründen nicht verarbeitet wurde, lag der Schwerpunkt auf der Produktion von „Steirerkas" – einer regionalen Käsesorte. Dabei wird Rohmilch erhitzt und dann werden zuerst Milchsäurekulturen und dann das Lab eingerührt. Es folgen dann noch weitere Arbeitsvorgänge wie zum Beispiel den fertigen Topfen bröseln, mit Salz und Pfeffer versehen und in Holzbottiche abfüllen, wo sie dann drei Wochen reifen müssen. Die Herausforderung bei den morgendlichen Tätigkeiten war, dass diese bis 10.30 Uhr erledigt sein sollten, denn ab da kamen die Wanderer, die unsere frische Buttermilch, die Käseplatte und die Butter kosten wollten. Diese Butter durfte ich noch im Butterfass schlagen, was eine anstrengende Handarbeit war, aber umso schöner war es, wenn ich die fertig geschlagene Butter dann in die Model drücken konnte und sich unsere Gäste darüber freuten. Neben der vielen Arbeit, die täglich auf den Almen anfällt, gibt es aber auch Zeit für einen selbst, noch mehr natürlich für die Leute, die das nicht hauptberuflich machen und sich an der Schönheit der Natur erfreuen können, ohne im Hinterkopf haben zu müssen, ob die Existenz gesichert ist. Zwischendurch blieb noch Zeit, um Heidelbeeren, Schwammerln und die guten Kräuter wie Bergthymian, Arnika und Frauenmantel für köstliche Tees zu trocknen. Es war ein richtiges Eldorado! Das schönste war aber das Liebkosen der Tiere, die es sichtlich auch genossen. Hochlandrinder schauen zwar furchterregend aus, sind aber auch große Kuschler – natürlich mit Vorsicht und großem Respekt! Jegliche Arbeit auf Almen ist oftmals mit viel Mühen, großer Kraftanstrengung und körperlichem Einsatz verbunden – und das auch bei jedem Wetter: Die Tiere müssen versorgt, die täglichen Arbeiten geleistet, die Menschen verköstigt werden. Auch das Heuen auf steilen Hängen war spannend, aber auch mühsam. Ich bewunderte, mit welcher Gelassenheit und Ruhe die Altbauern diese Tätigkeit auch bei größter Hitze verrichteten. Ich machte diese Tätigkeit gerne in dem Bewusstsein, etwas Sinnvolles für die Tiere gemacht zu haben, denn sie brauchen einfach dieses Zusatzfutter im Stall! Die Tiere auf der Weide hingegen finden genügend zum Fressen und bewegen sich frei. Gefahr besteht natürlich, dass sich Tiere verletzen oder abstürzen könnten, weswegen es immer nötig ist, zu wissen, wo die Tiere gerade sind und ein Auge auf sie zu haben, vor allem auf trächtige Mutterkühe. Eines Tages kam ich auf die Weide und ein Kälbchen lag neben der Mutterkuh. Vorsichtig näherte ich mich, aber die Kuh Rosi war sehr gutmütig und ich konnte das Kalb begutachten und sah, dass alles in Ordnung war. Die Wasserstelle zu kontrollieren und Salzlecksteine auszulegen, gehört auch zu den Aufgaben auf einer Alm. Das Weidegebiet ist oft sehr groß und bei Schlechtwetter, Nebel und Wind ist es oftmals eine Herausforderung, den Überblick über die Herde zu bewahren. Ja, eine Verletzung gab es bei einem Jungtier. Blutverschmiert sah ich es auf der Weide stehen und hatte zuerst einen Wolf in Verdacht, bis ich dann sah, dass ein Stück vom Schwanz fehlte. Ich konnte mir das nur so erklären, dass eine andere Kuh auf den Schwanz gestiegen ist und das Jungtier beim Aufstehen sich selbst einen Teil des Schwanzes wegriss. Mit Blauspray verarztete ich die Wunde. Mit vielen Aufgaben und oftmals eintönigen und repetitiven Arbeiten vergehen Tage auf der Alm sehr schnell: Kühe müssen zweimal am Tag gemolken werden, die Milch verarbeitet, der Stall und das Milchgeschirr gereinigt, die Wanderer müssen versorgt werden, kaputt gegangene Dinge müssen wieder instand gesetzt werden. Nach zwei Monaten kamen

Sylvia Siegler (li.) tauschte mit 60 Jahren erstmals die Zahnarztpraxis gegen die Almhütte. Foto: Franz Bergler

bei mir die ersten Ermüdungserscheinungen, kein Wunder, der Tag begann um vier Uhr morgens und endete um 21 Uhr. Aber trotzdem, wie es so im Leben ist und sich viel im Kopf abspielt, schafft man durch Affirmation alles. Auch die Geselligkeit der Gäste ließ oftmals meine Müdigkeit verschwinden. Wie ein Almsommer mit dem Almauftrieb beginnt, so endet er dann mit dem Almabtrieb und das Leben am Hof nimmt seinen weiteren Lauf. Für zusätzlich angestellte Sennerinnen endet oftmals damit die Tätigkeit auf der Alm, bevor es vielleicht im nächsten Jahr wieder auf die Alm geht. Das Almleben wird mich, solange ich Kraft habe und es meine Gesundheit erlaubt, jeden Sommer in den Bann ziehen. Das Gefühl mit Tieren und eins mit der Natur zu leben, ist einfach Glückseligkeit pur und eine enorme Bereicherung!

## ALMPERSONAL ALS VOLKSHEILKUNDLER

*Von Franz Bergler*

„Jede Sennerin ist eine kleine Apothekerin", sagte mein Großvater zu mir. Er war als Holzknecht ein praktizierender Kräuterexperte und erst viele Jahre später erkannte ich, welch großes Wissen er mit in das Grab genommen hat. Einige Rezepte wusste unsere Oma noch, die ich Gott sei Dank aufschreiben und für die Nachwelt erhalten konnte.

Mittlerweile sind die Kräuterkunde und die Volksheilkunde wieder in aller Munde und die Kurse und Ausbildungen über das traditionelle Kräuter- und Heilwissen boomen. Wichtig ist jedoch, vor der Anwendung dieses Wissens eine Ausbildung von einem sehr guten Ausbildner zu erhalten. Im Gegensatz zu früher, wo dieses Wissen durch Beobachtung und vor allem durch langjähriges Erproben ausgekundschaftet und weitervermittelt wurde, ist heute der Zugang zu diesem traditionellen Kräuterwissen oft durch wissenschaftliche Arbeiten untersucht und bestätigt worden. Alternative Ärzte beschäftigen sich mit diesem Wissen und die Pharmazie ist ebenfalls auf diesem Zug aufgestiegen.

## Auszug aus der Vielfalt der Heilpflanzen auf Almen

**Hinweis**
Generell werden alle Heilpflanzen für Mensch und Tier verwendet.

### Meisterwurz

Diese krautige Pflanze ist wahrlich eine Königin. Die ganze Pflanze wird auch den Tieren als Futter vorgelegt. Die sehr aromatische Pflanze wirkt sehr wohltuend auf unseren Körper. Ihr wird nachgesagt, dass sie unser Immunsystem stärkt, den Stoffwechsel anregt, die Verdauung fördert, das Fieber senkt und gleichzeitig schweißtreibend ist, über den Harndrang wirkt sie entgiftend, wirkt gleichzeitig stark kräftigend und somit auch positiv auf die Libido. Für Personen, die mit der Luft ringen (Asthma und Bronchien), ist diese Pflanze sehr hilfreich. Paracelsus soll angeblich immer eine Meisterwurz mit sich getragen haben und Hildegard von Bingen erkannte bereits, dass die Meisterwurz gegen Infektionskrankheiten half. Die Meisterwurz ist auch als „Ginseng des Westens“ bekannt.

**Die Anwendungen sind:**
- Grün und getrocknet als Tee,
- die frischen, grünen Blätter in kleineren Mengen als Salat,
- die Wurzel zerkleinert und getrocknet zum Kauen (bitter, aber „richtet dir den Magen wieder her“) oder in Schnaps angesetzt.

Meisterwurz *(Peucedanum ostruthium)* – die Königin der Alpen Foto: Andreas Bohner

Gebirgs-Kriech-Quendel *(Thymus praecox* ssp. *polytrichus)*

Arnika *(Arnica montana)*

Fotos: Andreas Bohner

### Quendel, Bergthymian

Diese sehr aromatischen, intensiv riechenden Pflanzen werden in der Küche als Gewürze verwendet. Sparsam einsetzen! In Öl angesetzt haben sie aufgrund ihrer antimikrobiellen Wirkung ein breites Anwendungsspektrum. Sie lindern Muskelverspannungen und Muskelkater und sollen müde Füße wieder auf Vordermann bringen. Die Blüten dienen als Tee auch für Inhalationen und sollen die Atemwege wieder frei machen.

### Arnika

Die Arnika (auch Bergwohlverleih genannt) ist eine geschützte Pflanze und sollte daher im alpinen Bereich nicht mehr gepflückt werden! Trotzdem findet man noch immer in jeder Almapotheke eine kleine Flasche Arnika-Tinktur. Da nur die Blütenblätter genutzt werden und dies nur in geringer Menge, wird sie immer noch als Heilpflanze verwendet. Die Tinktur wirkt entzündungshemmend und tötet Bakterien ab. Eine Einreibung soll Gelenksentzündungen lindern. Arnika kann auch in Öl angesetzt werden. Die Arnikasalbe (natürlich aus dem industriellen Anbau) und oft in Verbindung mit Latsche ist eine beliebte Sportsalbe bei Muskel- und Gelenksschmerzen.

### Zahnwurz

Eine heute noch oft als Salbe verwendete Pflanze ist die Neunblättrige oder Quirlblättrige Zahnwurz, auch als „Soagl“ bekannt. Die Salbe wird vor allen bei Gelenksproblemen und bei Sehnenzerrungen eingesetzt. Dem Namen nach soll sie früher in Öl angesetzt auch bei Zahnschmerzen

Frauenmantel (*Alchemilla* spp.)
Foto: Andreas Bohner

angewandt worden sein. Da bei der Zahnwurz die Wurzeln verwendet werden, muss der Sammler den Standort genau kennen, denn die Zahnwurz zieht relativ früh im Sommer ihren oberirdischen Teil ein. Die Wurzel wird aber erst im Herbst geerntet, da sie hier die meisten Inhaltstoffe hat. Es wird erzählt, dass sich die Sennerinnen an den Standorten der Zahnwurz die Stellen mit Ästen gekennzeichnet hätten.

### Frauenmantel und Silbermantel

Diese Kräuter gehören zu den sehr guten Futter- und Heilpflanzen. Als Futterpflanzen werden sie sehr gerne von den Tieren gefressen und gelten als „Milchkräuter", das heißt, dass sie die Milchleistung unserer Weidetiere erhöhen können. Sie sind Frauenkräuter, also können sie bei verschiedenen Frauenleiden helfen. Ihre krampflösende Wirkung lindert Menstruationsbeschwerden, sie wirken entzündungshemmend und werden daher bei der Wundbehandlung eingesetzt. Wenn es im Magen oder Darm knurrt, hilft meist ein Tee oder auch eine Tinktur aus Frauenmantel (*Alchemilla vulgaris*) oder Silbermantel (Berg-Frauenmantel – *Alchemilla alpina*). Ein Tee wird aus frischen oder getrockneten Blättern und Blüten hergestellt. Die jungen Blätter und Blüten haben einen leicht säuerlichen Geschmack und dienen als Salat eine willkommene Abwechslung in der Küche.

### Isländisches Moos

Das als „Krauperltee" sehr bekannte Isländische Moos gilt als eines der besten Heilmittel bei Husten, Atemwegserkrankungen und Halsschmerzen. Durch seine schleimlösende Wirkung wird es gerne in der Volksmedizin eingesetzt. Der Tee ist sehr bitter, daher mit etwas Honig versüßen. Die getrockneten Pflanzen bekommen nach der Teezubereitung eine pilzartige Konsistenz und können als Salat gegessen werden. Das Sammeln der Heilkräuter sollte selbstverständlich nur an Plätzen stattfinden, die sauber sind.

### Schafgarbe

Die Schafgarbe (*Achillea millefolium*), bekannt als Königin der Wiese oder Augenbraue der Venus, wurde auch „Soldatenkraut" genannt, weil sie den wanderten Menschen die „Erste Hilfe" aus der Natur war. Die Pflanze wurde frisch auf offene Wunden gelegt, da sie eine antibakterielle und antibiotische Wirkung haben soll. Ihre Bitterstoffe sollen auch bei Magen- und Darmkrämpfen helfen.

### Schöllkraut

Das im Volksmund als Warzenkraut bekannte Schöllkraut (*Chelidonium majus*) mit seinem unverkennbaren, gelben Saft ist eine wirkliche Abhilfe gegen Warzen und Hühneraugen. Dieses alte Heilkraut ist nur für die äußerliche Anwendung geeignet (tägliches Betupfen der betroffenen Stelle mit dem gelben Saft), da sie giftig ist und seine Inhaltsstoffe (Alkaloide) bereits beim intensiveren Kontakt zum Brennen der Augen führt. Eine innere Anwendung würde zu Erbrechen, Durchfällen und Kreislaufstörungen führen.

**Hinweis**
Für die hier beschriebenen Pflanzen und Anwendungen kann selbstverständlich keine Haftung übernommen werden, es handelt sich um überliefertes Wissen. Bei Krankheit muss natürlich immer ein Arzt aufgesucht werden.

### Essen aus der Natur

Verschiedene Kräuter von der Alm wie Wilder Schnittlauch, Spitzwegerich, Herbstlöwenzahn, Guter Heinrich, Giersch, Sauerampfer, Brennnesseln, Vogelmiere, Schwarzbeeren und Preiselbeeren sowie Eierschwammerl, Parasol und Herrenpilze bereichern den Mittagstisch des Hirten.

### Kommentar

*Von Alois Kiegerl*

Ich will an dieser Stelle über etwas berichten, was mich sehr beeindruckt hat: Unsere Tochter Philomena hatte mit 14 Jahren den Wunsch, auf einer Alm zu arbeiten. Nach einigem Nachfragen im „Ländle“ landete ich bei Klaus Pfefferkorn, der es ihr ermöglichte 2020 einen Monat lang auf der Alpe Klesenza im Großen Walsertal mitzuarbeiten. Am Ende dieses Monats holte ich Philomena dort ab und hatte dabei die Möglichkeit, Klaus kennen zu lernen. Obwohl er zu Hause Futter auf der Wiese liegen hatte, war er nicht davon abzubringen, mir seine Biosennerei zu zeigen und auch der damaligen Bundesbäuerin statteten wir einen Besuch auf ihrer Alm ab. Klaus und seine Frau Toya gehören zu den fleißigsten Menschen, die ich kenne und Klaus hatte maßgeblichen Anteil an der Ausbildung der Alpsenner in Vorarlberg. Auch zeigte er mir die berühmten Spitzegga Hütten, die es auf der Oberalpe der Klesenza gibt.

Am beeindruckendsten für mich war aber, welches bunte Leben auf der Alpe Klesenza herrschte! Da gab es junge Menschen, die ihren ganzen Urlaub zusammensparten und mit ihren Dienstgebern eigene Vereinbarungen trafen, um im Sommer auf der Alm sein zu können. Ganze Familien zogen mit ihren Kindern auf die Alm und auch der Senner der Klesenza war ein junger Mensch der ausgezeichneten Käse machte.

Abgesehen davon, dass ich Philomena nach diesem Monat beinahe nicht mehr verstand, weil sie den Vorarlberger Dialekt vollends in ihren Sprachgebrauch aufgenommen hatte, war sie auch beinahe nicht dazu zu bewegen, wieder mit mir nach Hause zu fahren, da doch in zwei Wochen das „Alpabfahren“ stattfände, wo sie unbedingt anwesend sein müsse. Zum Glück gab es aber die jährliche Almdisco an ihrem Abschiedsabend, wo die Jugendlichen am Bach abseits des Hüttendorfes ein Fest feierten. Auch Florentina hat in diesem Sommer in der Schweiz auf der Alp Tersol im Kanton Sankt Gallen ihre Freude zur Almwirtschaft entdeckt – aber das ist eine andere Geschichte.

# ALMTRADITION UND ALMKULTUR

*Von Franz Bergler*

Auf unseren Almen gibt es viele Lebensweisen, Rituale, Bräuche, Traditionen und Feste. Auch verschiedene überlieferte Sagen und Sitten gehören zur Almkultur.

## BESONDERE TAGE IM JAHR

### Los- und Schwendtage

Als Lostage werden jährlich stattfindende Ereignisse bezeichnet, die entweder positive oder negative Auswirkungen haben. Sie alle beruhen auf Beobachtungen, die meistens eingetreten sind.

Unter Schwenden wird das Entfernen von Bewuchs, Zwergsträuchern und Sträuchern auf den Weideflächen verstanden. Die Empfehlung lautet, an Lostagen zu schwenden, da an diesen Tagen der Wiederanwuchs oder das Austreiben der abgeschnittenen Sträucher und Bäume geringer ist. Solche Lostage sind die Eisheiligen (Mitte Mai), 22. Juni (Achazitag), Mitte Juli und Jakobi (25. Juli).

### Almauftriebstage

Es gibt natürlich auch für den Auftrieb Lostage. Je nach Witterung und der damit verbundenen Futtersituation auf der Alm wird versucht, an einem dieser Lostage aufzutreiben: St. Urban (25. Mai), St. Bonifaz (5. Juni), St. Vitus (19. Juni) und St. Johann (24. Juni). Einer alten Tradition nach sollte der Almauftrieb an einem ungeraden Tag stattfinden. Angeblich sollen dann Mensch und Tier gut über die Almsaison kommen. Auch eine überlieferte Mär besagt, dass bei zunehmendem Mond aufgetriebenes Weidevieh bessere Zunahmen hätte. Wissenschaftlich konnte dies nicht bestätigt werden.

Beim Verlassen des Stalles werden in manchen Gegenden die Almtiere von der Altbäuerin mit einem Fichten- oder Tannenzweig mit Weihwasser bekreuzigt. Das soll die Tiere auf der Alm beschützen und wieder gut ins Tal bringen.

### Almabtriebstage

Der Almabtrieb ist eine ganz große Sache. Neben dem „Aufkranzen“ der Tiere und dem Hutschmuck des Almpersonals (nur wenn es einen unfallfreien Sommer gab), fällt der Abtriebstermin auch auf einen Lostag. Abgetrieben wird traditionell an St. Bartholomäus (24. August), Maria Geburt (8. September), St. Rupert (24. September) und St. Michael (29. September).

Die Almraungerln, eine traditionelle Süßspeise, werden beim Almabtrieb kre-

Almraungerl werden im steirischen Lachtal als „Rumpelnudel" bezeichnet und traditionell beim Almabtrieb verteilt – das Gebäck dient dazu, die letzten Lebensmittel vom Almsommer aufzubrauchen.
Foto: Irmtraud Weishaupt

denzt. Kurz vor dem Ortseingang warten oft alte Hirten und Sennerinnen auf die meist aufgekranzten Tiere und verteilen aus Wertschätzung und Dankbarkeit ihre selbst gemachten Almraunkerln (auch diese Schreibweise gibt es) an die Almleute und Besucher. Auch das Altbauern-Ehepaar ist meistens dabei. In manchen Gegenden werden die Almraungerln auch von den Almbewirtschaftern noch selbst gemacht und während des Abtriebes an Wanderer und Gäste verteilt.

## DIE „ALMTAUFE"

Almpersonal wurde am Anfang der ersten Almsaison von der ältesten Sennerin oder dem ältesten Hirten getauft. Man wanderte zu einer Quelle, einem Bach oder an einen See und das junge Almmitglied wurde ohne Vorwarnung richtig gewassert, also auf der Alm willkommen geheißen. Es sollte auch symbolisieren, dass das neue Almpersonal rein in die Almsaison geht.

## KOMM NIE MIT LEEREN HÄNDEN AUF DIE ALM

Ein alter Brauch ist es, beim Besuch auf der Alm dem Almpersonal etwas mitzubringen. Essen, Obst, Schnaps, Speck, Brot, aber auch Häferln (Tassen) oder einen Buttermodel (eine Schablone zum Butterformen). Der Besuch war und ist eine Wertschätzung für den Hirten und für die Sennerin. Der Besuch durch den Bauern ist keine Kontrolle, sondern eine Wertschätzung für die geleistete Arbeit vom Almpersonal. Er erkundigt sich nach dem Befinden des Personals und des Viehs. Jakobi (25.7.) ist ein traditioneller Alm-Besuchstag.

## RITUALE ALMHÜTTE

Ein universeller Brauch: Immer mit dem rechten Fuß die Hütte betreten und auch verlassen. Dieses Ritual gilt auf der ganzen Welt. Das Betreten von Jurten, Tipis und Almgebäuden erfolgt erst nach einer Einladung. Hier wird ein ganz persönlicher, privater Bereich betreten und das erfordert einen besonderen Respekt vom Besucher als Gast. Das Benutzen von Öfen und Gerätschaften für die Produktion von Almlebensmitteln ist genauso tabu wie das Betreten der Schlafzimmer vom Almpersonal.

In den Hütten wird am Beginn und am Ende der Almsaison mit einheimischen Kräutern und Harz geräuchert. Das dient weniger dazu, die Geister zu vertreiben (wer daran glaubt, für den passt es auch), sondern ist ein hygienisches Ritual. Räuchern war seit jeher ein gutes Mittel für die Reinigung von Räumen. Das Räucherritual führt immer das dienstälteste Mitglied des Almpersonals durch. Je nach Gegend gibt es verschiedene Begleitmaßnahmen wie Gebet, Singen oder auch das Vorlesen von Reinigungstexten. Nach dem intensiven Lüften des Gebäudes wird bei geschlossenen Türen und Fenstern immer im Uhrzeigersinn geräuchert. Nach dem Räucherzeremoniell soll man das ganze Gebäude gut durchlüften. In manchen Gegenden werden auch die Personen, die auf der Alm leben und arbeiten, in das Räucherritual einbezogen. Hierbei wird wieder im Uhrzeigersinn die Almperson umkreist und am Ende wird die Alltagskopfbedeckung geräuchert. Sie soll das Almpersonal vor Krankheit, Unfällen und Verletzungen durch Tiere beschützen.

## BRAUCHTUMSFEUER AUF DER ALM

In der Almwirtschaft lebt auch das traditionelle Alm- und Bergfeuer. Mein Großvater als Holzknecht lebte noch nach den alten Ritualen des Feuerns. Meine Oma schimpfte immer mit meinem Opa, wenn er am 21. Dezember mit trocknem Holz zu seinem Feuerplatz ging. Er hat vorher den Weg zum Feuerplatz ausgeschaufelt und auch den ganzen Platz vom Schnee befreit. Nach der längsten Nacht (Thomasnacht – ist übrigens in vielen Gegenden die erste Raunacht) feierte mein Großvater die Wintersonnenwende mit einem Feuer. Er gab neben dem trockenen Fichtenholz auch ganz ausgewählte Äste mit Pech, die er im Sommer gesammelt hatte und wie einen Schatz hütete, in das Feuer. Heute weiß ich, dass er auch Kräuter wie den Beifuß und Wacholderreisig in kleineren Mengen dem Feuer überließ. Sein „Buderl"-Glas füllte er mehrmals während der Zeremonie mit Schnaps. Wahrscheinlich aus rein medizinischen Überlegungen.

### Almauftriebsfeuer

Der Almauftrieb ist genauso ein wichtiger Tag wie der Almabtrieb. Sobald das Vieh den zum Teil kräfteraubenden Almauftrieb hinter sich hatte und die erste Weide auf der Alm in wahrsten Sinn des Wortes überfielen (das gierige Fressen des ersten Futters auf der Alm), zündete mein Großvater ein Almauftriebsfeuer an. Dieses Ritual führe ich heute noch jedes Jahr aus. Mit den Ästen einer Zirbe, die durch ein Naturereignis (Lawine, Blitz oder Sturm) zerstört wurde.

Für das Almauftriebsfeuer verwendet Franz Bergler besondere Zirbenäste.
Foto: Franz Bergler

### Sommersonnwendfeuer

Zur Sommersonnenwende werden im Alpenraum viele traditionelle Sonnwendfeuer abgebrannt. Ganze Berggrade werden in der kürzesten Nacht des Jahres beleuchtet (Berge in Flammen). In den letzten Jahren werden im Sinne des Naturschutzes schon batteriebetriebene Scheinwerfer verwendet. Vor allem viele ehrenamtliche Personen der Bergrettung sind an diesem Tag stark in dieses Ritual eingebunden.

### Herz-Jesu-Feuer in Tirol

Immer am dritten Wochenende nach Pfingsten wird in Tirol das Brauchtum des Herz-Jesu-Feuers gefeiert. Symbole wie Herz, Kreuz, INRI, IHS, betende Hände, Tiroler Landeswappen, Schriftzug „Tirol" und in letzter Zeit auch Tiere wie Steinböcke und Wölfe zieren die Tiroler Berghänge in der Nacht. Dieses Brauchtumsfeuer ist in Tirol bei der Gemeinde anzumelden.

### Almabtriebsfeuer

Neben dem Brauch, das Almpersonal und die Almtiere beim Almabtrieb zu schmücken, wird in manchen Gegenden noch am Tagesbeginn des Almabtriebes das Almabtriebsfeuer zelebriert. Es soll die Dankbarkeit an eine unfallfreie Almsaison ausdrücken. Dieses Feuer ist wie das Almauftriebsfeuer ein kleines, kurzes Feuer aus Holz von der Alm.

### Herbstsonnwendfeuer

Auf manchen Almen, wenn das Vieh zur Tages- und Nachtgleiche im Herbst noch auf der Alm ist, das sind meistens Niederalmen, wird ein Herbstsonnwendfeuer angezündet. Die Tag- und Nachtgleiche fällt auf den 21./22. oder 23. September.

> Bei allen Brauchtumsfeuern sind die gesetzlichen Bestimmungen einzuhalten. Dazu gehören Abstände, Löschmaßnahmen, eventuelle Verbote durch Trockenheit (Bezirkshauptmannschaft) und natürlich sind die Feuer am Ende vollkommen zu löschen!

## ALMRUF

Den „Alm-Schroa", einen Juchitzer (Jubelschrei) beim Betreten des Almgebietes hört man immer weniger. Früher kündigte sich der Besucher beim Eintritt in das Almgebiet mit einem Juchitzer an. Die Verständigung unter den Sennerinnen wurde ebenfalls mit einem Juchitzer gepflegt. Jede Sennerin hatte für eine bestimmte Begebenheit einen eigenen Almruf. Aus dem Juchitzer hat sich das Jodeln entwickelt. Jodler werden nach einer Alm, einer Gegend, einem Berg oder auch nach Personen benannt. Hubert von Goisern, ein Goiserer Urgestein, machte mit dem Lied „Juchitzer" mit Alpine Sabine den Almruf salonfähig.

## ALPSEGEN

Ganz traditionelle Alperer spielen oder singen am Ende eines Alptages den Alpsegen. Es ist ein Sprechgesang und wird auch „Bättruf" oder schweizerisch „Betruf" genannt. Der Senner benutzt dabei einen hölzernen Trichter und bedankt sich mit dem Sprechgesang für das Almleben und den Almtag. Gleichzeitig bittet er um den Schutz in der kommenden Nacht und verständigte sich mit den Sennern der Nachbaralm. Blieb der abendliche Bättruf aus, bedeute dies ein Unglück auf der Alm und die Nachbarsenner schauten auf die Alm. Somit hat der Betruf auch einen sozialen Aspekt.

## MUSIZIEREN AUF DER ALM

Viele Almerer können ein Instrument spielen. Die häufigsten Alminstrumente sind die Harmonika, die Zither, die Gitarre und seltener die Geige. Musikwanderungen, die vom Tourismusverband inszeniert werden, sind eine beliebte Almattraktion geworden. Auch Jodlerkurse und Jodlerwanderungen werden angeboten. Beim Pfeiferl-Tag im Salzkammergut treffen sich viele Musikanten aus Nah und Fern zu einem zwangslosen, gemeinsamen Musizieren.

## AUFSTELLEN VON SCHUTZHEILIGEN

Zum Schutz der Almen und der Almgebäude wird der Schutzheilige der Hirten, Bauern und Rinder, der „Hl. Wendelin" (20. Oktober) in Form einer Statue oder eines Bildes aufgestellt. Andere Schutzheilige sind der Hl. Bartholomäus – Schutzheiliger der Bauern (24. August) und der Hl. Leonhard – Schutzheiliger des Viehs (15. Oktober).

## SONNWENDBÜSCHERL ALS SCHUTZ

Sonnwendbüscherl werden zum Schutz vor Unwetter und Blitzschlag an der Almhüttentüre und Almstalltüre ausgehängt. Je nach Region bestehen sie aus 7, 9 oder 14 (Anzahl der Nothelfer) Gräsern und Kräutern. Die Farben der Pflanzen haben eine Bedeutung: Blau soll für Wasser und Gewitter, rot für Feuer und Hitze sowie weiß und gelb für die Sonne und Wärme stehen. Als Grundlage wird je nach Region ein Haselblatt, ein Birkenblatt oder Eichenblatt verwendet.

## GEWITTERKERZEN

Wetterkerzen und Gewitterkerzen sind geweihte, weiße und schwarze Kerzen, die angezündet werden, um Schutz vor Gewitter und Blitz zu erhalten. Diese Wetterkerzen werden überwiegend am höchsten Bauernfesttag, dem Lichtmesstag (2. Februar), geweiht. An Lichtmess wechselten die Dienstboten den Arbeitsplatz bzw. Dienstgeber.

Geweihte Kerzen sollen Schutz vor Unwettern bieten. Foto: Franz Bergler

# ANHANG

## LITERATUR

BÄTZING, Werner, 2024: Werner Bätzing, Interview „Die Almwirtschaft muss unbedingt eine Zukunft haben!", erschienen am 13. Juni 2024 auf https://www.unsere-almen.at/almfuchs-die-almwirtschaft-muss-unbedingt-eine-zukunft-haben/

Alexandra BREITENBACH, Tanja Unbehaun u. a.: Evaluation der Berglandwirtschaft einschließlich der Alm- und Alpwirtschaft in Bayern. Hrsg.: Forschungsgruppe Agrar- und Regionalentwicklung Triesdorf. Triesdorf 16. Mai 2013, S. 63–66.

BUNDESANSTALT für Agrarwirtschaft und Bergbauernfragen, 2007: Anteils- und Nutzungsrechte in der österreichischen Landwirtschaft (Schriftenreihe Nr. 57).

FISCHER, Andrea, 2024: Andrea Fischer, Interview „Gletscher, Klima, Almzonen", erschienen am 27. Juni 2024 auf https://www.unsere-almen.at/klima-und-umwelt-gletscher-klima-almzonen-wissenschafterin-andrea-fischer-im-gesprach/

HOLZNER, Wolfgang, 2007: Almen: Almwirtschaft und Biodiversität, Böhlau Verlag Boehlau, 2007, ISBN 978-3-2057-7449-5

INVEKOS-Alpungsdaten 2024, AMA, BML: überarbeitet und angepasst durch Amt der Oö Landesregierung, Abteilung Ländliche Neuordnung

MANDL, Franz, 2002: Almen im Herzen Österreichs: Dachsteingebirge – Niedere Tauern – Salzkammergut. ANISA Verlag.

MESSNER, Reinhold, 2022: Reinhold Messner, „Im Gespräch mit Reinhold Messner", erschienen am 6. Mai 2022 auf https://www.unsere-almen.at/mit-reinhold-messner-im-gesprach/

Schweizerischer Alpwirtschaftlicher Verband (SAV), 2024: Jahresbericht 2024

Statistische Daten 2024 betreffend Oö Almbuch, Einforstungsrechte, Almförderprojekte: Auswertung Amt der Oö. Landesregierung, Abteilung Ländliche Neuordnung

STEINWIDDER, Andreas, 2002: Beurteilung der Futteraufnahme beziehungsweise des Futterbedarfs weidender Tiere. – In: Der Sachverständige 4: 178–184.

StMELF, 2024: Bayerischer Agrarbericht 2024. Bayerisches Staatsministerium für Ernährung, Landwirtschaft, Forsten und Tourismus (StMELF), abgerufen am 5. Dezember 2025.

### Weiterführende Literatur

Mensch, Wolf! von Marcel Züger, ISBN: 978-3-907095-96-6, Umfang: 304 Seiten, gebunden, Format: 23,10 x 15,20 cm, Erschienen: Juni 2025, Edition Somedia

# DIE HERAUSGEBER UND AUTOREN

## Die Herausgeber

Dipl.-Ing. Franz BERGLER war mehr als drei Jahrzehnte für die Almwirtschaft in der Steiermark als Alminspektor zuständig. Als Student war er Halter auf der abgelegenen Wildenseealm im Toten Gebirge. Jetzt ist er Schafhirte am Hauser Kaibling. Nebenerwerbslandwirt im Ausseerland mit Schafen und einer Kräuterproduktion. Franz Bergler ist Lektor an der Universität für Bodenkultur und bringt dort den Studierenden die Almwirtschaft bei, wobei es ihm wichtig ist, dass sich Praxis und Wissenschaft die Waage halten.

Franz Bergler Foto: Franz Bergler

Alois Kiegerl Foto: Alexandra Kiegerl

Alois KIEGERL vulgo Priegl aus Trahütten in der Weststeiermark ist Almbauer, Mutterkuhhalter, züchtet Murbodnerrinder und bewirtschaftet seinen Betrieb biologisch. Direktvermarktung, Urlaub am Bauernhof und nachhaltige Waldwirtschaft sind weitere Standbeine am Hof. Er hat sich der stressfreien Schlachtung seiner Rinder verschrieben und ist Vorstandsmitglied im Steirischen Almwirtschaftsverein.

## Die Autoren

Mag. Dr. Andreas BOHNER ist wissenschaftlicher Leiter der Abteilung Umweltökologe an der HBLFA Raumberg-Gumpenstein in Irdning, Steiermark. Seine Arbeitsschwerpunkte sind: Pflanzensoziologie, Bodenkunde sowie Biodiversität, Natur- und Umweltschutz. Er ist u. a. Dozent an der Universität für Bodenkultur, Wien.

Mag. Andrea BUND ist amtliche Rissbegutachterin des Landes Steiermark und Mitarbeiterin des Referates Wasser, Umwelt und Baukultur in der Baubezirksleitung Südweststeiermark.

Dipl.-Ing. Markus FISCHER, BEd, ist Geschäftsführer von Almwirtschaft Österreich mit Sitz in der Landwirtschaftskammer Österreich in Wien.

Mag. Peter FUCHS ist zuständig für das Content- und Projektmanagement bei der Kampagne „Unsere Almen“ bei der Agrarmarketing Tirol GmbH in Innsbruck.

Ing. Petra FÜRSTAUER-REITER ist Mitarbeiterin der Landwirtschaftskammer Salzburg und für Almwirtschaftsberatung im Bundesland Salzburg zuständig. Über mehrere Jahre begleitete sie, gemeinsam mit DI Siegfried Steinberger vom Landesamt für Landwirtschaft in Grub bei München das Salzburger Almweideprojekt das auf drei ausgewählten Almen im Bundesland Salzburg durchgeführt wurde. Seit 1.1.2025 ist Petra Fürstauer-Reiter auch Redakteurin der Fachzeitschrift „Alm- und Bergbauer“.

Dipl.-Ing. Rudolf GRABNER ist Referent für Almwirtschaft in der Landwirtschaftskammer Steiermark.

Dipl.-Ing. Otto HOFER ist Stv. Abteilungsleiter im Bundesministerium für Land- und Forstwirtschaft, Klima- und Umweltschutz, Regionen und Wasserwirtschaft (BMLUK) – Sektion II - Landwirtschaft und ländliche Entwicklung, Abteilung II/1 – Agrarpolitische Grundsätze, Datenmanagement und Weiterbildung.

Fabian HÖß ist seit August 2025 neuer Geschäftsführer des Alpwirtschaftlichen Vereins im Allgäu und vertritt in dieser Funktion über 700 anerkannte Alpen.

Dr. vet. med. Karen HUBER ist Tierärztin und verbringt seit mehreren Jahren den Almsommer als Sennerin auf der landeseigenen Kärntner Litzlhofalm im Bezirk Spittal.

Ing. Hubert ISCHLSTÖGER ist Almbeauftragter für das Land Oberösterreich.

Dipl.-Ing. Johann JENEWEIN arbeitete über 36 Jahre beim Amt der Tiroler Landesregierung u. a. als Almexperte und war fünf Jahre lang Redakteur sowie 25 Jahre lang Chefredakteur der österreichischen Fachzeitschrift „Der Alm- und Bergbauer“.

Dipl.-Ing. Ursula KARRER absolvierte 2008 das Studium der Landwirtschaft an der Universität für Bodenkultur mit Schwerpunkt tierische Produktion sowie eine Ausbildung an der Hochschule für Agrar- und Umweltpädagogik in Wien. Im Rahmen ihres Studiums verbrachte sie zwei Sommer auf einer Gailtaler Alm, wo sie das Melken und Käsen erlernte und ein großes Interesse für die Almwirtschaft entwickelte. Von 2010 bis 2022 war sie als landwirtschaftliche Amtssachverständige bei der Agrarbehörde in Villach tätig. Schwerpunktmäßig beschäftigte sie sich mit Agrar- und Bringungsgemeinschaften sowie Verfahren nach dem K-WWLG. Im Herbst 2022 wechselte sie in das Amt der Kärntner Landesregierung, Abteilung 10 – Land- und Forstwirtschaft, Ländlicher Raum, wo sie zur Alminspektorin bestellt wurde.

Mag. vet. med. Silvana KLAMMER ist Tierärztin bei „DR. VET – Die Tierärzte" in Lang (Steiermark) und hat sich auf die Großtierpraxis, Fachgebiet Rinder, spezialisiert.

Ing. Markus KÖPPL, BEd, ist Fachlehrer an der Land- und Forstwirtschaftlichen Fachschule Grabnerhof. Er unterrichtet in den Fachbereichen Energietechnik, Ressourcenmanagement und Landtechnik. Dabei vermittelt er seinen Schülern praxisnahes und zukunftsorientiertes Fachwissen.

DI Kurt KREITNER war von 2005 bis 2025 Landesalminspektor bei der Agrarbezirksbehörde für Niederösterreich. Er verstarb im März 2026.

Dr. Rupert MAYR, BEd, ist Rechtsreferent der Landwirtschaftskammer Salzburg.

Ernst NUSSBAUMER ist Naturmensch, Radiomacher und Fotograf aus Gröbming/Ennstal.

Elisabeth OBWEGER bewirtschaftete mit ihrem Mann Josef einen Biobergbauernhof in der Gemeinde Millstatt in Kärnten, der im Jänner 2026 an Sohn Michael übergeben wurde. Betriebsschwerpunkte sind Pinzgauer Fleischrinderzucht, Hühnermast und Bio-Gemüseanbau mit Direktvermarktung. Sämtliche Rinder werden in den Sommermonaten auf der Lammersdorfer Alm (Gemeinschaftsalm) und einer Eigenalm gealpt. Der Biohof „Liendl" wird als zertifizierter Green-Care-Betrieb „Wo Menschen aufblühen", Auszeithof und „Schule am Bauernhof"-Betrieb geführt. Sie ist Seminarbäuerin und bietet als „FNL-Kräuterexpertin" Kräuterworkshops am Hof und auf der Alm an.

Ing. Josef OBWEGER ist mit Elisabeth Obweger verheiratet und unterrichtet die Fachgegenstände Almwirtschaft und Tierhaltung am Bildungszentrum Litzlhof. Er ist seit 2007 Obmann des Kärntner Almwirtschaftsvereins und seit 2023 Obmann der Almwirtschaft Österreich.

Silvia POSCH wohnt in Krottendorf-Gaisfeld und hält hobbymäßig Pferde und Ponys. Sechs der Ponys und eine Lipizzanerstute verbringen seit 2020 den Sommer auf der Rossbachalm nordwestlich von Graz. Weitere Reitpferde behält sie auch zu Hause, um auch im Sommer reiten zu können.

Ing. Martin RUSCH arbeitet in der Abteilung Landwirtschaft und ländlicher Raum (Va), Fachbereich Landwirtschaft/Referat Alpwirtschaft und Elementarschäden, des Amtes der Vorarlberger Landesregierung in Bregenz.

Angelika SCHÖN wohnt in Voitsberg in der Weststeiermark. Die Pferde der Hobbyreiterin sind bei ihrer Zwillingsschwester Silvia Posch eingestellt. Auch sie verbringen den Almsommer auf der Rossbachalm.

Dipl.-Ing. Anita SEIDL ist Mitarbeiterin im Referat Agrarwirtschaft, Bodenschutz und Almen beim Land Salzburg mit Sitz in Wals-Siezenheim.

Sylvia SIEGLER, geboren 1960 in Wien, hat viele Lebensstationen durchlaufen – von der zahnärztlichen Assistentin über eine klassische Ballettausbildung an der Wiener Staatsoper bis hin zur Kindergartenassistentin. Ihre große Leidenschaft gehört der Natur: Sie liebt das Wandern, Mountainbiken, Eislaufen, Fischen und das Sammeln von Kräutern und Schwammerln. Besonders verbunden fühlt sie sich dem Leben in der Natur und auf Almen. Deswegen hat sie auch eine Ausbildung zur Almerin abgeschlossen. Mit ihrem Engagement möchte sie Menschen ermutigen, die wertvolle Arbeit der Bergbauern zu unterstützen – mit Herz, Freude und Tatkraft. Und weil man nie aufhören sollte, Neues zu beginnen, lernt sie gerade mit Begeisterung Einradfahren.

Dipl.-Ing. Stefan STEIRER ist Invekos-Referent der Landwirtschaftskammer Steiermark.

Markus VÖTSCH ist Vorstandsmitglied im steirischen Almwirtschaftsverein.

Marcel ZÜGER, geb. 1973, hat an der ETH Zürich Biologie studiert, und ist seit über 40 Jahren ein engagierter Naturschützer. Er lebt im Kanton Graubünden und führt die Umweltdienstleistungsfirma Pro Valladas GmbH. Er ist Autor des 2025 bei Edition Somedia erschienenen Buches „Mensch, Wolf! Begegnungen mit Biologen, Bauern, Birkhahn und Apollo“.

## ZUM AUSKLANG

*Von Alois Kiegerl*

Für das gute Gelingen einer Almwirtschaft ist neben der Alm selbst der Faktor Mensch an erster Stelle zu nennen (quasi ex aequo). Ich habe inzwischen schon sehr viele Almen gesehen und neben der oft atemberaubenden Schönheit der Natur sind es die vielen besonderen Menschen, welche die Almwirtschaft prägen. Es stellte sich für mich die Frage, was diese Persönlichkeiten ausmacht und eine mögliche Antwort habe ich in den sieben Säulen der Resilienz gefunden – und muss dabei unweigerlich an unsere Almhalterin Resi Lenz denken (siehe Seite 182).

1. **Optimismus:** Viele dieser Menschen haben eine sehr positive Einstellung zum Leben und eine gesunde Portion Humor.
2. **Akzeptanz:** Auf der Alm ist es essenziell, dass man manche Dinge so annehmen kann, wie sie sind. Wenn zum Beispiel ein Tier abstürzt und verendet, muss man damit umgehen können und soll nicht in tagelange Trauer verfallen – das ist oft leichter gesagt als getan!
3. **Lösungsorientierung:** Um beim Beispiel des abgestürzten Tieres zu bleiben: Trotz der anfänglichen Ohnmacht muss man nach möglichen Lösungen suchen, um das zukünftig zu verhindern. Wohl in dem Wissen, dass man nicht jedes Risiko ausschalten kann, aber dass man sein Bestmögliches tut.
4. **Verantwortung:** Diese haben Almhalter in sehr hohem Ausmaß und sie haben gelernt, damit umzugehen. In Österreich ist es üblich geworden, möglichst den anderen die Schuld für das Misslingen umhängen zu wollen. Das hilft uns nicht weiter!
5. Auch die **Netzwerke** sind von sehr hoher Bedeutung. Franz Bergler hat unserer Almgemeinschaft weitergeholfen, als sie in der Krise steckte. Kooperative Menschen blicken über ihren Tellerrand hinaus und erlangen dadurch buchstäblich Weitblick.
6. Eine positive **Zukunftsplanung** ist für mich die Würze des Lebens. Ich habe fast immer irgendein „Projekt“ am Laufen. Sei es bei einem Almbuch mitzuschreiben, einen Ausflug zu planen oder den passenden Stier für eine Herde zu suchen.
7. **Selbstwahrnehmung:** Dieser Punkt ist für mich am schwierigsten zu beschreiben. Geerdet oder verwurzelt zu sein, trifft es nur teilweise. Es ist die Fähigkeit, die Dinge so zu sehen, wie sie sind. Es ist nie alles nur gut oder nur schlecht. Jeder Nachteil hat auch einen Vorteil. Auf die Alm umgelegt zum Beispiel: Wenn es viel regnet, habe ich viel Futter, aber auch größere Trittschäden. Oder umgekehrt: Regnet es weniger, habe ich weniger Futter, aber dieses Futter ist gehaltvoller.

Ich habe mir diese Punkte nicht ausgedacht – das Konzept der sieben Säulen der Resilienz ist wissenschaftlich belegt. Ich möchte damit nur anregen, darüber nachzudenken, warum manchen Menschen scheinbar alles gelingt und anderen nicht. Gibt es da nicht oft kleine, aber feine Unterschiede? Könnte das Zauberwort „mentale Stärke“ sein? Sie erreichen mich unter alois@priegl.at